U0393819

云计算@

与物联网技术

在电力系统中的应用

林为民　郭经红　吴军民　余勇　蒋诚智　等 编

中国电力出版社
CHINA ELECTRIC POWER PRESS

内 容 提 要

本书详细介绍了云计算与物联网的相关知识,以及它们在电力系统中的应用。全书分为基础篇和应用篇两篇。基础篇包括云计算概述、云计算的关键技术、云计算标准、云计算技术及标准展望、物联网概述、物联网的关键技术、物联网标准、物联网技术及标准展望;应用篇包括云计算在电力系统中的应用、物联网在电力系统中的应用。

本书可供从事云计算与物联网研究、相关标准制定,以及技术应用工作的人员阅读使用,也可供有兴趣的读者阅读参考。

图书在版编目 (CIP) 数据

云计算与物联网技术在电力系统中的应用 / 林为民等编. —北京:中国电力出版社,2013.10 (2019.12 重印)
ISBN 978 – 7 – 5123 – 4980 – 3

Ⅰ.①云… Ⅱ.①林… Ⅲ.①互联网络 – 应用 – 电力系统②智能技术 – 应用 – 电力系统 Ⅳ.①TM7

中国版本图书馆 CIP 数据核字(2013)第 231598 号

中国电力出版社出版、发行

(北京市东城区北京站西街 19 号 100005 http://www.cepp.sgcc.com.cn)
三河市万龙印装有限公司印刷
各地新华书店经售

*

2013 年 10 月第一版 2019 年 12 月北京第二次印刷
787 毫米×1092 毫米 16 开本 15.5 印张 337 千字
印数 3001—4500 册 定价 58.00 元

编 委 会

主　编　林为民

副主编　郭经红　吴军民　余　勇　蒋诚智

编　写　张　涛　彭　林　梁　云　朱立鹏

　　　　刘世栋　丁　杰　胡　斌　姚继明

　　　　张　浩　张　刚　黄秀丽　周爱华

　　　　秦　超　张小建　马媛媛　陈丽珍

　　　　黄在朝　石聪聪　李尼格　王玉斐

　　　　郭　骞　邓　松　陶邦胜　冯　谷

前言

　　随着建设坚强智能电网发展战略目标的提出，电力系统对信息通信技术的需求越来越高。电力系统规模的扩大化和结构的复杂化趋势，使电力系统的运行控制需要更强的计算能力；设备的智能化趋势产生的大量实时信息，需要更多的存储资源；电网的互动化趋势，对计算、存储资源提出了前所未有的分散性需求。同时，根据电力业务的特定需要，电力企业建成了诸如输变电设备状态在线监测系统、用电信息采集系统、资产管理系统等众多实现不同功能的业务系统。由于这些系统开发的时期和提供商不同，同时系统关心的电力对象不同、建模方法不同，使得这些业务系统成为相对独立的"信息孤岛"，难以在电网范围内实现信息的自动采集、共享和集成。因此，如何构建新的计算体系和信息感知平台，增强信息处理能力，扩展业务服务范围，提出动态共享的 IT 基础架构，打破信息化应用中的物理设备障碍，集中管理和按需使用各种计算资源，降低运行成本和提高服务水平，已经成为建设坚强智能电网和提高电力企业信息化水平需要考虑的重要问题。显而易见，电力系统存在信息采集自动化、资源管理集约化和广域服务互动化等迫切需求，而云计算、物联网等关键技术能够把位于网络的大量信息和计算资源整合起来协同工作，并实现诸多电力生产系统的自动信息获取与运行维护，正是解决问题的有效手段，能够为智能电网和电力企业信息化的发展提供强有力的技术支撑。例如，将云计算技术引入电网数据中心，可以显著提高设备利用率，降低数据处理中心能耗，扭转服务器资源利用率偏低与信息壁垒问题，全面提升智能电网环境下海量数据处理的效能、效率和效益。同时，物联网技术可以全方位提高电网各个环节的信息感知深度和广度，为实现电力系统的智能化提供可靠支持。

　　本书首先系统介绍了云计算、物联网的基础知识，包括云计算与物联网的基本概念、发展现状以及相关的关键技术。其次，重点分析了云计算与物联网的相关技术及其应用标准，为两种关键技术在电力领域的推广应用提供了科学依据。最后，基于国家电网公司科技项目支持的研究内容，围绕云计算及物联网在电网中的应用实例展开论述，对电力云计算和电力物联网的需求、总体框架、应用模式和场景等进行了分析，提供了针对性的实践指导。本书可作为电力行业中从事信息通信相关工作的科研人员、工程技术人员以及管理人员的参考用书。

本书由林为民、郭经红、吴军民、余勇、蒋诚智等编写，编写人员为从事电力信息技术、电力通信网技术、信息安全技术等领域的科研人员、开发人员和管理人员。在本次编写中，参阅了大量参考文献，以及国内外研究人员的相关研究资料，在此谨致诚挚的谢意。

由于作者水平所限，书中难免有疏漏和不足之处，热诚希望读者和同仁批评指正。

目录

上篇 基础篇

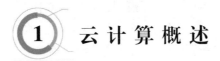

1 云计算概述

1.1 云计算的概念

1.1.1 云计算产生背景

21 世纪初期，崛起的 Web 2.0 让网络迎来了新的发展高峰。网站或者业务系统所需要处理的业务量快速增长，例如视频在线点播或者照片共享，这样的网站需要为用户储存和处理大量的数据。这类系统所面临的重要问题是如何在用户数量快速增长的情况下快速扩展原有系统。随着移动终端的智能化、移动宽带网络的普及，将有越来越多的移动设备进入互联网，意味着与移动终端相关的 IT 系统会承受更多的负载，而对于提供数据服务的企业来讲，IT 系统需要处理更多的业务量。由于资源的有限性，电力成本、空间成本、各种设施的维护成本快速上升，直接导致数据中心的成本上升，这就面临着怎样有效地利用这些资源，以及如何利用更少的资源解决更多的困难。

同时，随着高速网络连接的衍生，芯片和磁盘驱动器产品在功能增强的同时，价格也变得日益低廉，拥有成百上千台计算机的数据中心也具备了快速为大量用户处理复杂问题的能力。技术上，分布式计算的日益成熟和应用，特别是网格计算的发展，通过Internet 把分散在各处的硬件、软件、信息资源连接成为一个巨大的整体，使得人们能够利用地理上分散于各处的资源，完成大规模的、复杂的计算和数据处理的任务。数据存储的快速增长产生了以 GFS（google file system）、SAN（storage area network）为代表的高性能存储技术。服务器整合需求的不断升温推动了 Xen 等虚拟化技术的进步、Web 2.0 的实现以及多核技术的普及等，所有这些技术为产生更强大的计算能力和服务提供了可能。

计算能力和资源利用效率的迫切需求，资源的集中化和技术的进步，使云计算应运而生。

1.1.2 云计算定义

对于云计算（cloud computing）的概念，业界各家均有自己的理解与观点，其中几种定义如下：

维基百科认为云计算是一种能够动态伸缩的虚拟化资源，该资源在互联网上通过服务的形式提供给用户，用户不需要知道如何管理支持云计算的这些基础设施。

IBM认为云计算就是一种共享的网络交付信息服务的模式，用户看到的只有服务本身，而不用去关心相关基础设施的具体实现，云计算是一种革新的IT运用模式。

美国国家标准与技术研究院（NIST）认为云计算是一种按使用量付费的模式，这种模式提供可用的、便捷的、按需的网络访问，进入可配置的计算资源共享池（资源包括网络、服务器、存储、应用软件与服务），这些资源能够被快速提供，只需投入很少的管理工作，或与服务供应商进行很少的交互。

总的来说，云计算是一种商业计算模型，它将计算任务分布在大量计算机构成的资源池上，使用户能够按需获取计算力、存储空间和信息服务。这种资源池称为"云"。"云"是一些可以自我维护和管理的虚拟计算资源，通常是一些大型服务器集群，包括计算服务器、存储服务器和宽带资源等。云计算将计算资源集中起来，并通过专门软件实现自动管理，无需人为参与。用户可以动态申请部分资源，支持各种应用程序的运转，无需为烦琐的细节而烦恼，能够更加专注于自己的业务，有利于提高效率、降低成本和技术创新。云计算的核心理念是资源池，这与2002年提出的网格计算池（computing pool）的概念非常相似。网格计算池将计算和存储资源虚拟成为一个可以任意组合、分配的集合，池的规模可以动态扩展，分配给用户的处理能力可以动态回收重用。这种模式能够大大提高资源的利用率，提升平台的服务质量。

之所以称为"云"，是因为它在某些方面具有现实中云的特征：① 云一般都较大；② 云的规模可以动态伸缩，它的边界是模糊的；③ 云在空中飘忽不定，无法也无需确定它的具体位置，但它确实存在于某处。之所以称为"云"，还因为云计算的鼻祖之一亚马逊公司给曾经的网格计算取了一个新名称"弹性计算云"（elastic computing cloud），并取得了商业上的成功。

有人将这种模式比喻为从单台发电机供电模式转向了电厂集中供电的模式。它意味着计算能力也可以作为一种商品进行流通，就像煤气、水和电一样，取用方便，费用低廉。最大的不同在于，它是通过互联网进行传输的。

云计算是并行计算（parallel computing）、分布式计算（distributed computing）和网格计算（grid computing）的发展，或者说是这些计算科学概念的商业实现。云计算是虚拟化（virtualization）、效用计算（utility computing）、将基础设施作为服务IaaS（infrastructure as a service）、将平台作为服务PaaS（platform as a service）和将软件作为服务SaaS（software as a service）等概念混合演进并跃升的结果。

1.1.3 云计算特点

从现有的云计算平台来看，它与传统的单机和网络应用模式相比，具有如下特点：

（1）超大规模。"云"具有相当的规模，Google云计算已经拥有100多万台服务器，Amazon、IBM、微软和Yahoo等公司的"云"均拥有几十万台服务器。"云"能赋予用户前所未有的计算能力。

（2）虚拟化。云计算支持用户在任意位置、使用各种终端获取服务。所请求的资源来自"云"，而不是固定的有形的实体。应用在"云"中某处运行，但实际上用户无需了解应用运行的具体位置，只需要一台笔记本或一个个人数字助理（PDA），就可以通过网络服务来获取各种能力超强的服务。

（3）高可靠性。虚拟化技术使得用户的应用和计算分布在不同的物理服务器上，即使单点服务器崩溃，仍然可以通过动态扩展功能部署新的服务器作为资源和计算能力添加进来，保证应用和计算的正常运转。

（4）通用性。云计算不针对特定的应用，在"云"的支撑下可以构造出千变万化的应用，同一片"云"可以同时支撑不同的应用运行。

（5）高可扩展性。通过动态扩展虚拟化的层次达到对应用进行扩展的目的，可以实时将服务器加入到现有的服务器机群中，增加"云"的计算能力，以满足应用和用户规模增长的需要。

（6）按需服务。用户运行不同的应用需要不同的资源和计算能力。"云"是一个庞大的资源池，可以按照用户的需求部署资源和计算能力。

（7）极其廉价。"云"的特殊容错措施使其可以采用极其廉价的节点来构成云；"云"的自动化管理使数据中心管理成本大幅降低；"云"的公用性和通用性使资源的利用率大幅提升；"云"设施可以建在电力资源丰富的地区，从而大幅降低能源成本。因此"云"具有前所未有的高性价比。

1.2　云计算的发展现状

由于云计算是多种技术混合演进的结果，其成熟度较高，又有大公司推动，发展极为迅速。Amazon、Google、IBM、微软和 Yahoo 等大公司是云计算的先行者。云计算领域的众多成功公司还包括 Salesforce、Facebook、Youtube、Myspace 等。

Amazon 公司使用弹性计算云 EC2（elastic computing cloud）和简单存储服务 S3（simple storage service）为企业提供计算和存储服务。收费的服务项目包括存储服务器、带宽、CPU 资源以及月租费。月租费与电话月租费类似，存储服务器、带宽按容量收费，CPU 根据运算量、时长收费。第三方统计机构提供的数据显示，Amazon 与云计算相关的业务收入已达 1 亿美元。云计算是 Amazon 增长最快的业务之一。

Google 公司是最大的云计算使用者。Google 搜索引擎就建立在分布在 200 多个地点、超过 100 万台服务器的支撑之上，而且这些设施的数量正在迅猛增长。Google 的一系列成功应用平台，包括 Google 地球、地图、Gmail、Docs 等也同样使用了这些基础设施。采用 Google Docs 之类的应用，用户数据会保存在互联网上的某个位置，可以通过任何一个与互联网相连的系统十分便利地访问这些数据。目前，Google 已经允许第三方在 Google 的云计算中通过 Google App Engine 运行大型并行应用程序。Google 值得称颂的是它不保守，它早已以发表学术论文的形式公开其云计算三大法宝：GFS、Map Reduce 和 Big Table，并在美国、中国等高校开设如何进行云计算编程的课程。2010 年 4 月，Google 公开了其云计算平台监控系统 Dapper 的实现技术，2011 年 1 月，Google 又公开了 Megastore 分布式存储技术。

IBM 公司在 2007 年 11 月推出了“改变游戏规则”的“蓝云”计算平台，为用户带来即买即用的云计算平台。该平台包括一系列的自动化、自我管理和自我修复的虚拟化云计算软件，来自全球的应用可以访问分布式的大型服务器池，使得数据中心在类似于互联网的环境下运行计算。IBM 公司正在与 17 个欧洲组织合作开展云计算项目。欧盟提供了 1.7 亿欧元作为部分资金。该项目名为 RESERVOIR，以“无障碍的资源和服务虚拟化”为口号。IBM 公司已在全球范围内 10 个国家投资 3 亿美元建立了 13 个云计算中心，并且已帮助数个用户成功部署了云计算中心。

微软公司紧跟步伐，于 2008 年 10 月推出了 Windows Azure 操作系统。Azure（译为“蓝天”）通过在互联网架构上打造新云计算平台，让 Windows 真正由 PC 延伸到“蓝天”上。Azure 的底层是微软全球基础服务系统，由遍布全球的第四代数据中心构成。目前，微软已经配置了 220 个集装箱式数据中心，包括 44 万台服务器。微软在 2010 年 10 月的 PDC 大会上，公布了 Windows Azure 云计算平台的未来蓝图，跳出以单纯的基础架构作为服务的框架，将 Windows Azure 定位以平台服务，即一套全面的开发工具、服务和管理系统。它可以让开发者致力于开发可用和可扩展的应用程序。微软为 Windows Azure 用户推出许多新的功能，不但能简单地将现有的应用程序转移到云中，而且可以加强云托管应用程序的可服务性，充分体现出微软的“云”＋“端”战略。

云计算的新颖之处在于它几乎可以提供无限的廉价存储和计算能力。纽约一家名为 Animoto 的创业企业已证明云计算的强大能力❶。Animoto 允许用户上传图片和音乐，自动生成基于网络的视频演讲稿，并且能够与好友分享。该网站目前向注册用户提供免费服务。2008 年年初，网站每天用户数约为 5000 人。4 月中旬，由于 Facebook 用户开始使用 Animoto 服务，该网站在三天内的用户数大幅上升至 75 万人。Animoto 联合创始人 Stevie Clifton 表示，为了满足用户需求的上升，该公司需要将服务器能力提高 100 倍，但是该网站既没有资金，也没有能力建立规模如此巨大的计算能力。因此，该网站与云计算服务公司 Right Scale 合作，设计能够在亚马逊的网云中使用的应用程序。通过这一举措，该网站大大提高了计算能力，而费用只有每台服务器每小时 10 美分。这样的方式也加强创业企业的灵活性：当需求下降时，Animoto 只需减少所使用的服务器数量就可以降低服务器支出。

我国云计算服务市场处于起步阶段，市场总体规模较小，但云计算技术与设备已经具备一定的发展基础。大型互联网企业是目前国内主要的云计算服务提供商，业务形式以 IaaS＋PaaS 形式的开放平台服务为主，其中 IaaS 服务相对较为成熟，PaaS 服务初具雏形。我国大型互联网企业开发了云主机、云存储、开放数据库等基础 IT 资源服务，以及网站云、游戏云等一站式托管服务。一些互联网公司自主推出了 PaaS 云平台，并向企业和开发者开放，其中数家企业的 PaaS 平台已经吸引了数十万的开发者入驻，通过分成方式与开发者实现了共赢。

ICT 制造商在云计算专用服务器、存储设备以及企业私有云解决方案的技术研发上

---

❶ 此案例引自和讯网维维编译《纽约时报》2008 年 5 月 25 日报道。

具备了相当的实力。其中，国内企业研发的云计算服务器产品已经具备一定竞争力，在国内大型互联网公司的服务器新增采购中，国产品牌的份额占到了50%以上，同时正在逐步进入国际市场；国内设备制造企业的私有云解决方案已经具备千台量级物理机和百万量级虚拟机的管理水平。

软件厂商逐渐转向云计算领域，开始提供SaaS服务，并向PaaS领域扩展。国内SaaS软件厂商多为中小企业，业务形式多以企业CRM服务为主。领先的国内SaaS软件厂商签约用户数已经过万。

电信运营商依托网络和数据中心的优势，主要通过IaaS服务进入云计算市场。中国电信于2011年8月发布了天翼云计算战略、品牌及解决方案，2012年提供了云主机、云存储等IaaS服务，未来还将提供云化的电子商务领航等SaaS服务和开放的PaaS服务平台。中国移动自2007年起开始搭建大云（big cloud）平台，2011年11月发布了大云1.5版本，移动MM等业务将在未来迁移至大云平台。中国联通则自主研发了面向个人、企业和政府用户的云计算服务"沃·云"。目前"沃·云"业务主要以存储服务为主，实现了用户信息和文件在多个设备上的协同功能，以及文件、资料的集中存储和安全保管。解放军理工大学研制了云存储系统MassCloud，并以它支撑基于3G的大规模视频监控应用和数字地球系统。Alibaba集团成立了专注于云计算领域研究和研发的阿里云公司，启动大淘宝战略，研制了淘宝的分布式文件系统（TFS）。

IDC企业依托自己的机房和数据中心，将IaaS作为云服务切入点，目前已能提供弹性计算、存储与网络资源等IaaS服务。少数IDC企业还基于自己的传统业务，扩展到提供PaaS和SaaS服务，如应用引擎、云邮箱等。

我国企业创造的"云安全"概念，在国际云计算领域独树一帜。云安全通过网状的大量客户端对网络中软件行为的异常监测，获取互联网中木马、恶意程序的最新信息，推送到服务端进行自动分析和处理，再把病毒和木马的解决方案分发到每一个客户端。云安全的策略构想是：使用者越多，每个使用者就越安全，因为如此庞大的用户群，足以覆盖互联网的每个角落，只要某个网站被挂马或某个新木马病毒出现，就会立刻被截获。云安全的发展像一阵风，瑞星、趋势、卡巴斯基、McAfee、Symantec、江民科技、PANDA、金山、360安全卫士、卡卡上网安全助手等都推出了云安全解决方案。瑞星基于云安全策略开发的2009新品，每天拦截数百万次木马攻击。趋势科技云安全已经在全球建立了5大数据中心，几万部在线服务器。

1.3　云计算的服务模式

作为一种新兴的计算模式，云计算通过虚拟化、标准化和自动化的方式有机地整合了云中的硬件和软件资源，并通过网络将云中的服务交付给用户。这些服务包括种类繁多的互联网应用、运行这些应用的平台以及虚拟化后的计算和存储资源。与此同时，云计算环境还要保证所提供的服务的可伸缩性、可用性与安全性。云计算需要清晰的架构来实现不同类型的服务及满足用户对这些服务的各种需求。典型的云架构如图1-1所示，分为三个基本层次：基础设施即服务层、平台即服务层和软件即服务层。

基础设施层是经过虚拟化后的硬件资源和相关管理功能的集合。云的硬件资源包括

图 1-1　云计算层次结构和服务模型

了计算、存储和网络等资源。基础设施层通过虚拟化技术对这些物理资源进行抽象，并且实现了内部流程自动化和资源管理优化，从而向外部提供动态、灵活的基础设施层服务。

平台层介于基础设施层和应用层之间，它是具有通用性和可复用性的软件资源的集合，为云应用提供了开发、运行、管理和监控的环境。平台层是优化的"云中间件层"，能够更好地满足云的应用在可伸缩性、可用性和安全性方面的要求。

应用层是云上应用软件的集合，这些应用构建在基础设施层提供的资源和平台层提供的环境之上，通过网络交付给用户。云应用种类繁多，大体可分为三类：第一类主要满足个人用户的日常生活办公需求，如文档编辑、日历管理、登录认证等；第二类主要面向企业和机构用户的可定制解决方案，如财务管理、供应链管理和客服关系管理等领域；第三类是由独立软件开发商或开发团队为了满足某一特定需求而提供的创新型应用。

1.3.1　IaaS 服务模式

基础设施即服务（IaaS）将硬件设备等基础资源封装成服务供用户使用。用户无需购买和维护自己的硬件和相关系统软件，就可直接在 IaaS 上构建自己的平台和应用。在 IaaS 环境中，用户相当于在使用裸机和磁盘，既可以让它运行 Windows，也可以让它运行 Linux，因而几乎可以做任何想做的事情。IaaS 最大的优势在于它允许用户动态申请或释放资源，按使用量计费。运行 IaaS 的服务器规模达到几十万台之多，因而用户可以认为能够申请的资源几乎是无限的。同时，IaaS 是由公众共享的，因而具有更高的资源使用效率。虽然很多 IaaS 平台都存在一定的私有功能，但是由于 OVF 等应用发布协议的诞生，IaaS 在跨平台方面稳步前进，这样应用能在多个 IaaS 云上灵活地迁移，而不会被固定在某个数据中心内。IaaS 云只需几分钟就能给用户提供一个新的计算资源，并且计算资源可以根据用户的实时需求来调整其大小，而传统的企业数据中心则往往需要几周或更长的时间，且新构建的计算资源计算能力固定。最具代表性的 IaaS 产品有 Amazon EC2、IBM Blue Cloud、Cisco UCS 和 Joyent。

IaaS 所采用的都是一些比较底层的技术，其中以下 4 种技术较为常用。

（1）虚拟化。也可以将它理解为基础设施层的"多租户"。因为通过虚拟化技术，能够在一个物理服务器上生成多个虚拟机，并且能在这些虚拟机之间实现全面的隔离，这样不仅能降低服务器的购置成本，而且还能降低服务器的运维成本。成熟的 x86 虚拟化技术有 VMware 的 ESX 和开源的 Xen。

（2）分布式存储。为了承载海量的数据，同时也要保证这些数据的可管理性，所以需要一整套分布式存储系统。在这方面，Google 的 GFS 是典范之作。

（3）关系型数据库。基本上是在原有的关系型数据库的基础上做了扩展和管理等方面的优化，使其在云中更适应。

（4）NoSQL。为了达到一些关系数据库所无法达到的目标，如支撑海量数据等，一些公司特地设计一批不是基于关系模型的数据库，如 Google 的 BigTable 和 Facebook 的 Cassandra 等。

现在大多数的 IaaS 服务都是基于 Xen 的（如 Amazon 的 EC2 等），但 VMware 也推出了基于 ESX 技术的 vCloud，同时业界也有几个基于关系型数据库的云服务，如 Amazon 的 RDS（relational database service，关系型数据库服务）和 Windows Azure SDS （SQL data services，SQL 数据服务）等。关于分布式存储和 NoSQL，它们已经被广泛用于云平台的后端。Google App Engine 的 Datastore 就是基于 BigTable 和 GFS 这两个技术，而 Amazon 推出的 Simple DB 则基于 NoSQL 技术。

IaaS 层一般都具有以下基本功能。

1. 资源抽象

当要搭建基础设施层的时候，首先面对的是大规模的硬件资源，如通过网络相互连接的服务器和存储设备等。为了能够实现高层次的资源管理逻辑，必须对资源进行抽象，也就是对硬件资源进行虚拟化。

虚拟化的过程一方面需要屏蔽掉硬件产品上的差异，另一方面需要对每一种硬件资源提供统一的管理逻辑和接口。值得注意的是，根据基础设施层实现的逻辑不同，同一类型资源的不同虚拟化方法可能存在非常大的差异。目前，存储虚拟化方面主流的技术有 IBM SAN Volume Controller、IBM Tivoli Storage Manager、Google File System、Hadoop Distributed File System 和 VMware Virtual Machine File System 等。

另外，根据业务逻辑和基础设施层服务接口的需要，基础设施层资源的抽象往往是具有多个层次的。例如，目前业界提出的资源模型中就出现了虚拟机（virtual machine）、集群（cluster）、虚拟数据中心（virtual data center）和云（cloud）等若干层次分明的资源抽象。资源抽象为上层资源管理逻辑定义了操作的对象和粒度，是构建基础设施层的基础。如何对不同品牌和型号的物理资源进行抽象，以一个全局统一的资源池方式进行管理并呈现给用户，是基础设施层必须解决的核心问题。

2. 资源监控

资源监控是保证基础设施层高效工作的关键任务。资源监控是负载管理的前提，如果不能有效地对资源进行监控，也就无法进行负载管理。基础设施层对不同类型的资源采用不同的监控方法：对 CPU，通常监控的是 CPU 的使用率；对于内存和存储，除了监控使用率，还会根据需要监控读写操作；对于网络，则需要对网络实时的输入、输出及路由状态进行监控。

基础设施层首先需要根据资源的抽象模型建立一个资源监控模型，用来描述资源监控的内容及其属性。同时，资源监控还具有不同的粒度和抽象层次。一个典型的场景是对某个具体的解决方案整体进行资源监控。一个解决方案往往由多个虚拟资源组成，整体监控结果是对解决方案各部分监控结果的整合。通过对结果进行分析,用户可以更加直观地监控到资源的实用情况及其对性能的影响,从而采取必要的操作对解决方案进行调整。

3. 负载管理

在基础设施层这样大规模的资源集群环境中,任何时刻所有节点的负载都不是均匀的。如果节点资源利用率合理,即使负载在一定程度上不均匀也不会导致严重问题。可是,当太多节点资源利用率过低或者节点之间负载差异过大时,就会造成一系列突出的问题。一方面,如果太多节点负载较低,会造成资源上的浪费,需要基础设施层提供自动化的负载平衡机制将负载进行合并,提高资源使用率并且关闭负载整合后闲置的资源。另一方面,如果资源利用率差异过大,会造成有些节点的负载过高,上层服务的性能受到影响,而另外一些节点的负载太低,资源没能充分利用。这时就需要基础设施层的自动化负载平衡机制将负载进行转移,即从负载过高节点转移到负载过低节点,从而使所有的资源在整体负载和整体利用率方面趋于平衡。

4. 数据管理

在云计算环境中,数据的完整性、可靠性和可管理性是对基础设施层数据管理的基本要求。现实中软件系统处理的数据分为很多不同的种类,如结构化的 XML 数据、非结构化的二进制数据及关系型的数据库数据等。不同的基础设施层所提供的功能不同,会使数据管理的实现有非常大的差异。由于基础设施层由数据中心内大规模的服务器集群所组成,甚至由若干不同数据中心的服务器集群组成,因此数据的完整性、可靠性和可管理性都极富挑战性。

完整性要求关系型数据的状态在任何时间都是确定的,并且可以通过操作使数据在正常和异常的情况下都能够恢复到一致的状态,因此完整性要求在任何时候数据都能够被正确地读取并且在写操作上进行适当的同步。可靠性要求将数据的损坏和丢失的概率降低到最低,这通常需要对数据进行冗余备份。可管理性要求数据能够被管理员及上层服务提供者以一种粗粒度和逻辑简单的方式管理,这通常要求基础设施层内部在数据管理上有充分、可靠的自动化管理流程。对于具体云的基础设施层,还有其他一些数据管理方面的要求,如在数据读取性能上的要求或者数据处理规模的要求,以及如何存储云计算环境中海量的数据。

5. 资源部署

资源部署指的是通过自动化部署流程将资源交付给上层应用的过程,即令基础设施服务变得可用的过程。在应用程序环境构建初期,当所有虚拟化的硬件资源环境都已经准备就绪时,就需要进行初始化过程的资源部署。另外,在应用运行过程中,往往会进行二次甚至多次资源部署,从而满足上层服务对基础设施层中资源的实时需求,也就是运行过程中的动态部署。

动态部署有多种应用场景,一个典型的场景就是实现基础设施层的动态可伸缩性,也就是说云的应用可以在极短时间内根据具体用户需求和服务状态的变化而调整。当用户服务的工作负载过高时,用户可以非常容易地将自己的服务实例从数个扩展至数千个，并自动获得所需要的资源。通常这种伸缩操作不但要在极短时间内完成，还要保证操作复杂度不会随着规模的增加而增大。另外一个典型场景是故障恢复和硬件维护。在云计算这样由成千上万服务器组成的大规模分布式系统中，硬件出现故障在所难免，在硬件维护时也需将应用暂时移走，基础设施层需要能够复制该服务器的数据和运行环境，并通过动态资源部署在另外一个节点上建立起相同的环境，从而保证服务从故障中快速恢复。

资源部署的方法也随构建基础设施层所采用技术的不同而有着巨大的差异。使用服务器虚拟化技术构建的基础设施层和未使用这些技术的传统物理环境有很大的差别，前者的资源部署更多是虚拟机的部署和配置过程，而后者的资源部署则涉及从操作系统到上层应用整个软件堆栈的自动化部署和配置。相比之下，采用虚拟化技术的基础设施层资源部署更容易实现。

6. 安全管理

安全管理的目标是保证基础设施资源被合法地访问和使用。在个人电脑上，为了防止恶意程序通过网络访问计算机中的数据或者破坏计算机，一般都会安装防火墙来阻止潜在的威胁。数据中心也设有专用防火墙，甚至会通过规划出隔离区来防止恶意程序入侵。云是一个更加开放的环境，用户的程序可以被更容易地放在云中执行，这就意味着恶意代码甚至病毒程序都可以从云内部破坏其他正常的程序。同时，在云环境中，数据都存储在云中。云计算需要能够提供可靠的安全防护机制来保证云中数据的安全，并提供安全审查机制保证对云数据的操作都是经过授权的且是可被追踪的。

1.3.2　PaaS 服务模式

PaaS 对资源的抽象层次更进一步，它提供用户应用程序的运行环境，典型的如 Google App Engine。PaaS 自身负责资源的动态扩展和容错管理，用户应用程序不必过多考虑节点间的配合问题。但与此同时，用户的自主权降低，必须使用特定的编程环境并遵照特定的编程模型。这有点像在高性能集群计算机里进行 MPI 编程，只适用于解决某些特定的计算问题。例如，Google App Engine 只允许使用 Python 和 Java 语言，基于称为 Django 的 Web 应用框架，调用 Google App Engine SDK 来开发在线应用服务。Google 的 Google Apps Engine、微软的 Windows Azure Platform、Saleforce 公司的 Force.com，都是典型的 PaaS 平台产品。

平台即服务交付给用户的是丰富的"云中间件"资源，这些资源包括应用容器、数据库和消息处理等。因此，平台即服务面向的并不是普通的终端用户，而是软件开发人员，他们可以充分利用这些开放的资源来开发定制化的应用。

在平台即服务上开发应用与传统的开发模式相比有着很大的优势：由于平台即服务提供的高级编程接口简单易用，因此软件开发人员可以在较短时间内完成开发工作，从而缩短应用上线的时间；由于应用的开发和运行都是基于同样的平台，因此兼容性问题较少；开发者无需考虑应用的可伸缩性、服务容量等问题；平台层提供的运营管理功能还能够帮助开发人员对应用进行监控和计费。

PaaS 层常采用的技术有下面 5 种：

（1）表达性状态转移。通过表达性状态转移（representational state transfer，REST）技术，能够非常方便和有效地将中间件层所支撑的部分服务提供给调用者。

（2）多租户。它能让一个单独的应用实例为多个组织服务，而且能保持良好的隔离性和安全性。通过这种技术，能有效地降低应用的购置和维护成本。

（3）并行处理。为了处理海量数据，需要利用庞大的 x86 集群进行规模巨大的并行处理，Google 的 MapReduce 是这方面的代表作。

（4）应用服务器。在原有应用服务器的基础上为云计算做了一定程度的优化，如用于 Google App Engine 的 Jetty 应用服务器。

（5）分布式缓存。通过这种技术，不仅能有效降低对后台服务器的压力，而且还能加快相应的反应速度。

对于很多 PaaS 平台，如用于部署 Ruby 应用的 Heroku 云平台，应用服务器和分布式缓存都是必备的。REST 技术常用于对外的接口，多租户技术则主要用于 SaaS 应用的后台（如用于支撑 Salesforce 的 CRM 等应用的 Force.com 多租户内核），而并行处理技术常被作为单独的服务推出（如 Amazon 的 Elastic MapReduce）。

PaaS 的功能和模块大致分为两类：首先是 PaaS 的基本功能，包含了 PaaS 的一系列本质特征，即使是在不同的 PaaS 中，也会有这些特征的实现；其次是 PaaS 的扩展功能，主要包含了针对其支持的应用类型的支持，如 GAE 作为支持事务型 Web 应用的 PaaS，就包含了数据访问和缓存的相应模块。本节讨论 PaaS 的基本功能。

1. 应用开发和部署模型

对于一个 IT 应用的要求，一般分为两个方面：一方面是与业务相关的功能性需求；另一方面就是诸如安全性、可靠性及服务质量等非功能性的需求。应用的开发阶段主要考虑功能性要求，而运行阶段主要关注非功能性要求。不同的应用在非功能性要求方面具有一定的相似性，为了支持这些非功能性要求，人们通常总结出一定的功能模块和模式。例如，在不同 Web 2.0 应用的高性能方案中，我们一般都能发现诸如负载均衡、反向代理及数据缓存等相似模块。这些模块和模式是 PaaS 层支持应用运行的基本方式。PaaS 层的一个重要目标就是把过去多年来在分布式应用中获得的经验总结起来作为服务提供给用户，使用户能够将更多的精力放到与业务相关的功能性需求上去。

PaaS 层的基本目的是进一步简化大量应用的开发、部署和运行管理。在 PaaS 层，为了实现简化应用开发和部署的目的，应用一般被定义为功能性模块和一系列策略的组合。在进行应用开发时，开发人员只需考虑业务功能的实现，而非功能性要求通过选择所提供的策略配置来表达。PaaS 层在应用具体部署时根据这些策略选择自动提供相应的资源、服务功能及其配置。

2. 自动资源获取和应用激活

为支持应用的运行，PaaS 层需要为应用分配相应的资源，包括计算资源、网络资源和存储资源。建立在基础设施层上的平台层可以通过调用基础设施层的功能和接口获得相应的资源并分配给相应的应用，也可以直接实现基础设施管理的功能，而无需抽象出单独的基础设施层。平台层对应用所需资源的管理分为在应用部署上线的时候所需初始资源的分配和应用运行过程中根据性能要求进行动态的资源调整两方面。两者所采用的方式有所区别：前一种方式根据应用的初始配置元数据而决定资源的种类和数量；后一种方式根据应用的运行负载变动和性能目标采用动态的模型计算所需的资源种类和数量。

前面提到，提交给云平台的应用以功能模块加上非功能性策略进行定义。云平台层首先根据应用的这两方面的需求计算出支持这个应用所需要的资源类型、配置模式和相应的数量，如虚拟机数量及其 CPU、内存配置，以及所需要的各类中间件、功能软件、网络连接和存储空间等。简单说就是为应用创建虚拟的服务器，包括服务器上的软件栈和相应的配置。

在为应用配置好运行所需要的各类资源之后，平台层还需要进行激活操作，让应用确实运行起来并正常提供所应有的功能。平台层的激活首先需要完成的是资源之间依赖关系的解析和支持。在定义应用的时候，也不需要考虑支持应用的下层资源和基础服务的关系和结构，以及提供这些资源和服务实例的具体配置。应用所涉及的各功能模块之间一般通过一系列的逻辑关系来进行连接。平台层在激活应用的时候需要将应用的各功能模块之间的这种逻辑连接与具体的实现实例的细节和配置相关联。

在应用的部署过程中，可能涉及应用模型没有指定但实例化的时候必须存在的功能模块，如一个应用服务器从单个变为多个时需要在前端添加负载均衡器，或者数据高可用性配置中需要多个数据库实例并配置为主从关系。这些根据应用部署情景而及时添加的模块是应用激活所需关注的。

3. 自动应用运行管理

在传统的中间件环境中，需要专门的应用运营管理团队针对应用进行部署、配置和运维管理。具体的实施则是一个比较长的过程，需要选择数据中心，规划网络连接，购买服务器，安装操作系统和中间件，根据应用的需求进行配置等。如果应用的需求发生了变化，无论是应用升级还是根据性能要求等非功能性需求更改应用的部署和配置，都需要一个繁复的计划和实施过程。由于这个过程涉及软硬件多个层次的内容，因此需要具有软硬件环境的大量专业技能和知识。应用的运维管理是企业 IT 支出中非常重要的一部分，许多企业需要设置专门的团队来负责这项任务。因此，简化应用的运维管理是从应用在线运行角度对 PaaS 提出的基本要求。

实际上，从应用的角度来讲，企业关注的是应用的功能及应用是否正常运行。为了保障应用的正常运行，企业需要管理好应用运行的整个软硬件环境。而 PaaS 层则提供了应用运行环境和应用自身的分离，应用运行所需的资源、基础服务和管理操作都可以交由 PaaS 平台来负责，甚至通过一系列技术实现自动化操作。在 PaaS 平台上，企业仅需关心应用的功能、监控应用的运行是否达到要求，而无需关心如何准备好各种资源和条件来使应用正常运行。后者由 PaaS 平台来照管。

为了实现以应用为中心的管理模式，PaaS 展现给用户的是以应用为中心的逻辑视图，即展示应用逻辑层次上的功能模块，以及通过属性和策略所表达的非功能性约束。用户在应用的逻辑视图上进行应用的管理，如监视应用的性能、更改应用的属性和策略等。PaaS 平台则动态地调整应用所需的资源和管理策略，以保证达到应用管理人员设定的对应用的性能及其他方面的要求。以应用为中心的管理方式是 PaaS 简化应用管理的基本思路。

4. 平台级优化

在 PaaS 中，优化在两个层次上进行：在应用层次，针对应用的性能和配置策略，PaaS 动态调整应用所使用的资源，在保证达到应用要求的前提下尽量提高资源的使用率，降低应用的运行费用；在 PaaS 平台层次上，在保证各个应用的运行要求下，PaaS 通过资源的共享和复用降低平台的运行开销，提高运行效率。可以看出，这两个层次的优化在目标、范围、手段和实施者等方面是不相同的。

将应用运行在 PaaS 平台上，应用的所有者不再拥有单独的软硬件平台，针对软硬件平台的优化工作也需要由 PaaS 来进行。在传统的环境中，往往需要有经验的管理员通过大量的分析和观测工作才能形成合理的优化方案，实施优化也需要大量的工作量和时间。在 PaaS 平台上，这一系列工作被简化了，PaaS 可以自动发现优化的模式，可以通过虚拟化的能力自动、快速实施，而不影响到应用的运行。

同时，PaaS 平台执行优化工作时，也需要调用所依赖的层次，如利用基础设施层的功能和服务来完成。PaaS 平台可以根据应用的策略及运行情况自动进行跨层次（平台层与基础设施层）的优化和调整。例如，PaaS 可以根据应用的不同组件之间的消息传递情况，将通信量高的组件通过迁移技术逐渐调整到物理上靠近的位置，甚至同一台物理机器上，以提高 I/O 效率。PaaS 可以根据基础设施层所提供的资源性能和价格差异，将应用部署或调整到相应的资源上，以便优化应用的运行性能和降低成本。

1.3.3 SaaS 服务模式

软件即服务（SaaS）交付给用户的是定制化的软件，即软件提供方根据用户的需求，将软件或应用通过租用的形式提供给用户使用。通过 SaaS 这种模式，软件以服务的方式通过网络交付给用户，用户端只需要打开浏览器或者某种客户端工具就可以使用服务；用户不需要在本地安装该软件的副本，也不需要维护相应的硬件资源，该软件部署并运行在提供方自有的或第三方的环境中。虽然软件即服务面向多个用户，但是每个用户都感觉是独自占有该服务。

SaaS 服务具有一定的优势：

（1）使用简单。在任何时候或者任何地点，只要接上网络，用户就能访问这个 SaaS 服务，而且无需安装、升级和维护。

（2）支持公开协议。现有的 SaaS 服务在公开协议（如 HTML 4/HTML5）的支持方面都做得很好，用户只需一个浏览器就能使用和访问 SaaS 应用。这对用户而言非常方便。

（3）安全保障。SaaS 供应商提供一系列的安全机制，不仅使存储在云端的用户数据处于安全的境地，而且也通过一定的安全机制（如 HTTPS 等）来确保与用户之间通信的安全。

（4）初始成本低。使用 SaaS 服务时，无需在使用前购买昂贵的许可证，并且几乎所有的 SaaS 供应商都允许免费试用。

由于 SaaS 产品起步较早，而且开发成本低，所以现在市场上 SaaS 产品无论是在数量还是在类别上都非常丰富。同时，也出现了多款经典产品，其中最具代表性的有 Salesforce CRM、Google Apps、Office Web Apps 和 Zoho。

由于 SaaS 层离普通用户非常接近，所以读者一般对 SaaS 层用到的大多数技术都耳熟能详。其中最主要的技术有 5 种：

（1）HTML。它是标准的 Web 页面技术，现在主要以 HTML 4 为主。即将推出的 HTML 5 将强化 Web 网页的表现性能，并追加本地数据库等 Web 应用的功能。

（2）JavaScript。一种用于 Web 页面的动态语言，通过 JavaScript，能够极大地丰富 Web 页面的功能。最流行的 JavaScript 框架有 jQuery 和 Prototype。

（3）CSS。主要用于控制 Web 页面的外观，而且能使页面的内容与其表现形式之间进行有效地分离。

（4）Flash。业界最常用的富因特网应用（rich internet applications，RIA）技术，能够在现阶段提供 HTML 等技术所无法提供的基于 Web 的富应用，而且在用户体验方面也非常成功。

（5）Silverlight。微软的 RIA 技术，它的市场占有率稍逊于 Flash，但它可以使用 C# 来进行编程，所以对开发者非常友好。

由于通用性和较低的学习成本，大多数云计算产品都会倾向于 HTML、JavaScript 和 CSS 这种组合，但是在 HTML5 被大家广泛接受之前，RIA 技术在用户体验方面还是具有一定优势的，所以 Flash 和 Silverlight 也会有一定的用武之地。如 VMware vCloud 就采用了基于 Flash 的 Flex 技术，而微软的云计算产品肯定会在今后大量使用 Silverlight 技术。

不同于 IaaS 层和 PaaS 层，SaaS 层上运行的软件千变万化，新应用层出不穷，难以定义 SaaS 层的基本功能。或者说，SaaS 层的基本功能就是为用户提供尽可能丰富的创新功能，为企业和机构用户简化 IT 流程，为个人用户简化日常生活的方方面面。

SaaS 层的应用可以分为三大类：

第一类是面向大众的标准应用，如文档处理、电子邮件和日程管理。标准应用采用多租户技术为数量众多的用户提供相互隔离的操作空间，提供的服务是标准的、一致的，它们必须具备的功能和与用户交互的方式在一定程度上已经形成业界标准。用户除了界面上的个性化设定外，不具有更深入的自定义功能。可以说，标准应用就是我们常用的应用软件的云上版本。

Google 的文档服务 Google Docs 是标准应用的一个典型示例。Google Docs 允许用户在线创建文档，并提供多种布局模板。Google Docs 是完全基于浏览器的 SaaS 服务，用户不需在本地安装任何程序，只需要通过浏览器登录服务器，就可以随时随地获取自己的工作环境。在用户体验上，该服务尽量符合用户使用习惯，不论是页面布局、按钮菜单设置还是操作方法都与用户所习惯的本地文档处理软件（如 microsoft office）相似。用户可以从零开始采用标准应用创建新文档，也可以将现有文档上传到应用服务器端，利用 Google Docs 的处理器功能继续编辑。编辑工作完成后，用户可以将其下载到本地保存，也可以将其保存在服务器端。

标准应用的一个重要特点就是代码运行在平台层上，而不是在用户本地的机器上。很多以前在本地运行的复杂应用将陆续被迁移到云中，并且由用户通过浏览器来执行。这就需要在网页中提供和本地窗口应用一样丰富的功能集合，并且在服务质量（如响应速度）上和本地窗口应用差别不大。然而，这类云应用在功能方面往往与先前本地的版本有所差异，这很大程度上是因为云应用的开发难度要大很多。先前本地版本的应用有着经历几十年不断改进过的编程语言和大量开发工具的支持，而在线应用的开发则主要依赖于 JavaScript，在开发和调试的难度上都比较高，而且需要额外考虑远程通信效率问题。如果能够基于目前比较主流的编程语言开发应用，然后在运行时生成优化的 JavaScript 代码，则可以在很大程度上简化开发的复杂度，Google Web Toolkit 正是朝着这一方向的一个尝试，使得开发人员可以使用 Java 语言开发支持 Ajax 的 Web 应用。

第二类是为了某个领域的客户而专门开发的客户应用，该类应用开发了标准的功能模块，允许用户进行不限于界面的深度定制。与标准应用是面向最终用户的立即可用的软件不同，客户应用一般针对的是企业级用户，需要用户进行相对更加复杂的自定义和二次开发。客户应用提供商是传统的企业 IT 解决方案提供商的云版本。

Salesforce CRM 是客户应用的典型代表。其关键点在于采用了多租户架构，使得所有用户和应用程序共享一个实例，又能按需求满足不同的客户要求。多租户架构分离了应用的逻辑和数据，企业用户可以通过元数据定义自己的行为和属性，并且定制化以后的应用程序不会影响其他企业用户。另外，Salesforce.com 还推出了自己的编程语言 Apex，它是一个易用的、多租户的编程语言，在一定程度上解决了应用层在模型开发复杂度方面的问题。用户可以通过 Apex 创建自己的组件，修改 Salesforce.com 提供的代码。

第三类是满足用户多元化需求的多元应用，这类云应用一般由独立软件开发商或者是开发团队在公有云平台上搭建。多元应用满足的往往是小部分用户群体的个性化需求，这样的应用追求新颖和快速，虽然应用的用户群体可能有限，但它却对该目标群体有着巨大的价值。如 FitnessChart 帮助正在进行健身练习的用户记录体重、脂肪率等数据，使用户可以跟踪自己的健身计划，评估其效果。

为旧金山地区用户提供实时、随处的公交系统时刻表服务的 Mutiny 是多元应用的典型代表之一。用户可以随时通过便携设备登录 Mutiny 网站，获知自己所处位置附近所有的公共汽车、地铁线路和停靠站，以及下一班车的进站时间。Mutiny 获取移动设备上的 GPS 坐标，利用该坐标信息访问 Google Map 的 API 获得使用者目前所处的街道位置及其附近所有的公交站、地铁站信息。用户单击其中任意一个站点，就会得到这个站点下一班车的到站时间，该站信息是从旧金山市公共交通系统的网站上获取的。可见，Mutiny 巧妙地整合了网络上的数据资源，利用云平台为特定用户群提供了便捷的服务。

1.4 云计算的主流平台

1.4.1 Google 的云计算平台

我们日常使用的 Google Search、Google Earth、Google Maps、Gmail 和 Google Doc 等业务都是 Google 基于其云计算平台来提供的。这些应用的共性在于数据量巨大，且要面向全球用户提供实时服务，因此 Google 必须解决海量数据存储和快速处理问题。Google 研发出了简单而又高效的技术，让多达百万台的计算机协同工作，共同完成这些任务。因此与竞争对手相比，Google 具有更大的成本优势，其 IT 系统运营约为其他互联网公司的 60%。同时 Google 程序员的效率比其他 web 公司同行们高，原因是 Google 已经开发出了一整套专用于支持大规模并行系统编程的定制软件库。

Google 云计算核心技术包括 Google 文件系统 GFS、分布式计算编程模型 MapReduce、分布式锁服务 Chubby 和分布式结构化数据存储系统 Bigtable 等。其中 GFS 提供了海量数据存储和访问的能力，MapReduce 使得海量信息的并行处理变得简单易行，Chubby 保证了分布式环境下并发操作的同步问题，Bigtable 使得海量数据的管理和组织十分方便。

1. Google 文件系统 GFS

Google 文件系统（google file system，GFS）是一个大型的分布式文件系统，位于所有核心技术的底层。GFS 使用廉价的商用机器构建分布式文件系统，将容错任务交由文件系统来完成，利用软件的方法解决系统可靠性问题，这样可以使得存储的成本大幅下降。GFS 将服务器故障视为正常，采用多种方法和容错措施，确保数据存储的安全、保证提供不间断的数据存储服务。

GFS 的体系架构如图 1-2 所示。GFS 将整个系统的节点分为三类，即 Client（客户

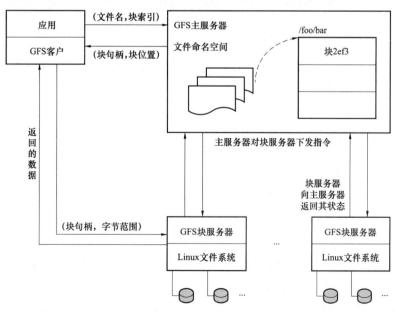

图 1-2　GFS 系统架构

端）、Master（主服务器）和 Chunk Server（数据块服务器）。Client 是 GFS 提供给应用程序的访问接口，它是一组专用接口，以库文件的形式提供。应用程序直接调用这些库文件，并与该库链接在一起。Master 是 GFS 的管理节点，在逻辑上只有一个，它保存系统的元数据，负责整个文件系统的管理。Chunk Server 负责具体的存储工作。数据以文件的形式存储在 Chunk Server 上，Chunk Server 的个数可以有多个，它的数目直接决定了 GFS 的规模。GFS 将文件按照固定大小进行分块，默认是 64MB，每一块称为一个Chunk（数据块），每个 Chunk 都有一个对应的索引号。客户端在访问 GFS 时，首先访问 Master 节点，获取将要与之进行交互的 Chunk Server 信息，然后直接访问这些 Chunk Server 完成数据存取。这种设计实现了控制流和数据流的分离。Client 与 Master 之间只有控制流，而无数据流，降低了 Master 的负载。Client 与 Chunk Server 之间直接传输数据流，同时由于文件被分为多个 Chunk 进行分布式存储，可以同时访问多个 Chunk Server，从而使得整个系统的 I/O 高度并行，系统整体性能得到提高。

GFS 与过去的分布式文件系统拥有许多相同的目标，例如性能、可伸缩性、可靠性以及可用性。然而，它的设计还受到 Google 应用负载和技术环境的影响，主要体现在以下四个方面。

（1）集群中的节点失效是一种常态，而不是一种异常。由于参与运算与处理的节点数目非常庞大，通常会使用上千个节点进行共同计算，因此，每时每刻都可能有节点处在失效状态。需要通过软件程序模块监视系统的动态运行状况，侦测错误，并且将容错以及自动恢复系统集成在系统中。

（2）Google 系统中的文件大小与通常文件系统中的文件大小概念不一样，文件大小通常以吉字节计。另外文件系统中的文件含义与通常文件不同，一个大文件可能包含大量数目的通常意义上的小文件。所以，设计预期和参数，例如 I/O 操作和块尺寸，都要重新考虑。

（3）Google 文件系统中的文件读写模式和传统的文件系统不同。在 Google 应用（如搜索）中对大部分文件的修改，不是覆盖原有数据，而是在文件尾追加新数据。对文件的随机写是几乎不存在的。对于这类巨大文件的访问模式，客户端对数据块缓存失去了意义，追加操作成为性能优化和原子性（把一个事务看做是一个程序，它要么被完整地执行，要么完全不执行）保证的焦点。

（4）文件系统的某些具体操作不再透明，而且需要应用程序的协助完成，应用程序和文件系统 API 的协同设计提高了整个系统的灵活性。例如，放松了对 GFS 一致性模型的要求，这样不用加重应用程序的负担，就大大简化了文件系统的设计。还引入了原子性的追加操作，这样多个客户端同时进行追加的时候，就不需要额外的同步操作了。

2. 并行数据处理 MapReduce

MapReduce 是 Google 提出的一种处理海量数据的并行编程模式，用于大规模数据集的并行运算。与传统的分布式程序设计相比，MapReduce 封装了并行处理、容错处理、本地化计算、负载均衡等细节，还提供了一个简单而强大的接口，可以把大尺度的计算自动地并发和分布执行，使编程变得非常容易。

MapReduce 把对数据集的大规模操作，分发给一个主节点管理下的各分节点共同完成，通过这种方式实现任务的可靠执行与容错机制。主节点会周期性地设置检查点，并导出主节点的数据，一旦某个任务失效，系统就从最近的一个检查点恢复并重新执行。主节点也会周期性地对分节点的工作状态进行标记，一旦分节点状态标记为死亡状态，则这个分节点的所有任务都将分配给其他分节点重新执行。

图 1-3 描述了 MapReduce 的逻辑模型，图中有 N 个 Map 操作和 M 个 Reduce 操作，每个 Map 函数对一部分原始数据进行指定的操作，Map 与 Map 之间是相互独立、并行执行的。Reduce 函数对每个 Map 所产生的一部分中间结果进行合并操作。MapReduce 框架逻辑流程主要分为三个阶段。

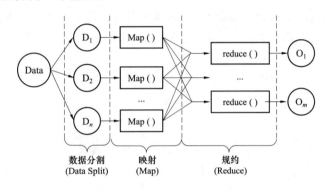

图 1-3　MapReduce 逻辑模型

（1）数据分割阶段。该阶段内将大数据集分为 N 个数据片段 D_1，D_2，$\cdots$，D_n。

（2）映射（Map）阶段。N 个数据片段对应 N 个执行 Map 功能的工作节点。每个 Map 的输入参数是一个由 in_key 和 in_value 组成的键值对，它指明了 Map 需要处理的原始数据是哪些。调用用户定义的 Map 函数执行具体的子计算任务后，Map 的输出结果是一组 < key，value > 对，这是中间结果。系统会将所有 Map 产生的中间结果进行归类处理，使得相同 key 对应的一系列 value 能够集结在一起，得到 M 组 < key，[value$_1$，$\cdots$，value$_n$] >。

（3）规约（Reduce）阶段。Reduce 的输入参数是 < key，[value$_1$，$\cdots$，value$_n$] >，其工作是对这些对应相同 key 的 value 值进行归并处理，最终形成 < key，final_value > 的结果。这样，一个 Reduce 处理一个 key，所有 Reduce 的结果并在一起就是最终结果。

3. 分布式锁服务 Chubby

Chubby 是 Google 设计的提供粗粒度锁服务的一个文件系统。通过使用 Chubby 锁服务，用户可以确保数据操作过程中的一致性。GFS 使用 Chubby 选取一个 GFS 主服务器，Bigtable 使用 Chubby 指定一个主服务器并发现、控制与其相关的子表服务器。除了最常用的锁服务之外，Chubby 还可以作为一个稳定的存储系统存储包括元数据在内的小数据，另外 Google 内部还使用 Chubby 进行名字服务。

Chubby 系统本质上就是一个分布式的、存储大量小文件的文件系统，它的所有操作都是在文件的基础上完成的。例如在 Chubby 最常用的锁服务中，每一个文件就代表了一个锁，用户通过打开、关闭和读取文件，获得共享锁或独占锁。选取主服务器的过程中，符合条件的服务器都同时申请打开某个文件并请求锁住该文件。成功获得锁的服务器自动成为主服务器并将其地址写入这个文件夹，以便其他服务器和用户可以获知主服务器的地址信息。

通常情况下 Google 的一个数据中心仅运行一个 Chubby 单元，这个单元需要支持包括 GFS、Bigtable 在内的众多 Google 服务，因此，Chubby 的设计目标主要有以下几点。

（1）高可用性和高可靠性。这是 Chubby 系统的首要目标。

（2）高扩展性。将数据存储在价格较为低廉的 RAM 中，支持大规模用户访问文件。

（3）支持粗粒度的建议性锁服务。提供这种服务的根本目的是提高系统的性能。

（4）服务信息的直接存储。可以直接存储包括元数据、系统参数在内的有关服务信息，而不需要再维护另一个服务。

（5）支持通报机制。用户可以及时地了解事件的发生。

（6）支持缓存机制。通过一致性缓存将常用信息保存在客户端，避免频繁访问主服务器。

Chubby 系统采用建议性的锁而不是强制性的锁，两者的根本区别在于用户访问某个被锁定的文件时，建议性的锁不会阻止访问，而强制性的锁会阻止访问，这是为了方便系统组件之间的信息交互。另外，Chubby 还采用了粗粒度锁服务而不是细粒度锁服务，细粒度锁持续时间很短，常常只有几秒甚至更短，而粗粒度锁持续时间可以长达几天，采用粗粒度锁可以减少频繁换锁带来的系统开销。

4. 分布式结构化数据表 Bigtable

Bigtable 是 Google 开发的基于 GFS、MapReduce 和 Chubby 的分布式存储数据库系统，它被设计用来处理海量数据，通常是分布在数千台普通服务器上的 PB 级的数据，并且能够部署到上千台机器上。Bigtable 和数据库很类似，它使用了很多数据库的实现策略，但是它又不是一个完全的关系型数据库，它不支持完整的关系数据模型，而是提供了一个简单的数据模型接口，使得数据的存储更加灵活。Google 的很多数据，包括Web 索引、卫星图像数据等在内的海量结构化和半结构化数据，都是存储在Bigtable 中。

Bigtable 是一个分布式多维映射表，表中数据通过一个行关键字（row key）、列关键字（column key）和一个时间戳（time stamp）进行索引。Bigtable 对存储在其中的数据不做任何解析，一律看作字符串，具体数据结构的实现由用户自行处理。Bigtable 与传统的关系型数据库的区别在于它不支持一般意义上的事务，但能保证对于行的读写操作具有原子性。表中数据根据行关键字排序，使用词典顺序；列关键字被组织成列族。族是 Bigtable 访问控制的基本单元。不同版本的数据通过时间戳来区分。

Bigtable 是构建在另外三个云计算组件之上的。WorkQueue 主要被用来处理分布式系统队列分组和任务调度，GFS 被用来存储子表数据以及一些日志文件，而 Chubby 则用来选取主服务器、获取子表位置信息、保持 Bigtable 模式信息及访问控制列表。

Bigtable 主要由三部分组成，即客户端程序库（client library）、一个主服务器（master server）和多个子表服务器（tablet server）。客户访问 Bigtable 服务时首先利用库函数执行 Open（）操作打开一个锁获取目录文件，然后和子表服务器进行通信。

1.4.2　Amazon 的云计算平台

Amazon 公司构建了一个云计算平台，并以 Web 服务的方式将云计算产品提供给用户，Amazon Web Services（AWS）是这些 Web 服务的总称。目前，AWS 服务主要包括弹性计算云 EC2、简单存储服务 S3、简单数据库服务 Simple DB、简单队列服务 SQS、内容推送服务 CloudFront、电子商务服务 DevPay 和 FPS 服务等。也就是说，Amazon 目前为开发者提供了存储、计算、中间件和数据库管理系统服务。通过 AWS，可根据业务的需要访问一套可伸缩的 IT 基础架构服务，获得计算能力、存储和其他的服务。通过 AWS 可以更多地根据所解决问题的特点来有弹性地选择哪种开发平台或者编程模型。你只需为你使用了什么而付费，而不需要预先的花费或长期的承诺，从而，AWS 让你以很低的成本将你的应用交付给你的用户。

1. Dynamo 基础存储架构

由于大量的 Web 数据是半结构化数据，随着数据量的急剧增加，传统的关系型数据库已无法满足这种存储需求，为此不少服务商都设计开发了自己的存储系统。Amazon 的 Dynamo 就是其中具有代表性的一种存储架构。Amazon 平台中很多服务对存储的需求只是读取、写入，即满足简单的键/值式存储即可。因此，Dynamo 以简单的键/值方式存储数据，不支持复杂的查询。Dynamo 中存储的是数据值的原始形式，也就是以位（bit）的形式存储，不解析数据的具体内容。Dynamo 不识别任何数据结构，因此它几乎可以处理所有的数据类型。

Dynamo 是 Amazon 公司开发的基础存储架构，作为状态管理组件被用于 Amazon 的很多系统中。相比于传统的集中式存储系统，Dynamo 的设计定位于高可靠性、高可用性和良好的容错性。体系架构如图 1-4 所示，从图中可以看出 Dynamo 提供了分布式、无中心节点的存储架构，以简单的键/值方式存储数据，不支持复杂的查询，数据在服务器集群中呈环状分布，并通过以太网为 Amazon S3 平台和上层应用提供聚集服务。具体特性分析如下：

（1）数据均衡分布。系统使用一致性哈希算法实现了 P2P 环境下数据的均匀分布，保证系统负载均衡和良好的扩展性、平衡性，哈希算法运算后的结果可以充分分散到缓冲空间；单调性，系统扩展时不会改变分配空间和缓冲区域的映射关系；低分散性，避免不同终端将同一数据映射到不同的缓冲区，以及同一缓存区映射成不同的数据。

（2）数据冲突处理。系统采用最终一致性模型来解决数据冲突问题，该模型减弱了强一致性模型的过程一致性问题，仅保证了数据更新的最终结果的一致。针对数据更新过程中可能出现的冲突问题，系统使用向量时钟技术来推断更新操作的先后顺序，并定位数据的最新版本。

（3）容错机制。系统将硬件故障视为常态，处理两类容错问题：临时故障恢复和永久故障处理。针对临时故障问题，使用带有监听的数据回传机制（hinted handoff），

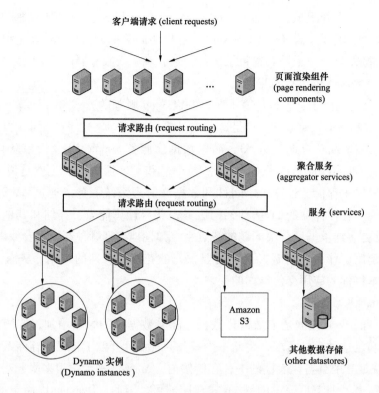

客户端请求 (client requests)

页面渲染组件
(page rendering components)

请求路由 (request routing)

聚合服务
(aggregator services)

请求路由 (request routing)

服务 (services)

Amazon S3

Dynamo 实例
(Dynamo instances)

其他数据存储
(other datastores)

图 1 - 4   Dynamo 体系架构

在数据副本的元数据中记录失效节点位置,并在故障恢复后将临时空间数据回传给原节点。针对永久故障问题,使用反熵协议和 Merkle 哈希树技术来保证数据同步。

(4) 成员资格及错误检测。系统在各节点成员中保存其他节点的路由信息,基于 Gossip 协议进行成员资格检测,选取候选通信节点,从而缩短数据传输时延和提高响应速度。

表 1 - 1 列出了 Dynamo 设计时面临的主要问题及采取的解决办法。

表 1 - 1   Dynamo 需要解决的主要问题与相关技术

问　　题	采用的相关技术
数据均衡分布	改进的一致性哈希算法、数据备份
数据冲突处理	向量时钟（vector clock）
临时故障处理	hinted handoff（数据回传机制），参数（W，R，N）可调的弱 quorum 机制
永久故障后的恢复	Merkle 哈希树
成员资格以及错误检测	给予 Gossip 的成员资格协议和错误检测

2. Amazon S3 简单存储服务

Amazon Simple Storage Service（S3）提供一个用于数据存储和获取的 Web 服务接口。通过 S3,用户可以将自己的数据放到存储云上,并通过互联网访问和管理。Amazon 的其他服务也可以直接访问 S3。S3 由对象和存储桶两部分组成：对象是最基本的存储实体，包括对象数据本身、键值、描述对象的元数据及访问控制策略等信息；存储桶则是存放对象的容器，用户可以在桶中存储任意数量的对象，但最多只能创建 100 个桶。

S3 既可以单独使用，也可以同 Amazon 平台的其他服务结合使用。云平台上的应用程序可以通过 REST 或者 SOAP 接口访问 S3 中的数据。以 REST 为例，S3 中的所有资源都有唯一的 URI 标识符，应用通过向指定的 URI 发出 HTTP 请求，就可以完成数据的上传、下载、更新或删除等操作。作为 Web 数据存储服务，S3 适合存储较大的一次写入且多次读取的数据对象，如声音、视频、图像等文件。

S3 采用账户认证、访问控制列表及查询字符串认证三种机制来保障数据安全性。当用户创建 AWS 账户时，系统自动分配一对存取键 ID 和存取密钥，利用存取密钥对请求签名，然后在服务器端进行验证，从而完成认证。用户还可利用访问控制列表设定数据的访问权限，如数据是公开还是私有等。即使在同一公司内部，相同的数据也可对不同的员工角色设定不同权限，如管理员可以看到整个公司的数据信息，而普通员工只能看到自己的信息。查询字符串认证方式广泛适用于以 HTTP 请求或浏览器的方式对数据进行访问。

为保证数据服务的可靠性，S3 采用冗余备份的存储机制，存放在 S3 中的数据都会在其他位置备份。在后台，S3 保证不同备份之间的一致性，将更新的数据同步到该数据的所有备份上。

3. Amazon EC2 弹性计算云

Amazon EC2 是一种云基础设施服务。通过 EC2，用户可以方便地申请所需的计算资源，而且可以灵活地定制所拥有的资源，如根据需要定制操作系统和安装所需软件。用户只需为实际使用的计算时间付费，如果需要增加计算能力，可以快速地启动虚拟实例，当需求下降时，可以马上终止它们。

EC2 由 Amazon 机器映像（amazon machine image，AMI）、虚拟机实例和 AMI 运行环境组成。AMI 是一个用户可定制的虚拟机映像，包含用户的所有软件和配置的虚拟环境，是 EC2 部署的基本单位，用户使用 EC2 服务的第一步就是要创建一个自己的 AMI。AMI 被部署到 EC2 的运行环境后就产生一个虚拟机实例。值得注意的是，EC2 虚拟机实例内部不保存系统的状态信息，存储在实例中的信息随着它的终止而丢失。AMI 运行环境拥有庞大规模的物理资源和虚拟机运行平台，所有利用 AMI 映像启动的虚拟机实例都运行在该环境中。EC2 运行环境为用户提供基本的访问控制服务、存储服务、网络及防火墙服务等。

EC2 使用的关键技术有：

（1）弹性块存储（EBS）。将需要长期保存或重要的数据保存到弹性存储块（elastic block store，EBS）。EBS 是专门为 EC2 设计的，可以更好地和 EC2 配合使用。

（2）地理区域和可用区域。Amazon 提出地理区域和可用区域两种区域概念。地理区域按照实际的地理位置划分；可用区域根据是否有独立的供电系统和冷却系统等划分。EC2 系统中包含多个地理区域，而每个地理区域中又包含多个可用区域。用户可将自己的多个实例分布在不同可用区域和地理区域中，以确保系统稳定性。

（3）EC2 通信机制。系统各模块之间及系统和外界之间的信息交互通过 IP 地址进行。IP 地址分为公共 IP 地址、私有 IP 地址和弹性 IP 地址。实例通过公共 IP 地址和外界通信，私有 IP 地址用于实例之间的通信。

（4）弹性负载平衡。它允许 EC2 实例自动分发应用流量，从而保证工作负载不超过现有能力，并在一定程度上支持容错。

（5）监控服务（cloudwatch）。它提供了 AWS 资源的可视化检测功能，包括 EC2 实例状态、资源利用率、需求状况、磁盘读写和网络流量等指标。

（6）自动缩放。按照用户自定义的条件，自动调整 EC2 的计算能力。

（7）服务管理控制台。用于启动、管理 EC2 实例和提供各种管理工具和 API 接口。

1.4.3 IBM 公司的云计算平台

IBM 公司在云架构的每一层都提供了整合的解决方案来帮助客户设计、构建和管理云环境，保证客户业务在云环境中高效运行。基础设施层硬件资源的虚拟化是实现云计算的第一步，IBM 提出 Ensembles 的概念，用于消除物理资源之间的边界。Ensembles 的底层是一组有网络连接的物理资源，它们通过虚拟化技术被抽象为资源池，这个资源池是一个可扩展、可管理的单一系统。IBM 公司还推出了 Tivoli Service Automatic Manager（TSAM），帮助用户构建自己的云基础设施环境和应用运行环境。平台层利用基础设施层的资源，为用户提供应用开发、部署、运行和管理等服务。IBM 提供的 Rational Application Developer（RAD）可以帮助用户快速地规划、分析、设计、开发、测试基于 Java 等编程语言的 Web 服务和门户应用程序。WebSphere CloudBurst Appliance（WCA）降低了构建平台云的复杂度，大大缩短了构建时间，为云应用提供了自动、高效、可靠、可伸缩的 SOA 中间件运行环境。在应用层，IBM 提供了丰富的面向企业用户的云应用，如帮助用户进行在线协作的 LotusLive。

1. IBM Ensembles

作为 IBM 云计算战略中重要的基础设施层方案，Ensembles 是一组采用虚拟化技术实现的资源池，主要包括计算资源池（即服务器 Ensemble）、网络资源池（即网络 Ensemble）和存储资源池（即存储 Ensemble）。在这三种类型的 Ensemble 之上是 Ensemble 服务接口，它为用户提供统一的操作接口。每种类型的 Ensemble 都具备独立的管理功能，针对各自的资源类型完成资源的加入、释放和维护等操作。Ensembles 服务接口为上层客服提供可访问、获取、返回不同类型 Ensemble 资源的能力。

服务器 Ensemble 是一组由同构物理服务器组成的计算资源池，它包含管理物理服务器和虚拟服务器的功能。服务器 Ensemble 中所有物理服务器都采用虚拟化技术，被整合成为一个虚拟服务器集合。

存储 Ensemble 将一系列分散的存储设备抽象成一个统一的存储资源池，它可以访问并整合多种类型的存储服务，包括物理设备（如 logic unit number）、共享存储（如 network attached storage，NAS）和虚拟存储（san volume controller，SVC）。

网络 Ensemble 是由一组网络资源构成的统一实体，包括交换机、路由器、VPN 网关等网络设备。网络 Ensemble 实现虚拟的网络连接功能，为用户提供创建网络连接、IP 路由与过滤、负责均衡与监控等服务。

Ensemble 管理器是 Ensembles 的关键组件，负责每个 Ensemble 的系统管理。如工作负载优化、可用性保证、系统启动和关闭、软件恢复和更新等操作，同时它还负责硬件资源的管理，如热量控制和能耗监控等。

Ensemble 服务接口是用户与资源交互的平台，用户通过它获取可用的资源列表，制定资源的使用策略、参数及选项，并根据这些信息发出资源操作请求。Ensemble 服务接口获得这些请求后，将请求转换为对不同类型 Ensemble 资源的操作，并在执行过程中进行持续监控，保证用户请求的有效执行。

可见，Ensemble 简化了 IT 基础设施资源的获取和使用方式，减少了云计算不同层次之间的耦合程度，使整个云架构具有更好的可扩展性和灵活性。

2. IBM 云管理 TSAM

IBM Tivoli Service Automatic Manager（TSAM）为用户提供了管理应用服务生命周期的方案。作为云计算管理服务的重要产品，TSAM 担当着云管理者和协调者的重要角色，既对云架构中各种产品进行完整生命周期的管理，又通过调配和优化资源满足客户对服务质量的要求。TSAM 的设计强调更快速的服务响应和交付能力，以及更低的运营成本。TSAM 提供三个阶段的管理功能，即服务的设计阶段、部署阶段和运行时管理阶段，支持两种角色的用户，分别是服务设计者、服务运营和管理者。

在设计阶段，TSAM 提供了丰富的预置服务定义来简化服务设计者的工作。服务定义规范了对特定环境进行管理的总体框架。TSAM 提供三种服务定义：操作系统器件服务（os appliance service）、自助虚拟服务器部署（self-service virtual server provisioning）和解决方案服务。操作系统器件服务主要针对 IBM 的大型主机，该服务定义描述了在该系统平台上进行服务管理的全套流程，涉及由镜像创建 z/VM 虚拟服务器、运行虚拟服务器上的软件器件及对虚拟服务器和软件器件的运行时管理操作。自助虚拟服务部署主要针对 IBM 的 System x 和 System p 服务器，在由这些服务器构成的数据中心中提供对虚拟服务器和相关软件的全套流程管理。自助虚拟服务部署定义了以下操作：① 通过创建虚拟服务器及其上的软件栈来创建新的服务，或者为现有服务加入新的虚拟服务器；② 为虚拟服务器安装软件栈，包括操作系统和中间件；③ 销毁一个虚拟服务器并释放其占用的资源；④ 为虚拟服务器增加或减少资源；⑤ 销毁一个解决方案服务并释放占用的资源。解决方案服务在以上两种服务的基础上，提供了针对不同中间件、应用和解决方案的管理流程定义。

服务设计完成后，服务设计者将服务定义发布到服务定义目录中。服务管理者查阅该目录，选择自己需要的服务类型，将部署请求提交给 TSAM。TSAM 根据服务定义中描述的部署流程，解析服务各个组件间的依赖关系，根据当前实际情况规划工作流程，为用户获取所需的资源，完成自动部署操作。

在运行时管理阶段，TSAM 为服务管理者提供了管理计划（management plan）来实现管理操作的自动化。TSAM 能够自动分析并执行管理计划中每个操作的具体步骤，确认操作结果，规划下一次操作内容。

最后，当服务的生命周期结束时，TSAM 回收该服务所占用的资源并释放。

3. IBM WebSphere CloudBurst

IBM WebSphere CloudBurst Appliance（WCA）是一个支持用户创建、部署和管理私有 WebSphere 云环境的产品。WCA 在物理上是一个具有运算、存储和联网能力的硬件器件，该硬件器件包含了 WCA 软件功能模块和 WebSphere 虚拟器件镜像与模板。WCA 软件功能模块主要具有基础设施管理、解决方案部署、用户和组管理、镜像模板管理、脚本包管理及监控与计费等功能。WebSphere 虚拟器件与模板是 WCA 采用虚拟器件技术快速部署 WebSphere 环境的基础，WCA 利用模板机制将领域专家的经验融汇到 WebSphere 环境的虚拟化部署过程中，这些模板体现了 WebSphere 配置环境的最佳实践经验。

用户首先将 WCA 硬件接入私有数据中心，再将安装了虚拟化平台的物理机注册到 WCA，WCA 就可以统一管理这些虚拟化平台，在它们之上部署 WebSphere 环境。部署过程中，用户首先选择需要的模板，进行必要的配置，然后 WCA 自动把虚拟器件镜像发送到目标虚拟化平台，创建虚拟机，激活 WebSphere 环境。在 WebSphere 环境运行过程中，用户可以通过 WCA 的管理功能对该环境进行持续的监控和优化，用户可以通过管理界面查看虚拟化平台的实时性参数和其他相关信息。

WCA 提供了三种访问方式：Web 方式、命令行方式和 REST 方式。WCA 具有一个用户友好的 Web 2.0 风格控制台界面，它集中了所有的管理功能，用户只需在页面上进行简单的操作就可以实现复杂的 WebSphere 环境管理操作；在控制台界面首页，可以下载 WCA 的命令行工具，通过该工具可直接连接到 WCA 进行操作；REST 方式是为了方便将 WCA 的软件功能与其他产品进行整合而设计。

WebSphere Application Server Hypervisor Edition 是一个根据 Open Virutal Format（OVF）标准打包的虚拟镜像，它运行在受支持的管理程序之上。虚拟镜像包含一个操作系统、WebSphere Application Server 二进制文件和配置文件，以及 IBM HTTP Server，所有内容都是预安装的。预安装多个配置文件将使镜像能够在激活后采用多种定制（在 WebSphere CloudBurst 之外使用）。这为由 WebSphere CloudBurst 实现的价值奠定了基础。

WCA 支持多种用户和组角色，并为不同角色提供不同的权限与操作界面。例如，普通用户和组只有部署他能访问的模板的权限；管理员用户既有普通用户的权限，又有创建和修改模板的权限，还可以管理私有云环境，向 WCA 添加和删除虚拟化平台，并从控制台界面可视化地获取这些虚拟化平台的信息。

总之，WCA 在创建私有 WebSphere 云环境方面提供了两个优点。① 通过包含 WebSphere Application Server Hypervisor Edition 和预配置的 WebSphere 模式（构建自虚拟镜像），用户可以将相关 WebSphere 中间件环境立即部署到私有云中；② 定制功能使用户能够实现几乎任何类型的 WebSphere Application Server 环境。不管是安装定制软件、修改 WebSphere 拓扑结构，还是安装定制应用程序，WebSphere CloudBurst 都提供了生成可高度定制的 WebSphere 环境的能力，并将它们以定制虚拟镜像或定制 WebSphere 模式的形式存储到设备中，最大限度地实现重用。

4. IBM LotusLive

LotusLive 是一个 IBM 托管的在线服务产品组合，可以提供可扩展的安全的电子邮件、Web 会议和协作解决方案。LotusLive 通过 SaaS 模型交付。LotusLive 服务向用户提供更加有效的与公司内外人员（包括用户、合作伙伴和提供商）协作的新方式，只需支付合理的包月使用费。

这些针对业务进行优化的服务不需要进行宣传和数据挖掘，并且也不是针对业务重新改造的消费者应用程序。这些服务的集成让用户能在一个产品中使用三四个产品的功能。

LotusLive 是实现预部署（on-premise）的经济有效的选择，它以合适的成本向业务用户提供正确的功能：它仅提供用户所需的功能，因此能节省时间和金钱。这种交付模型与简化的在线协作相结合，可以更加轻松地随时随地与任何人做生意。LotusLive 提供以下产品和服务：

（1）Web 会议，包括 IBM LotusLive Meetings 和 IBM LotusLive Events。LotusLive Meetings 是一个整合了语音和视频功能的在线会议服务。LotusLive Events 是一个在线事件管理和网络会议服务，在此基础上，增加了诸如自动邮件公告、注册管理、事件存档、多浏览器等功能，可以方便地组织联机事件。

（2）办公协作，包括 LotusLive Engage 和 LotusLive Connections。LotusLive Engage 是一个整合的社交网络模式的协作服务，具备联系人管理、档案分享、即时通信等功能。LotusLive Connections 也提供了集成的社交网络协作服务，并更加强调社交网络对协作效率的贡献、面向文档的资料共享和活动管理功能。

（3）电子邮件，包括 LotusLive Notes 和 LotusLive iNotes。LotusLive Notes 是一个富客户端电子邮件系统，能够支持较大规模的企业和机构，帮助使用者关注高优先级工作、有效地共享信息、迅速地做出决策。LotusLive iNotes 是一个基于 Web 的安全的电子邮件服务，向用户提供邮件收发和日程管理功能。

5. IBM RC2

为了给研究部门的创新提供源源不断的支持，也为提高各研究院间的沟通协作效率，IBM 公司构建了 IBM Research Compute Cloud（RC2）将分散在各个研究院的资源系统（如服务器、存储）整合，为公司内部所使用。该系统为科研人员提供了共享计算和存储资源的平台，通过任务调度和安排，为每一项科学实验提供了有保障的动态资源供给，而且不需要科学实验人员来管理这些资源。不仅如此，不论是实验的中间流程和最终结果都是在该系统中完成和保存的，所以有效地保证了数据的安全，并使得身处世界各地的研究人员随时可以对它们进行查询和交换。这一切大大提高了协同科研的效率，为 IBM 公司不断深入的创新提供了强大的推动力。

作为一个支持复杂研究业务的云计算平台，RC2 支持的研究方向包括虚拟化环境、云存储系统、互联网规模的数据中心和探索性云计算研究。虚拟化环境的主要研究对象是虚拟化的硬件资源及这些资源的管理（虚拟镜像管理、虚拟资源移动性管理、虚拟资源优化整合管理等）。云存储系统是针对大规模存储系统的架构和文件系统的研究，从而得到云计算中存储的最优实现。互联网规模的数据中心主要研究未来分布式数据中心的架构及对供电和空调设备的优化配置。探索性云计算研究关注的是用于服务交付的下一代基础构架，它旨在提供革命性的基础架构。在这个基础架构中，资源和服务以透明和动态的方式被管理、部署和重新分配。

对应于云计算的三层架构，RC2 自底向上的具体实现是虚拟化基础架构、业务服务平台和业务流程管理。虚拟化基础架构中的 IT 资源被虚拟化技术整合成资源池，按照状态的不同，分为可用的资源池、预留的资源池和使用中的资源池。在业务服务平台层，RC2 关注资源容量管理、部署、调度、监控、资源使用计量和计费等"云中间件"功能。业务流程管理层是通过服务门户直接面向用户，通过这一层提供的功能，用户可以使用 RC2 提供的资源和服务。

1.4.4 Microsoft 的云计算平台

在三大类云计算服务（基础设施即服务 IaaS、平台即服务 PaaS 和软件即服务 SaaS）基础上，微软在 2008 年推出了 Windows Server Platform，当时只允许运行在 .NET 框架下构建的应用程序。接着在 2010 年又推出了 Windows Azure Platform 解决方案，允许用户使用非微软编程语言和框架开发自己的应用程序，不但支持传统的微软编程语言和开发平台，如 C#和 .NET 平台，还支持 PHP、Python、Java 等多种编程语言和架构。

微软的云计算服务平台 Windows Azure Platform 运行在微软数据中心的服务器和网络基础设施上，通过公共互联网对外提供服务，属于 PaaS 模式。Windows Azure Platform 主要包括 4 个组件。

（1）Windows Azure。位于云计算平台最底层，是微软云计算技术的核心。它作为微软云计算的操作系统，提供了一个在微软数据中心服务器上运行应用程序和存储数据的 Windows 环境。

（2）SQL Azure。它是云中的关系数据库，为云中基于 SQL Server 的关系型数据库提供服务。

（3）Windows Azure AppFabric。为在云中或本地系统中的应用提供基于云的基础架构服务。部署和管理云基础架构的工作均由 AppFabric 完成，开发者只需关心应用逻辑。

（4）Windows Azure Marketplace。为购买云计算环境下的数据和应用提供在线服务。

1. 微软云操作系统 Windows Azure

Windows Azure 是一个云服务的操作系统，它提供了托管的、可扩展的和按需应用的计算和存储资源，同时还提供云平台管理和动态分配资源的控制手段。Windows Azure 主要包括五个部分，即计算服务、存储服务、Windows Azure Connect、内容分发网络 CDN、Fabric 控制器。

（1）计算服务。在 Windows Azure 计算服务中能运行多种类型的应用程序，但它最基本的目的是支持有大量并发访问用户的应用程序。为了做到这点，Windows Azure 的计算服务允许一个 Windows Azure 应用程序可以有多个同时运行的实例，每个实例运行于一个虚拟机上，每个实例运行应用程序的部分或完整代码。如果有大量并发访问的用户，应用程序的开发者可以通过增加实例的数量来扩展应用程序的服务能力。开发者可以通过浏览器访问 Windows Azure Portal，用 Windows Live ID 登录，然后为应用程序创建一个主机账号并为数据存储创建一个存储账号。在这之后，开发者可以上传应用程序，说明这个程序需要的实例数量，然后，Windows Azure 为程序创建相应的虚拟机并运行程序。用户只关心如何构建和配置自己的应用程序，如决定运行实例的数量、实例运行代码区域等。

Windows Azure 可以创建三种类型的实例，即 Web Role 实例、Worker Role 实例和 VM Role 实例。

1）Web Role。基于 Web Role 可以使基于 Web 的应用的创建变得简单。每个 Web Role 实例都提前在内部安装了 IIS7，通过 ASP. NET、WCF 或其他 Web 技术使创建应用程序变得简单。如果不使用 . NET Framework，而通过本机代码创建应用，开发者可以安装或运行非微软的技术，如 PHP 和 Java。

2）Worker Role。Worker Role 设计用来运行各种各样基于 Windows 的代码。Web Role 和 Worker Role 的最大不同在于 Worker Role 内部没有安装 IIS，所以 IIS 并没有托管 Worker Roles 运行的代码。应用通过 Web Role 与用户相互作用，然后利用 Worker Role 进行任务处理。

3）VM Role。VM Role 运行系统提供的 Windows Server 2008 R2 镜像。此外，将本地的 Windows Server 应用移动到 Windows Azure 中时，VM Role 将会起作用。

Windows Azure 支持 HTTP、HTTPS 和 TCP 协议，用户可以通过这些协议向 Windows Azure 发起请求。这些请求在分发给各个实例之前均会被负载均衡，同时负载均衡器不允许用户与各个 Role 实例之间保持联系，因此来自同一个用户的多种请求可能会被负载均衡器分发给不同的 Role 实例。

（2）存储服务。Windows Azure 存储服务提供了多种方式来存储用户数据，常用的有以下三种：

1）使用二进制大对象（Blob）。每个存储账号可以创建一个和多个容器，容器中可以存放一个或多个 Blob。Blob 也可以存放元数据，如 MP3 文件的歌唱家信息等。为了使访问 Blob 数据更加有效，Windows Azure 向用户提供了内容分发网络（CDN），使应用程序能更快速地访问数据。存储服务还提供 Windows Azure XDrives 技术，通过这种技术，实例可以将 Blob 加载为磁盘空间，应用程序就可以以文件系统的形式来使用 Blob。Blob 分层分块管理数据，可以对数据建立索引，根据一定算法可以方便地对所要查找的数据定位，当数据传送失败或产生错误时，可以用最近的一块来进行重传，而不必传送整个 Blob。

2）使用 Table。Table 中包含数据的基本单元是具有层次结构的实体，每个实体具有若干属性，实体的属性可以包含很多类型的数据，如 int、String、Bool、DateTime 等。实体大小为 1MB，而且总是将实体作为单元来进行访问。一个 Table 可以包含成千上万个有着不同属性的实体。Windows Azure 存储机制能够把 Table 分成多个部分存储在多个服务器中，以提高数据访问性能。应用程序可以通过 ADO. NET Data Service 技术或

LINQ 技术访问 Table 中的数据。

3）使用 Queue。与前两种存储方式不同，Queue 主要用来在 Web Role 实例和 Worker Role 实例之间交换数据。Web Role 可以使用 Queue 向 Worker Role 发送密集计算的运行任务，Worker Role 运行该任务结束后，再通过 Queue 将计算结果传送给 Web Role。

（3）Windows Azure Connect。Windows Azure Connect 在 Windows Azure 应用和本地运行的机器之间建立一个基于 IPsec 协议的连接，使两者能够方便地结合起来使用。而为实现这一功能只需在本地计算机上安装一个终端代理。Connect 不是一个成熟的 VPN，只是一个简单的解决方案。创建 Connect 并不需要与网络管理员进行约定，所有 IPsec 协议的配置工作均由 Connect 完成。一旦 Connect 创建完成，Windows Azure 应用中的 Roles 将会和本地的机器一样显示在同一 IP 网络中，并且 Windows Azure 应用能够直接访问本地的数据库或区域连接到本地环境。

（4）Windows Azure CDN。为提高访问性能，Windows Azure 提供了一个内容分发网络 CDN（content delivery network）。这个 CDN 存储了距离用户较近的站点的 Blobs 副本。需要注意的是，Blob 所存放的容器都能够被标记为 Private 或 Public READ。对于"Private"容器中的 Blobs，所有存储账户的读写请求都必须标记。而对于 Public READ 型 Blob，允许任何应用读数据。

用户第一次访问 Blob 时，CDN 存储了 Blob 副本，存放的地点与用户所在地理位置比较接近。当这个 Blob 被第二次访问时，它的内容将来自于缓存，而不是来自于离它位置较远的原始数据。

（5）Fabric 控制器。在数据中心中，Windows Azure 的机器集合和运行在这些机器上的软件均由 Fabric 控制器控制。Fabric 控制器是一个分布式应用，拥有服务器、交换机、负载均衡器等各种资源，提供 Windows Azure 运行的硬件环境，并由 Fabric 控制器软件所管理。每台服务器都运行一个 Fabric 代理，Fabric 控制器通过和每台服务器上的 Fabric 代理交互，控制和监视每个应用程序的运行，管理服务器上的操作系统以及虚拟机。Fabric 控制器可以根据应用程序的配置文件，启动虚拟机并运行相应的应用程序实例，或者结束应用程序实例并关闭虚拟机。对于 Web Role 和 Worker Role 而言，Fabric 控制器能够管理他们每个实例中的操作系统，包括更新操作系统补丁和其他操作系统软件。这使得开发者只关心开发应用的过程，而不需管理平台本身。

2. 微软云关系数据库 SQL Azure

虽然 Windows Azure 存储能够满足许多用户对非结构化或半结构化数据存储的需求，但是由于关系型数据库已经使用多年，再加上其对事务、完整性等功能的支持，因此基于云的关系型数据库还是很吸引人，尤其是对于那些自己没有能力管理数据库的组织。使用云数据库一方面可以把确保可靠性和管理数据的工作交给一个专门的云服务提供商去做；另一方面可以随时随地，甚至从移动设备上访问云里的数据。服务提供商可以非常容易地伸缩服务，所以使用基于云的数据库可能要比使用自己的数据库便宜很多。

SQL Azure 是一个部署在云端的关系型数据库管理系统。由于 SQL Azure 支持 SQL

Server 的绝大多数功能，因此它具有良好的应用兼容性。SQL Azure 的设计遵循了主要的三条特性：可扩展性、可管理性和开发的灵活性。作为一个部署在云上的数据库引擎，绝大多数的管理工作都由微软完成，因此用户不用担心任何诸如备份、集群等管理方面的问题。另外，微软的服务许可协议（service level agreement，SLA）确保了用户的数据库平均每个月将有 99.9% 以上的时间在线。

SQL Azure 提供了关系型数据库存储服务，主要功能包括 SQL Azure 数据库、SQL Azure 报表服务和 SQL Azure 数据同步三部分。

（1）SQL Azure 数据库。提供基于云的数据库管理系统（DBMS）。无论是本地应用还是云应用都可以把关系型数据存储到微软的数据中心。和其他的云技术一样，它是按需使用并按使用量付费的。SQL Azure 对于开发者和管理员来说很容易使用，因为 SQL Azure 使用关系型数据模型，数据存储于 SQL Azure 上就和存储于 SQL Server 上一样。使用 SQL Azure 数据库的应用程序可以运行在 Windows Azure、企业数据中心、移动设备或其他任何地方。不管运行在哪里，应用程序都使用一种叫做 Tabular Data Stream（TDS）的协议来访问 SQL Azure 数据。这个协议与应用程序连接本地 SQL Server 是同一个协议。所以，已有的 SQL Server 客户端软件可以直接连接到 SQL Azure 上。这些客户端软件可以是 Entity Framework、ADO. NET、ODBC 等。因为 SQL Azure 数据库与普通的 SQL Server 数据库都使用关系型数据模型，所以标准工具仍然可以使用，如 SQL Server Management Studio、SQL Server Integration Service 和用来批量拷贝的 BCP 等。

一个 SQL Azure 服务器就是一组数据库的逻辑组合，是一个独立的授权单位，这在概念上类似于一个本地 SQL Server 实例。在每个 SQL Azure 服务器内，用户可以创建多个数据库，每个数据库可以拥有多个表、视图、存储过程、索引和其他熟悉的数据库对象。该数据模型可以很好地重用用户现有的关系型数据库设计、T－SQL 编程技能和经验，从而简化了将现有的本地数据库应用程序迁移至 SQL Azure 的过程。开发人员可以使用现有的知识，例如 ADO. NET Entity Framework（entity data model，EDM）、LINQ to SQL，甚至传统的 DataSet 和 ODBC 等技术，来访问位于 SQL Azure 上的数据库。大多数现有的数据访问程序只需要修改一个连接字符串，便能顺利访问 SQL Azure。另外，SQL Server 2008 Management Studio R2 针对 SQL Azure 也提供了很强大的支持。目前的版本已经支持访问当前的 SQL Azure 数据库，生成能在 SQL Azure 上运行的 T－SQL 脚本，从而方便用户将数据库迁移至 SQL Azure。

SQL Azure 服务器和数据库都是逻辑对象，并不对应于物理服务器和数据库。通过用户与物理实现的隔离，SQL Azure 使得用户可以将时间专用于数据库设计和业务逻辑上。每个 SQL Azure 账号可以有多个逻辑服务器。注意：这不是真正的 SQL Server 实例，而是用来组织收费数据用的。每个服务器可以有多个大到 50GB 容量的数据库。如果需要，用户可以使用多个数据库把数据分散以提高性能。虽然运行环境看起来都一样，但是 SQL Azure 比起单一实例的 SQL Server 要稳定得多。与 Windows Azure 存储系统一样，所有数据都保存三次以实现高可用性和一致性，其目的是保证在系统和网络出错时也可以提供可靠的数据存储。

（2）SQL Azure 报表服务。这是 SQL Server 报表服务（SSRS）的云版本。它主要是和 SQL Azure 数据库一起使用，用来为云数据创建和发布标准的 SSRS 报表。把数据存放在 SQL Azure 数据库中会很有用，但是一旦有了数据，就会产生从这些数据上生成报表的需求。SQL Azure Reporting 就是为此而产生的。SQL Azure Reporting 基于 SQL Server Reporting Services（SSRS）构建，提供了基于云的生成报表的方式。

SQL Azure Reporting 主要在以下两种场景下使用：

1）使用 SQL Azure Reporting 生成的报表可以发布到 SQL Azure Reporting 门户网站上。用户可以到这里访问或通过 URL 直接访问。

2）软件开发商（ISV）可以把 SQL Azure Reporting 生成的报表嵌入到任何应用程序中，包括 Windows Azure 应用程序，这样用户就可以在应用程序中访问报表了。

SQL Azure Reporting 是为存储在 SQL Azure 数据库中的数据而设计的。SQL Azure Reporting 的报表是用 Visual Studio 中的 Business Intelligence Developer Studio 在本地创建的，该工具也用来创建 SSRS 报表。事实上，SQL Azure Reporting 依赖相同的 Report Definition Language（RDL）定义的报表格式。

（3）SQL Azure 数据同步。用来同步 SQL Azure 数据库和本地的 SQL Server 数据库，也可以用来同步在微软不同数据中心的 SQL Azure 数据库。基于数据同步的功能，用户能够实现 SQL Azure 与 SQL Server 数据库同步，实现了传统应用和云应用的整合与并存。任何有互联网连接的应用程序都可以访问存储在 SQL Azure 数据库中的数据。但有时候也需要在另外一个地方保存数据备份。例如，用户想在本地保存一份数据以提高性能，或保证即使在断网情况下也有数据可用。在这种情况下，就需要同步 SQL Azure 中的数据。

当然用户可以使用 Microsoft Sync Framework 来自己编写同步工具，但是微软提供了 SQL Azure Sync 来简化这一过程。SQL Azure Sync 是完全基于配置的，而不需要用户进行编程来实现数据同步。

SQL Azure Sync 主要支持以下两种同步方式：

1）同步 SQL Azure 数据库和本地的 SQL Server 数据库。有很多种原因需要用户在本地保存一份 SQL Azure 的数据。例如，为了提高性能或为了保证即使在断网时也有数据可用，或者是因为法律要求在国家内部必须有一份数据备份。即使 SQL Azure 有内置的容错机制，有些用户也仍然想保存一份数据备份以防止像表格被误删那样的系统管理操作错误。

2）同步在不同微软数据中心的 SQL Azure 数据库，如跨国公司的应用程序被世界各地的用户所使用。为了提高性能，该公司决定把该应用程序运行在微软的三个数据中心上：北美、亚洲和欧洲。如果该应用程序使用 SQL Azure 数据库，它可以使用 SQL Azure Sync 来同步三个数据中心中的数据。

SQL Azure 数据同步使用"轮辐式（hub-and-spoke）"模型，所有的变化将会首先被复制到 SQL Azure 数据库"hub"上，然后再传送到其他"spoke"上，这些"spoke"成员可以是一个 SQL Azure 数据库，也可以是本地 SQL Server 数据库。

3. Windows Azure AppFabric

Windows Azure AppFabric 为本地应用和云中应用提供了分布式的基础架构服务，使用户在本地应用与云应用之间进行安全连接和信息传递，让在云应用和现有应用或服务之间的连接及跨语言、跨平台、跨不同标准协议的互操作变得更加容易，并且与云提供商或系统平台无关。目前 AppFabric 主要提供互联网服务总线（service bus）、访问控制（access control）服务和高速缓存服务。

（1）服务总线。Windows Azure AppFabric 的服务总线与传统 SOA 中的企业服务总线（ESB）在概念上有相似的地方，但是在范围和功能上是不一样的。这里的服务总线是专门针对互联网上的服务相互调用的，而不仅限于企业内部。将传统的应用服务部署到互联网上比大多数人想象的要难得多，服务总线的目标就是使其变得简单化。无论是传统的自有应用还是云应用，都可以通过服务总线互相访问对方的 Web 服务。服务总线为每个服务端点分配一个固定的 URI 地址，从而帮助其他应用定位和访问。

另外，服务总线还可处理网络地址转换（NAT）和企业防火墙所带来的挑战。服务总线可以将企业内网的服务暴露给互联网。大多数企业都拥有自己的局域网，为了解决 IP 地址不足的问题，通常都设置了网络地址转换，因此每台服务器对外都没有一个确定的地址。同时，出于安全性考虑，防火墙往往都限制了大多数的端口。这就使得要在互联网上访问部署在内网的服务变得相当困难。

服务总线正是为了解决这一问题而产生的。服务总线作为一个中间人，用户的服务和使用服务的客户端全都作为服务总线的客户端与其进行交流。因为服务总线不存在网络地址转换的问题，所以用户的服务和服务客户端都能很方便地与它通信。在最简单的场合下，服务总线只需要用户的服务器暴露出站（outbound）服务的 80 或 443 端口，也就是只需要用户的服务器能够以 HTTP/HTTPS 协议访问互联网，用户的服务就能连上服务总线。由于服务的访问是由用户服务端向服务总线发起出站网络连接的，因此它对防火墙的要求相当低。

当用户的服务连接到服务总线以后，可以注册成为一个互联网的服务。尽管该服务是托管在内网中的，总线服务将会分配一个互联网上的 URI 地址。此时该服务已经和总线服务建立了连接，其他应用只需要访问这个 URI 地址，服务总线将负责将请求转发给内网中的服务，并将该服务的应答转发给客户端。

服务总线的特征是：① 可以支持消息缓冲。消息缓冲是通过一个简单的队列来实现的。客户端可以放置一个多达 256MB 大小的消息到消息缓冲池中去，而不需要客户端直接响应服务。存储消息持久存放在磁盘上，服务可以从磁盘上读取这些被放置的消息。为防止故障的发生，存放的消息通常需要进行备份。② 多个 WCF 服务监听同一个 URI。服务总线通过监听服务随机传播客户端请求，为 WCF 服务提供负载均衡和容错能力。

从本质上讲，Windows Azure platform AppFabric 提供了一个基于互联网的服务总线，帮助用户把不同的应用服务在互联网上高效地连接起来。熟悉企业应用架构的开发者和架构师应该能更加灵活地使用总线功能，构建出面向服务的互联网应用。

（2）访问控制服务。认证和授权是应用安全最为基础的两个方面。身份认证是许多分布式应用的基础，然后基于用户的身份信息，应用系统将决定该用户的操作权限。Windows Azure platform AppFabric 中提供的访问控制服务为开发人员提供了一个在应用中使用的授权服务，开发人员可以使用这个访问控制服务来认证应用的用户而不需要自己编写代码来实现。访问控制服务不仅简化了利用已有的企业内部身份认证系统的方式，还使应用可以方便地使用 Google、Windows Live、Yahoo 和 FaceBook 等互联网上流行的身份认证系统。

经过几十年的演变，身份认证的解决方案更多地采用基于声明（claim）的方式进行。基于声明的认证模型允许应用程序将认证与授权交给外部的服务来完成，外部的服务可以集中管理和维护身份信息，并提供更专业的身份管理控制服务。Windows Azure Platform AppFabric 中提供的访问控制服务就是一个基于声明的认证模型。利用基于声明的认证模型，开发人员可以通过访问控制服务完成多种方式的认证和授权。通过访问控制的配置，企业客户端可以通过活动目录联合服务器（ADFS v2）提供的登录凭据，完成访问控制服务的认证。这样基于访问控制服务的云端应用就可以接受这一认证，实现多种认证模式并存的方式。

（3）高速缓存。AppFabric 高速缓存服务为 Windows Azure 应用提供了一个分布式缓存，同时为访问高速缓存提供了一个库。高速缓存服务保存每个应用角色实例近期访问数据条款副本的缓存。如果应用需求的数据条款不在本地的高速缓存中，高速缓存库将会自动地连接高速缓存服务提供的共享高速缓存。高速缓存可以通过一些 Windows Azure 实例进行传播，每个实例都保存了不同的缓存数据。然而，使用高速缓存过程中出现的分集对于应用是不可见的。应用只需要请求数据条款，如果高速缓存中没有这个条款，则让高速缓存找到这个请求的条款，最后返回实例中包含的所有缓存数据条款。

在 Windows Azure 中，AppFabric 高速缓存并不是缓存最近的访问信息，通常通过 Caching API 在高速缓存中插入一个明确的数据条款。在不修改代码的情况下，为了方便存储正在会话的对象数据，可以通过高速缓存服务配置 Windows Azure 上的 ASP. NET 应用来加速访问。

与 Windows Azure AppFabric 对等的本地 Windows Server AppFabric 也有缓存服务，其实两者非常相似。与 Windows Server AppFabric 不同的是，Windows Azure AppFabric 是一个服务，它不需要去专门配置管理服务器和管理高速缓存，它的服务会自动处理。同时缓存服务是多租户的，每个使用它的应用程序都有自己的实例。由于应用程序在实例上必须通过验证，因此其他的应用程序访问不到不属于自己的缓存数据。

4. Windows Azure Marketplace

在本地计算机上，不是所有的应用都是定制的，用户通常也会购买很多应用。许多组织除了购买应用，有时还会购买数据。Windows Azure Marketplace 是一个基于 Windows Azure 云计算平台的数据供应商和开发人员销售和购买数据集和应用程序的在线市场。

Windows Azure Marketplace 包括 DataMarket 和 AppMarket 两个部分。对用户来说，

DataMarket 提供了一个可以找到、购买和使用各种各样的商业数据的地方。对内容提供商（数据所有人）来说，DataMarket 提供了一个可以找到更多用户的地方。内容提供商设定数据的价格，DataMarket 提供收费服务，所以内容提供商不用和用户直接打交道。Microsoft 同时审查内容提供商的质量。用户可以使用一个基于 Windows Azure 的 Service Explorer 的应用程序来查看数据集然后决定是否购买。购买后，应用程序可以使用 REST 或 OData 来访问数据。购买的数据可以存储在 Windows Azure 存储系统中或 SQL Azure 数据库中，也可以存放到别的地方，如内容提供商的数据中心。应用程序可以在版权允许下随意使用购买的数据，如 Microsoft Excel 2010 的用户可以使用 Excel 插件来访问在 DataMarket 中的信息或做数据分析；也可以把购买的数据和已有的数据合并在一起，如用 SQL Azure Reporting 去生成报表。云应用创建者通过 AppMarket 可以将应用展现给潜在的用户。

目前，Windows Azure Marketplace 已支持汉语、日语、法语、德语、西班牙语和意大利语六种语言，可服务全球 26 个国家和地区，这大大方便了那些母语为非英语的开发者和消费者查找和购买相应的产品。

② 云计算的关键技术

2.1 云计算的技术体系

云计算技术体系结构从系统属性和设计思想角度来说，是对软硬件资源在云计算技术中所充当角色的说明。从技术角度来分，云计算技术体系实现分为若干层次和模块，各层次模块由相关云计算基础技术进行支撑。

云计算大致由物理资源、虚拟化资源、中间件管理部分和应用服务接口构成。云计算技术体系实现分为资源管理层、平台服务层和应用服务层三层，云安全模块则贯穿各层，如图2-1所示。

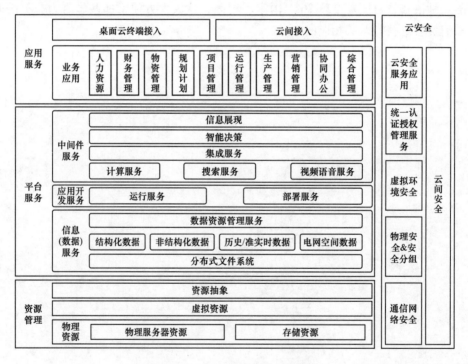

图2-1 云计算技术体系结构

资源管理层包括物理服务器资源、存储资源、虚拟资源、资源抽象等，集中运用虚拟化技术为上层平台服务提供支持。平台服务层主要包含信息（数据）服务、应用开发服务、中间件服务三大部分。其中信息（数据）服务依托分布式技术，构建分布式文件系统和分布式数据库，最终提供数据资源管理服务；中间件服务和应用开发服务则基于并行计算技术，提供以高性能计算能力为基础的各类型服务。应用服务层将云计算能力封装为适应于各类业务应用的标准服务，并纳入到统一体系进行管理和使用，包括桌面云终端接入、云间接入等。云安全模块主要负责云计算技术体系各层上的安全管理工作，包括通信网络安全、物理安全和安全分组、虚拟环境安全、统一认证授权管理服务、云安全服务应用以及云间安全。资源管理层、平台服务层云安全是云计算技术的最关键部分，应用服务层的功能则更多地依靠外部设施提供。

2.2　虚拟化技术

2.2.1　概述

虚拟化技术作为近年来最热门的技术之一，已经成为云计算技术的核心与基础。但是该技术并不是最近才出现的新技术。20 世纪 60 年代，IBM 就发明了一种操作系统虚拟机技术，允许在一台主机上运行多个操作系统，让用户尽可能地充分利用昂贵的大型机资源。

随着技术的发展和市场竞争的需要，大型机上的虚拟化技术逐渐向 UNIX 服务器上移植。IBM、HP 和 SUN 后来都将虚拟化技术引入各自的高端 RISC（reduced instruction set computing）服务器系统中。IBM 公司在 1999 年提出了逻辑分区的概念，以及后来的动态逻辑分区（dynamic logical partitioning，DLPAR）、微分区（micro-partitions）等技术，在不中断运行的情况下进行资源分配，不仅使得系统管理更加轻松，而且降低了总体拥有成本。现今，在 UNIX 服务器领域，虚拟化技术几乎已经成为一种必备的技术，存在于各类的 UNIX 服务器当中。

随着 x86 处理器性能的提升和应用普及，人们开始考虑将大型机上的虚拟化技术引入到用户面更广泛的 x86 平台。早在 1998 年，VMware 公司就发布了其 VMware 产品，将其运行在 Windows NT 上，通过它可启动 Windows 95。近几年，业界已经把虚拟化技术推广到 PC 服务器，并应用到数据中心当中。近两年，出现一种"操作系统虚拟化"的技术，或者称作"容器"，例如，SUN 的 Zone、IBM 的工作负载分区（workload partition，WPAR）以及 HP 的虚拟分区（virtual partitions，vPar）。这种技术是通过修改操作系统，为用户和应用提供一个貌似独立、其实共享的操作环境，从而达到了虚拟机技术无法比拟的高效率和高密度。

虚拟化技术发展至今，在提高资源利用率、系统高可用性、业务延续性和灾难恢复方面已经取得了较大的效果。但是，该项技术的发展仍未停止，仍在继续高速发展。未来服务器虚拟化技术的发展趋势如图 2 - 2 所示。

当人们谈及"虚拟化"时，通常就是指服务器虚拟化。根据服务器类型，服务器虚拟化也分为 Unix 服务器虚拟化（包括大型机在内）和 x86 服务器虚拟化两类。当前主流的 Unix 服务器虚拟化厂商包括 IBM、HP、SUN 等；PC 服务器虚拟化厂商包括 VMware、Microsoft、Citrix、

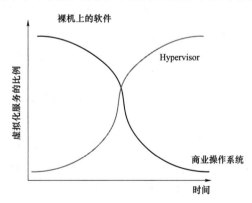

图 2 - 2　虚拟化技术发展趋势

Redhat 等，具体参见表 2 - 1。

表 2 - 1 主流虚拟化产品及厂商

分　类		产　品	厂　家	可支持操作系统
Unix 服务器 （原厂商提供）		nPar，vPar，VM	HP	HPUX/Linux/Windows
		IPAR	IBM	AIX/Linux
		Dynamic System Domains、 Logical Domains、Solaris Containers	SUN	Solaris/Linux
PC 服务器	操作系统 厂商	Hyper-V	Microsoft	Windows/Linux
		KVM	Redhat	Windows/Linux
	第三方	ESX	VMware	Windows/Linux
		Xen	Citrix、Oracle 等	Windows/Linux

2.2.2　服务器虚拟化技术

Unix 服务器就是运行 Unix 操作系统的服务器，也就是中国业内习惯上说的小型机。Unix 服务器在服务器市场中处于中高端位置，通常是指采用 8 ~ 32 台处理器，性能和价格介于 PC 服务器和大型服务器之间的一种高性能 64 位计算机。

Unix 是一个强大的多用户、多任务操作系统，支持多处理器架构，最早由 Ken Thompson、Dennis Ritchie 和 Douglas Mcllroy 于 1969 年在 AT&T 的贝尔实验室开发，并在此后的几十年中不断发展变化。一般来讲，Unix 服务器硬件平台采用基于 RISC 的多处理器体系结构，兆数量级字节高速缓存，几千兆字节 RAM，使用 I/O 处理器的专门 I/O 通道上的数百 GB 的磁盘存储器，以及专设管理处理器。与 PC 服务器相比具有很大的差别，最重要的一点就是 Unix 服务器的高 RAS 特性，即高可靠性（reliability）、高可用性（availability）、高服务性（serviceability）。

（1）高可靠性（reliability）。指能够持续运转，极少需要停机。

（2）高可用性（availability）。具体体现在以下几个方面：① 重要资源都有备份；② 能够检测到潜在可能发生的问题并能够转移其上正在运行的任务到其他资源，以减少停机时间，保持生产的持续运转；③ 具有实时在线维护和延迟性维护功能。

（3）高服务性（serviceability）。能够实时在线诊断，精确定位出根本问题所在，做到准确无误地快速修复。

Unix 服务器虚拟化技术主要包含硬件分区技术、逻辑分区技术和资源分区技术。

1. 硬件分区技术

Unix 服务器硬件分区技术也叫物理分区技术（physical partitioning，PPAR）。它是将硬件资源划分成若干个分区，每个分区的 CPU、内存、I/O 板卡是电气隔离的，有着独立的操作系统。物理分区间的资源可以实现互相调用，但是调度的颗粒度较粗。

从技术角度看，物理分区技术可分为固定分区、静态分区和动态分区三种技术。

（1）固定分区。固定分区模式下，当系统的电源关闭，即使是两个或多个用电缆或不用电缆连接在一起的物理节点间的访问也不行，必须重新连接和开启操作系统。

（2）静态分区。静态分区模式下，只需要将这个节点调整到脱离整个系统即可，而不需要相应节点关机，这样，其他连在系统上的节点不受影响而继续正常运作。静态分区一般当作节点或系统边界线，这就意味着各分区必须具有独立的硬件功能。同时，也意味着这个节点不能够再细分为多个分区，但是一个分区可以包含多个节点。在重启系统之前从一个远程系统进入离线的服务器，并运行系统管理软件（例如：IBM 的 Director）即可完成分区间的隔离。

（3）动态分区。动态分区与静态分区一样也具有硬件边界。它允许不活动的单元板被激活以及活动的单元板被隔离，并且所有操作都是在线完成，不需要重新启动或者中断业务系统。同时，动态分区模式下，系统维护是基于单元板来完成的，并且支持在线将一个低利用率硬件分区的单元板从一个分区迁移到另外一个分区。

总体来讲，基于 Unix 服务器的物理分区技术关键特性主要体现在以下几个方面：

（1）完全的硬件故障隔离。提供在单个系统内完全电气隔离分区。该特性是通过每个单元中定制的芯片组设计实现，从而保证每个分区中的硬件故障都不会影响系统中任何其他分区。

（2）完整的软件故障隔离。电气信号不能跨过硬件分区的边界，其上运行的操作系统和应用软件也不能跨越硬件分区边界。硬件分区看起来就像独立的系统一样运行，操作系统甚至不能区别是在硬件分区还是在完整系统中运行。

（3）支持多种操作系统。硬件分区能够运行具有不同版本、不同补丁和不同核心参数设置的独立操作系统。

（4）同时实现高性能和高可用性。硬件分区能够隔离硬件故障使其只影响部分系统，可以对一个分区进行维修，而不影响其他分区的正常运行，从而提高了整个系统的可用性。同时由于这样的故障隔离不会带来任何系统开销，因此硬件分区能够帮助服务器系统同时实现高性能和高可用性。

（5）动态调整硬件分区之间的系统资源。硬件分区间可动态调整系统板，从而实现 CPU、内存等系统资源在不同硬件分区间动态调整，但调整以系统板为单位，调整粒度较大。

（6）高扩展性。支持动态热插拔系统 CPU、内存和 I/O 硬件，具有最高的扩展能力。

2. 逻辑分区技术

简单来讲，Unix 服务器逻辑分区技术（logical partitioning, LPAR）就是将单台服务器划分成多个逻辑服务器，彼此运行独立的应用程序。逻辑分区不同于物理分区，物理分区是将物理资源组合形成分区，而逻辑分区则不需要考虑物理资源的界限。相对而言，逻辑分区具有更多的灵活性，可以在物理资源中自由的选择部件，这需要有较好的保证，即最大化地使用系统资源，但又最小化不必要的资源再分配。在逻辑分区环境下，CPU、内存和 I/O 都可以独立分配给每个分区，如图 2-3 所示。

图 2-3 中，8 个 CPU 分属于 3 个逻辑分区中（其中，1 个 CPU 未划分给任何分区）。对于高端 Unix 服务器而言，逻辑分区技术的关键特性主要体现在以下几个方面：

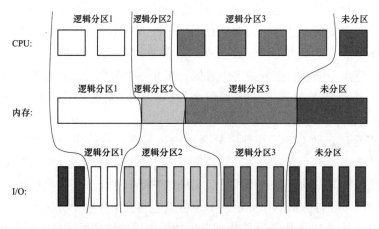

图2-3 Unix服务器逻辑分区示意图

（1）合并服务器。原先运行于多台服务器上的工作量，通过逻辑分区技术可以运行于单台服务器的不同分区上。在管理方面，可以只有一套硬件管理系统，能够满足现在的物理需求。在成本方面，当合并多套服务器成单台服务器时，可以减少系统的管理成本和物理成本，进而减少总体投资成本。

（2）同时运行生产和测试环境。同一服务器的不同分区可以彼此独立运行，可以在同一服务器的不同分区同时运行生产程序和测试程序。能够保证让测试版本的应用程序平滑地过渡到生产应用，因为它们是在同一硬件平台上测试的，这就减少了仅仅为了测试的要求而增加的额外机器。生产和测试环境可以同时存在运行于同一台服务器而彼此没有接触。由于逻辑分区的存在，使几种不同的软件或者应用程序版本运行于同一服务器成为可能。

（3）合并统一操作系统的多套版本。从 AIX 5L 版本 5.1 开始，不同的 AIX 版本可以存在于同一硬件系统的不同逻辑分区上。系统提供的这种能力，可以安装不同的操作系统版本，从而满足不同的应用要求。也可以开发、测试和支持不同版本的 AIX，除AIX 操作系统外，逻辑分区也支持 Linux 操作系统。

（4）合并要求不同时区设置的应用。有许多应用程序依赖于系统时间，系统时间是由系统管理员设置的。支持不同区域操作的应用通常是运行在不同的操作系统实例上。即使应用程序本身可以管理不同的时区，但为计划中的维护和系统升级而不影响到区域操作，安排系统停机时间仍然是困难的。逻辑分区使多种区域的工作量合并到一台单一的服务器中。

（5）隔离应用程序。因为逻辑分区是完全彼此独立的，所以运行于不同分区的应用程序和工作负载不会彼此互相干扰。每一个分区的资源（CPU、内存块和适配卡）仅仅归属于分区本身，如果一个分区的应用程序消耗了所有分配的资源，如 CPU，仍然不会影响到运行于其他分区的应用，因为分区的资源是独立的。

（6）灵活的工作量策略。对某些特定的工作负载或者应用可能会改变对资源的要求。对逻辑分区，只是简单的再申请需要的硬件资源到需要改变资源的分区而已。同非逻辑分区的服务器相比，显然这是很简单的，因为这不需要硬件资源的升级来匹配这种资源的改变。

3. 资源分区技术

资源分区是在一个主操作系统上实现，并且资源分区之间共享一个操作系统，但分区之间的应用环境和资源相对独立。换句话说，资源分区技术就是应用在相同的操作系统中运行，但具有独立的进程调度和独立的内存管理软件。从用户的使用角度来看，资源分区的系统环境是独立的。但是，从系统管理的角度来说，各类资源分区又属于相同的一个操作系统，如系统补丁、系统时钟等都是相同的。资源分区之间可以是根据系统资源的份额或者百分比的方式进行具体资源调度分配。

Unix 服务器资源分区技术关键特性主要体现在以下三点：

（1）应用环境隔离。每个资源分区具有独立的 IP、机器名等应用环境，能够隔离不同应用间的相互影响。但资源分区公用同一个操作系统内核，有着相同的系统时钟，硬件故障和操作系统故障将对所有的资源分区造成影响。

（2）简化操作系统维护。物理分区和逻辑分区具有独立的操作系统，而资源分区是共有操作系统，即一台物理机上的所有资源分区只需维护一个操作系统，大大减少了操作系统的维护数量和维护工作量。

（3）资源的动态调整。资源分区间的资源可动态调整，且调整的粒度较小，可根据系统资源的份额或者百分比的方式进行资源调度，可在最大程度上提高物理资源的利用率和提高服务器架构的灵活性。

2.2.3　x86 服务器虚拟化技术

1. PC 服务器的分类

服务器一般分为两大类：一部分是 IA（intel architecture）服务器，主要以 Intel 的 CPU 为主；另一部分是比 IA 服务器性能更高的机器，如 RISC/Unix 服务器等。x86 服务器是指采用复杂指令架构计算机（complex instruction set computer，CISC）架构的服务器，一般又称为 PC 服务器。PC 服务器在 IA 的范围之列，可以看成是 IA－32（应用 32 位 CPU 的 IA）服务器，是 PC 与服务器相结合的新产物。PC 服务器在外形设计、内部结构、基本配置、操作接口和操作方式，以及价格等方面与高端 PC 相仿。这造就了 PC 服务器在部件的搭配和选择上的灵活性，且管理和维护更加方便。

（1）从应用领域来看，PC 服务器可大致分为入门级应用、工作组级应用、部门级应用和企业级应用四类。

1）入门级应用。PC 服务器主要是针对基于 Windows NT 或 NetWare 网络操作系统的用户，可以充分满足办公型的中小型网络用户的文件共享、数据处理、Internet 接入及简单数据库应用的需求。

2）工作组级应用。PC 服务器是支持单 CPU 结构的应用服务器，可支持大容量的 ECC（error checking and correcting）内存和增强服务器管理功能的 SM（system management）总线，功能全面、可管理性强，且易于维护，可以满足中小型网络用户的数据处理、文件共享、Internet 接入及简单数据库应用的需求。

3）部门级应用。PC 服务器一般都是双 CPU 结构，集成了大量的监测及管理能力，具有全面的服务器管理能力，可监测如温度、电压、风扇、机箱等状态参数。结合标准服务器管理软件，管理人员能及时了解服务器的工作状况。同时，大多数部门级应用 PC 服务器具有优良的系统扩展性，能够满足用户在业务量迅速增大时及时升级系统的要求，充分满足了用户的投资期望。它是企业网络中分散的基层数据采集单位与最高层的数据中心保持顺利联通的必要环节，可用于金融、邮电等行业。

4）企业级应用。PC 服务器是高档服务器，采用二到四个 CPU 结构，拥有独立的双 PCI 通道和内存扩展板设计，具有高内存带宽、大容量热插拔硬盘和热插拔电源，以及超强的数据处理能力。这类产品具有高度的容错能力及优良的扩展性能，可作为替代传统小型机的大型企业级网络的数据库服务器。企业级应用 PC 服务器适合运行在高速处理大量数据和对可靠性要求极高的金融、证券、电力、交通、邮电、通信等行业。

（2）从外形来划分，PC 服务器可分为塔式服务器、机架服务器和刀片服务器三类。

1）塔式服务器。塔式服务器的主板扩展性较强，插槽也很多，而且塔式服务器的机箱内部往往会预留很多空间，以便进行硬盘、电源等的冗余扩展。这种服务器无需额外设备，对放置空间也无过多要求，并且具有良好的可扩展性，配置也能够很高，因而应用范围非常广泛，尤其适合常见的入门级和工作组级服务器应用。但这种类型服务器也有不少局限性，在需要采用多台服务器同时工作以满足较高的服务器应用需求时，由于其个体比较大，占用空间多，也不方便管理，显得很不适合。

2）机架服务器。机架服务器实际上是工业标准化下的产品，其外观按照统一标准来设计，配合机柜统一使用，以满足企业的服务器密集部署需求。机架服务器的宽度为 19in，高度以 U 为单位（1U = 1.75in = 44.45mm），通常有 1U、2U、3U、4U、5U、7U 几种标准的服务器。这种服务器的优点是占用空间小，而且便于统一管理，但由于内部空间限制，其扩充性较受限制，例如 1U 的服务器大都只有 1 到 2 个 PCI 扩充槽。此外，散热性能也是一个需要注意的问题，因而单机性能比较有限，应用范围也受到一定限制，这种服务器多用于服务器数量较多的大型企业，也有不少企业采用托管方式使用这种类型的服务器，即将服务器交付给专门的服务器托管机构来托管，目前很多网站的服务器都采用托管方式。这种服务器由于在扩展性和散热问题上受到限制，机架式服务器往往只专注于某些方面的应用，如远程存储和网络服务等。在价格方面，一般比同等配置的塔式服务器贵 2 ~ 3 成。

3）刀片服务器。刀片服务器是一种高可用高密度（high availability high density，HAHD）的低成本服务器平台，是专门为特殊应用行业和高密度计算机环境设计的，其主要结构为一大型主体机箱，内部可插上许多"刀片"，其中每一块"刀片"实际上就是一块系统母板，类似于一个个独立的服务器，它们可以通过本地硬盘启动自己的操作系统。每一块"刀片"可以运行自己的系统，服务于指定的不同用户群，相互之间没有关联。而且也可以用系统软件将这些主板集合成一个服务器集群。在集群模式下，所有的"刀片"可以连接起来提供高速的网络环境，共享资源，为相同的用户群服务。在集群中插入新的"刀片"，就可以提高整体性能。而由于每块"刀片"都是热插拔的，所以，系统可以轻松地进行替换，并且将维护时间减少到最短。刀片服务器比机架式服务器更节省空间，同时散热问题也更突出，往往要在机箱内装上大型强力风扇来散热。此类服务器虽然空间较节省，但是其机柜与"刀片"价格都较高，一般应用于大型的数据中心或者需要大规模计算的领域，如电信、金融行业以及互联网数据中心等。目前，节约空间、便于集中管理、易于扩展和提供不间断的服务，成为对下一代服务器的新要求，而刀片服务器正好能满足这一需求，因而刀片服务器的市场需求正不断扩大，具有良好的市场前景。

2. CPU 虚拟化技术

所谓 x86 服务器的虚拟化，就是在硬件和操作系统之间引入了虚拟化层，如图 2-4 所示。

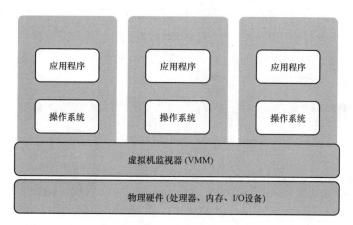

图 2-4　x86 服务器虚拟化概念图

对于 x86 服务器虚拟化，有两种常见的架构，即寄居架构和裸金属架构，如图 2-5 所示。寄居架构，是将虚拟化层运行在操作系统之上，当作一个应用来运行，对硬件的支持很广泛。裸金属架构，则直接将虚拟化层运行在 x86 的硬件系统上，可以直接访问硬件资源，无需通过操作系统来实现硬件访问，因此效率更高。

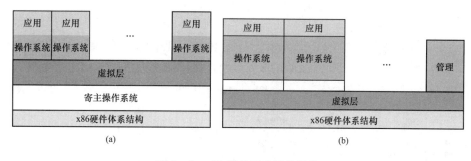

图 2-5　x86 服务器虚拟化架构
（a）寄居架构；（b）裸金属架构

x86 架构为了保护指令的运行，提供了指令的 4 个不同特权级别，术语称为 Ring，从 Ring 0 至 Ring 3。Ring 0 的优先级最高，Ring 3 最低。各个级别对可以运行的指令有所限制，如 GDT、IDT、LDT、TSS 等这些指令只能运行在 Ring 0。在虚拟化前，一般操作系统运行在 Ring 0 级别，用户应用运行在 Ring 3 级别，其结构如图 2-6 所示。

由图 2-6 可见，x86 架构通过四种特权级别（Ring 0、Ring 1、Ring 2 和 Ring 3）来控制和管理对硬件的访问。通常，用户级的应用一般运行在 Ring 3 级别，操作系统需要直接访问内存和硬件，需要在 Ring 0 执行它的特权指令。要实现虚拟化，需要在操作系统和硬件中增加虚拟化层，即虚拟化层的特权更高，它有权控制位于其上层的操作系统。操作系统的特权级别被降低后，有些敏感指令在 Ring 0 以外级别执行时，会出现不同的结果。针对该问题，当前主要有全虚拟化、半虚拟化和硬件辅助虚拟化三种技术来解决。

（1）全虚拟化技术。将虚拟化层运行在 Ring 0 级别，操作系统运行在 Ring 1 级别。虚拟化层采用 BT 技术（二元码转译），在操作系统运行期间动态扫描和捕获特权代码，并对其进行翻译；通过翻译后的指令直接访问虚拟硬件。同时，所有用户级指令直接在 CPU 上执行来确保虚拟化的性能。这种通过 BT 技术和直接执行技术来实现虚拟化的方式称为全虚拟化，其结构如图 2-7 所示。

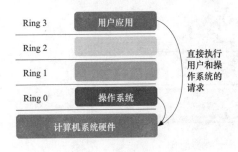

图 2-6　x86 架构特权
级别示意图

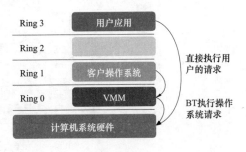

图 2-7　全虚拟化技术——BT 实现的
x86 架构虚拟化

全虚拟化不需要修改操作系统，具有良好的兼容性。但由于在操作系统运行期间需要动态扫描、捕获、翻译特权代码，对性能有一定影响。当前采用该技术厂家主要有 VMware 和 Microsoft。

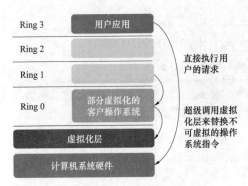

图 2-8　半虚拟化技术——操作系统
协助的 x86 架构虚拟化

（2）半虚拟化技术。通过修改操作系统内核，使得操作系统能够识别虚拟化层的存在，即虚拟化层与操作系统共同处于 Ring 0 级别。操作系统通过超级调用（hypercall）直接和底层的虚拟化层通信，同时虚拟化层也提供超级调用接口来满足其他关键内核操作，如内存管理、中断和时间保持等。这种通过修改操作系统实现虚拟化的方式称为半虚拟化，其结构如图 2-8 所示。

半虚拟化与全虚拟化不同，全虚拟化不需要修改上面的操作系统，敏感的操作系统指令直接通过 BT 进行处理。半虚拟化的价值在于降低了虚拟化的损耗，但是半虚拟化的性能优势很大程度上依赖于运行的负载。由于半虚拟化不支持未修改的操作系统（如 Windows 2000/XP），它的兼容性和可移植性就差。在实际的生产环境中，半虚拟化也会导致操作系统支持和维护的艰难，因为半虚拟化往往要深入修改操作系统内核。当前，采用该技术的厂商主要有 VMware、Microsoft 和 Citrix。

（3）硬件辅助虚拟化技术。传统 x86 平台不是为支持多操作系统并行而设计的，因此为支持虚拟化平台，Intel 和 AMD 重新设计 CPU，增加虚拟化特性。在 CPU 中增加新的 root 模式，原来 Ring 0、Ring 1、Ring 2 和 Ring 3 四种特权级别处于非 root 模式下，虚拟化层处于 root 模式，操作系统处于非 root 模式下的 Ring 0，使得敏感指令自动在虚拟化层上执行，而无需采用 BT 或半虚拟化技术。这种通过硬件实现虚拟化的方式称为硬件辅助虚拟化，其结构如图 2-9 所示。

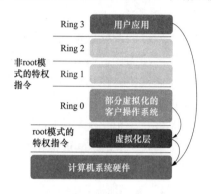

图 2-9　硬件辅助虚拟化技术

硬件辅助虚拟化能够提高虚拟机的性能，加强隔离，提高稳定性和安全性，但不能脱离上层的虚拟化层而独立存在。当前提供该技术的硬件厂商主要有 Intel 和 AMD。采用该技术的软件厂商主要有 VMware、Microsoft 和 Citrix。

全虚拟化、半虚拟化和硬件辅助虚拟化各有优劣，但彼此并不冲突，能够共同存在于一个虚拟化产品中，在不同应用场景中采用适合的技术。例如在有硬件辅助虚拟化功能的机器上采用全虚拟化或半虚拟化，在具有硬件辅助功能的机器上采用硬件辅助虚拟化与全虚拟化或半虚拟化相结合的技术等。

3. 内存虚拟化技术

增加一个新的内存虚拟化层，使得物理内存能在虚拟机之间共享，并实现动态分配的功能，称为内存虚拟化。虚拟机的内存虚拟化类似于现在的操作系统支持的虚拟内存方式，应用程序看到邻近的内存地址空间，这个地址空间无需和下面的物理机器内存直接对应，操作系统保持着虚拟页到物理页的映射。现在所有的 x86 架构服务器 CPU 都包括了一个称为内存管理的模块 MMU（memory management unit）和 TLB（translation look aside buffer），通过 MMU 和 TLB 来优化虚拟内存的性能。

为了在一台机器上运行多个虚拟机，需要增加一个新的内存虚拟化层，也就是说，必须虚拟 MMU 来支持客户操作系统。客户操作系统继续控制虚拟地址到客户内存物理地址的映射，但是客户操作系统不能直接访问实际机器内存。虚拟机监视器（virtual machine monitor，VMM）负责映射客户物理内存到实际机器内存，它通过影子页表来加速映射。

VMM 使用 TLB 硬件来映射虚拟内存直接到机器内存，从而避免了每次访问进行两次翻译。当客户操作系统更改了虚拟内存到物理内存的映射表，VMM 也会更新影子页表来启动直接查询。MMU 虚拟化引入了虚拟化损耗，第二代的硬件辅助虚拟化支持内存的虚拟化辅助，从而大大降低因此而带来的虚拟化损耗，让内存虚拟化更高效。当前对内存的虚拟化主要通过软件实现，但 Intel 和 AMD 已经或即将提供基于硬件的内存虚拟化产品。

4. 设备和 I/O 虚拟化技术

虚拟层虚拟化物理硬件，为每台虚拟机提供一套标准的虚拟设备。这些虚拟设备高效模拟常见的物理硬件，将虚拟机的请求发送到物理硬件。该硬件标准化的过程也让虚拟机标准化，让虚拟机更容易在各种平台上自由移动，而无需关心下面实际的物理硬件类型。

基于软件的 I/O 虚拟化和管理为设备管理带来了新的特性和功能，令设备的管理更容易。以网络为例，通过虚拟网卡和交换机可以在一台物理机上不同虚拟机之间建立虚拟网络，而这不会在物理网络上产生任何的流量；网卡 teaming 允许多个物理网卡绑定成一个虚拟机网卡，提供了很好的容错能力，同时保持了同一 MAC 地址。I/O 虚拟化的关键是保持虚拟化优势的同时，尽量降低虚拟化给 CPU 造成的负担。

当前，I/O 子系统的虚拟化主要通过软件实现，该部分虚拟化将是硬件辅助虚拟化发展的一个方向。

2.2.4　开源服务器虚拟化研究

1. Xen 开源虚拟化技术

Xen 是由英国剑桥大学发起的一个基于开源代码（open source）的混合模型虚拟机系统。Xen 最初设计为一个泛虚拟化（也称作半虚拟化）实现，要求修改客户机操作系统。其引入了服务管理接口（hypercall）和事件通道机制（event channel），实质上修改了 x86 体系架构。通过预先定义的客户机和用于资源管理的虚拟机监视器（VMM）之间的内存数据共享和交换机制，使得基于 Xen 架构的虚拟系统具有非常好的总体性能。

一个 Xen 虚拟化环境由 Xen Hypervisor、Domain 0（包括 Domain 管理和控制工具）和 Domain U（Domain UPV 客户系统和 Domain UHVM 客户系统）等部件构成。Xen 的 VMM（Xen hypervisor）位于操作系统和硬件之间，负责为上层运行的操作系统内核提供虚拟化的硬件资源，并负责管理和分配这些资源，同时确保上层虚拟机（称为域）之间的相互隔离。Xen 采用混合模式，因而设定了一个特权域用以辅助 Xen 管理其他的域，并提供虚拟的资源服务，该特权域称为 Domain 0，而其余的域则称为 Domain U。Xen 的体系架构如图 2-10 所示。

如图 2-10 所示，Xen 向 Domain 提供了一个抽象层。其中，包含了管理和虚拟硬件的 API。Dom 0 内部包含了真实的设备驱动（原生设备驱动），可直接访问物理硬件，负责与 Xen 提供的管理 API 交互，并通过用户模式下的管理工具来管理 Xen 的虚拟机环境。

Xen2.0 之后，引入了分离设备驱动模式。该模式在每个用户域中建立前端（front-end）设备，在特权域（Dom 0）中建立后端（back end）设备。所有的用户域操作系统像使用普通设备一样向前端设备发送请求，而前端设备通过 I/O 请求描述符

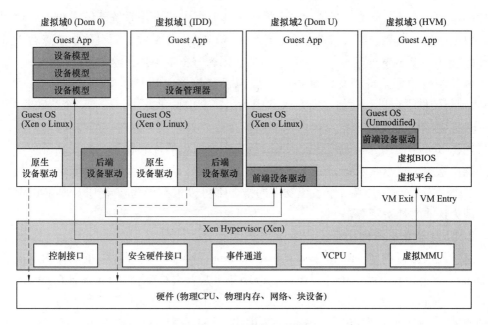

图 2 - 10 Xen 体系架构

（I/O descriptor ring）和设备通道（device channel）将这些请求以及用户域的身份信息发送到处于特权域中的后端设备中。这种体系将控制信息传递和数据传递分开处理。在Xen 体系结构设计中，后端设备运行的特权域被赋予一个特有的名字——隔离设备域（isolation device domain，IDD）。而在实际设计中，IDD 就处在 Dom 0 中，所有的真实硬件访问都由特权域的后端设备调用本地设备驱动（native device drive）发起。前端设备的设计十分简单，只需要完成数据的转发操作，由于它们不是真实的设备驱动程序，所以也不用进行请求调度操作。而运行在 IDD 中的后端设备，可以利用 Linux 的现有设备驱动来完成硬件访问，需要增加的只是 I/O 请求的桥接功能（完成任务的分发和回送）。

为了提升 I/O 操作的性能，Xen 采用零拷贝的策略处理数据传递。当数据从用户域送出时，用户域允许 IDD 域中的设备驱动程序将包含数据的页面映射到 IDD 的地址空间并用于 DMA 传输，从而避免了从用户域到 IDD，从 IDD 再到设备的多次拷贝。当IDD 域将数据送往用户域时，Xen 通过页面交换重映射操作，将 IDD 域中的数据页面和用户域提供的一个空白页进行页表交换。交换之后，空白页面进入到设备域中，而数据页面进入到用户域中，该技术也称为 page-flipping 方法。

通过上述 Xen 体系架构的分析，可以认为 Xen 就是一款虚拟化软件。它支持半虚拟化和完全虚拟化。值得注意的是，Xen 在不支持 VT（vanderpool technology）技术的CPU 上也能使用，但是只能以半虚拟化模式运行。

（1）Xen 的半虚拟化。子操作系统使用一个专门的 API 与 VMM 通信，VMM 则负责处理虚拟化请求，并将这些请求递交到硬件上，由于有了这个特殊的 API，VMM 不需要去做好为资源的指令翻译工作。而且使用准虚拟化 API 时，虚拟操作系统能够发出更有效的指令。Xen 半虚拟化在使用准虚拟化 API 时，虚拟操作系统能够发出更有效的指令，效率更高。但是，需要修改包含这个特殊 API 的操作系统，而且这个缺点对于某些操作系统（主要是 Windows）来说是致命的，因为它根本不提供这种 API。

（2）Xen 的完全虚拟化。虚拟机与虚拟机监控器（VMM）的部件进行通信，而 VMM 则与硬件平台进行通信。要在 Xen 中利用完全虚拟化方法，需要一个特殊的 CPU，此 CPU 能解释虚拟操作系统发出的未修改的指令，如果没有这样的特殊 CPU 功能，是不可能在 Xen 中使用完全虚拟化的。Xen 的完全虚拟化的优势在于，它安装了一个未修改的操作系统，这意味着运行于同样架构的所有操作系统都可以被虚拟化。但是，在 Xen 方法中不是每条虚拟操作系统发出的指令都可以被翻译为每个 CPU 都能识别的格式，因为这非常耗费资源。

2. KVM 开源虚拟化技术

基于内核虚拟机（kernel-based virtual machine，KVM）的开源虚拟化技术，最初是由 Qumranet 公司开发的一个开源项目。2007 年 1 月首次被整合到 Linux 2.6.20 核心中。2008 年，Qumranet 被 Redhat 收购，但 KVM 本身仍是一个开源项目，由 Redhat、IBM 等厂商支持。KVM 作为 Linux 内核中的一个模块，与 Linux 内核一起发布，至 2011 年 1 月的最新版本是 KVM-kmod 2.6.37。与 Xen 类似，KVM 支持广泛的 CPU 架构。除了 x86/x86_64 CPU 架构之外，还支持大型机（S1390）、小型机（Power PC、IA64）及 ARM 等。

KVM 是一个基于 Linux 内核的虚拟机，它属于完全虚拟化范畴。一般认为，虚拟机监控的实现模型有两类，即监控模型（hypervisor）和宿主机模型（host-based）。由于监控模型需要进行处理器调度，还需要实现各种驱动程序，以支撑运行其上的虚拟机，因此实现难度一般要大于宿主机模型，KVM 的实现就采用宿主机模型（host-based）。由于 KVM 是集成在 Linux 内核中的，因此可以自然地使用 Linux 内核提供的内存管理、多处理器支持等功能，这样易于实现，而且还可以随着 Linux 内核的发展而发展。另外，目前 KVM 的所有 I/O 虚拟化工作是借助 Qemu 完成的，也显著地降低了实现的工作量。KVM 基础架构如图 2 - 11 所示。

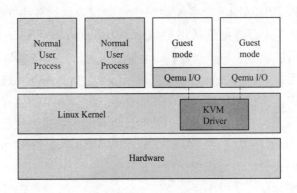

图 2 - 11　KVM 基础架构

作为 VMM，KVM 分为两部分，分别是运行于 Kernel 模式的 KVM 内核模块和运行于 User 模式的 Qemu 模块。这里的 Kernel 模式和 User 模式，实际上指的是 VMX 根模式下的特权级 0 和特权级 3。其中，Kernel 模式主要负责 Kernel 模式与 User 模式的切换，并且负责处理模式切换时由于 I/O 或特殊指令造成的问题。User 模式主要负责用户平台的 I/O。另外，KVM 将虚拟机所在的运行模式称为 Guest 模式。Guest 模式实际上是 VMX 的非根模式。KVM 中的每个虚拟机可具有多个虚拟处理器 VCPU，每个 VCPU 对应一个 Qemu 线程，VCPU 的创建、初始化、运行以及退出处理都在 Qemu 线程上下文中进行，需要 Kernel、User 和 Guest 三种模式相互配合。

Qemu 线程与 KVM 内核模块间以 IOCtl 方式进行交互，而 KVM 内核模块与客户软件之间通过 VM exit 和 VM entry 操作进行切换。Qemu 线程以 IOCtl 的方式指示 KVM 内核模块进行 VCPU 创建和初始化等操作。初始完成后，Qemu 线程以 IOCtl 的方式向 KVM 内核模块发出运行 VCPU 指示，后者执行 VM entry 操作，将处理器由 kernel 模式切换到 Guest 模式，中止宿主机软件，转而运行客户软件。宿主机软件被中止时，正处于 Qemu 线程上下文，且正在执行 IOCtl 系统调用的 kernel 模式处理程序。客户软件在运行过程中，如发生异常或外部中断等事件，或执行 I/O 操作，可能导致 VM exit，并将处理器状态由 Guest 模式切换回 Kernel 模式。KVM 内核检查发生 VM exit 的原因：如果 VM exit 由于 I/O 操作导致，则执行系统调用返回操作，将 I/O 操作交给处于 User 模式的 Qemu 线程来处理，Qemu 线程在处理完 I/O 操作后再次执行 IOCtl，指示 KVM 切换处理器到 Guest 模式，恢复客户软件的运行；如果 VM exit 由于其他原因导致，则由 KVM 内核模块负责处理，并在处理后切换处理器到 Guest 模式，恢复客户机的运行。

2.3 分布式存储

2.3.1 概述

分布式存储系统通过整合大规模计算、存储资源以提供可信服务。其中，高性能的存储是实现资源服务的基本条件，分布式环境下的数据存储的基础是大规模存储设备构成的存储网络，网络中的存储节点通过各自的分布式文件系统将分散的、低可靠性的资源聚合成高可靠性、高可用性、高扩展性的可变粒度的资源视图。因此，分布式文件系统是存储系统的核心，通过对操作系统所管理的存储空间的抽象，向用户提供统一的、对象化的访问接口，屏蔽对物理设备的直接操作和资源管理。分布式文件系统的设计基于客户机/服务器模式，文件系统管理的物理存储资源并非绑定本地节点，而是通过计算机网络与节点相连，典型的网络拓扑往往采用客户机/服务器模式，而基于 P2P 的分布式文件系统，其对等特性也允许网络节点同时具有客户机和服务器的双重身份。

分布式文件系统的具体结构和实现机制各异，但系统性能和特定应用类型有着密切的相关性。因此，从分布式文件系统的性能影响因素出发，一个典型的分布式文件系统往往具有如下四个组成部分：

（1）元数据服务器。元数据处理是分布式文件系统高效运行的核心，元数据服务器的组织结构、查询策略、硬件配置、数据管理方式及服务线程数量等是制约其性能的主要因素。因此，元数据服务器对计算能力要求较高，在设计上主要关注系统整体性能、稳定性和扩展性。

（2）客户端及应用模块。客户端和应用模块是文件服务的接口，其文件访问模型和访问请求的 I/O 特征是影响系统性能的主要因素。在设计上，文件访问模型涉及串行/随机访问、大/小文件访问、共享/分离文件访问等；访问请求的 I/O 特征涉及读写请求的规模、比率、突发性、相关性、队列长度和 I/O 响应的时间间隔等。

（3）数据存储节点。数据存储节点主要存储应用程序数据，并保持与元数据服务器、客户端的通信和交互。存储节点设计考虑的主要因素包括节点数量及组织方式、存储介质类型及带宽、服务线程数量、缓存组织及配置、系统日志类型等。

（4）网络拓扑结构。分布式文件系统的网络拓扑主要包括存储网络和节点互联网络。在设计上，网络拓扑考虑的因素包括网络类型、带宽、组织方式、互联协议等，可以根据存储规模、数据类型灵活组织。

分布式文件系统的发展主要经历四个阶段，如表 2 - 2 所示。

表 2 - 2 分布式文件系统发展历程

时间（年）	发展阶段	技术特性	驱动因素	典型系统
1980 ~ 1990	雏形阶段	在受网络环境、本地磁盘、处理速度等方面限制的情况下，更多地关注于访问性能和数据可靠性	网络共享存储和远程文件访问	NFS、AFS 等
1990 ~ 1995	发展阶段	针对广域网不同的应用类型和性能要求，形成多种体系结构，适应了分布式环境下的大规模数据管理需求	广域网运行和大容量存储需求	xFS、Tiger Shark 等
1995 ~ 2000	推广阶段	规模不断扩大，系统动态性不断增强，体系设计更多地关注于系统的可靠性	存储局域网络 SAN 和网络附加存储 NAS 的广泛应用	GlobalFS、GPFS 等
2000 以后	成熟阶段	提供高性能的存储、安全的数据共享访问、强大的容错能力，以及确保存储系统的高可用性	对象的存储文件系统融合了 SAN、NAS 的技术特性，解决了固有的性能瓶颈	GoogleFS、Amazon S3 等

第一阶段（1980 ~ 1990 年）是分布式文件系统的雏形阶段。早期的分布式文件系统一般以提供标准接口的远程文件访问为目的，在受网络环境、本地磁盘、处理速度等方面限制的情况下，更多地关注于访问性能和数据可靠性。这一阶段代表的文件系统主要是 NFS（network file system）和 AFS（andrew file system）。NFS 是 Sun 公司 1985 年开发并公开了实施规范的文件系统，互联网工程任务组（the internet engineering task force, IETF）将其列为征求意见稿，促使 NFS 的部分技术框架成为分布式文件系统的标准。AFS 则把分布式文件系统的可扩展性放在设计实现的首要位置，兼顾系统的高可用性，并着重考虑了复杂网络环境下的安全访问需求，与 NFS 形成有效的互补关系。可以说，以 NFS 和 AFS 为代表的早期文件系统构成了分布式文件系统的雏形，其在系

统结构方面的探索和采用的协议及相关技术，为后续分布式文件系统设计提供了借鉴。

第二阶段（1990～1995 年）是分布式文件系统的发展阶段。这一阶段的分布式文件系统主要面向广域网和适应大容量存储需求，针对不同的应用类型和性能要求，形成多种体系结构，典型的文件系统如 xFS、Tiger Shark、Frangipani 等。xFS 借鉴当时先进的高性能对称多处理器的设计思想，通过在广域网上进行缓存来减少网络流量，采用多层次结构很好地利用了文件系统的局部访问特性和缓存一致性协议，有效地减少了广域网运行的网络负载。Tiger Shark 则针对大规模实时多媒体应用，关注于多媒体传输的实时性和稳定性，采用资源调度、数据分片、元数据备份等技术，保证数据实时访问性能，提高系统的传输效率、并行吞吐率和可用性。Frangipani 关注于系统的可扩展性和高可用性。在扩展性方面，采用了分层次的存储系统，提供支持全局统一访问的磁盘空间，并通过分布式锁实现同步访问控制；在可用性方面，系统基于虚拟共享磁盘提供容灾备份机制来处理节点失效、网络失效等故障。总体而言，这一阶段的分布式文件系统实现了从局域网向广域网的运行过渡，且更好地适应了分布式环境下的大规模数据管理需求。

第三阶段（1995～2000 年）是分布式文件系统的推广阶段。这一阶段网络技术的普及推动了网络存储技术的发展，使得基于光纤通道的存储局域网络（SAN）和网络附加存储（NAS）得到了广泛的应用，从而推动了分布式文件系统的研究。在数据容量、系统性能、信息共享的需求驱动下，分布式文件系统的规模不断扩大，体系更加复杂，相关研究涉及物理设备的直接访问、磁盘的布局及检索效率优化、元数据的集中管理等多个方面，典型的文件系统如 GFS（global file system）、GPFS（general parallel file system）等，其系统设计中引入了分布式锁、缓存管理技术、文件级负载均衡等多种技术。总体而言，这一阶段的分布式文件系统的规模不断扩大，系统动态性不断增强，体系设计更多地关注于系统的可靠性。

第四阶段（2000 年以后）是分布式文件系统的成熟阶段。这一阶段网络存储结构逐渐成熟，国际上主流的网络存储主要是 SAN 和 NAS。SAN 采用交换式结构，提供大规模存储节点的快速、可扩展互联，但其扩展性存在一定的瓶颈，且随着 SAN 连接规模的扩大，其安全性和可管理性也存在不足。NAS 采用 NFS 或 CIFS 协议提供数据访问接口，支持多平台间的数据共享，提高了可扩展性和可管理性，但协议开销和网络延迟较大，不利于高性能 I/O 集群应用。因此，这一阶段的文件系统将两种体系结构结合起来（NAS 基于文件级别的接口提供了安全性和跨平台的互操作性，SAN 基于块级别接口提供快速和高性能访问），产生基于对象的存储文件系统（object-based storage，OBS），其在性能、可扩展、数据共享以及容错、容灾等方面逐渐成熟，且对象存储的概念已经被工业界广泛认可。总体而言，该阶段分布式文件系统研究主要应对如下问题：① 提供高性能的存储，在存储容量、性能和数据吞吐率方面能满足大规模的集群服务器聚合访问需求；② 提供安全的数据共享访问，便于集群应用程序的编写和存储的负载均衡；③ 提供强大的容错能力，确保存储系统的高可用性。

2.3.2 系统整体架构

从目前的研究进展来看,分布式文件系统在结构上有对等结构和服务器结构两种方式。对等结构提供了客户/系统服务器的一致性视图,即系统中的服务器节点既是存储系统的系统服务器,又是数据服务器,同时处理本地数据需求和外来数据请求。对等结构可以提供高性能的可扩展性,但系统结构复杂,管理困难,现阶段仍处于研究阶段。服务器结构在数据服务器与系统服务器系统之间建立一对多或多对多的映射关系,明确功能划分,提高了系统的可管理性,是目前主要的结构模型。因此,本节暂不考虑基于对等结构的分布式文件系统,主要考察主流的服务器结构,并将其体系架构划分为传统的集中式客户端/服务器架构、单元数据服务器架构和多元数据服务器三类架构。

(1)传统的集中式客户端/服务器架构。该结构下的文件系统客户端将远程文件系统映射到本地文件系统,从而实现远程文件操作的目的,数据的传输、访问、交互均由文件服务器统一管理维护。这种模式限制了文件系统的扩展性,难以满足容量和性能增长的需求。

(2)单元数据服务器架构。该结构下的数据依据其访问特性划分为文件数据和元数据。文件数据的数据量较大,对访问延迟不敏感,吞吐量较大,且数据访问的并行性较高;元数据的数据量较小,对访问延迟要求较低,吞吐量较低,且不易并行处理。针对数据特性的不同,单元服务器架构实现了文件数据与元数据的解耦合,将元数据操作与文件I/O操作相分离,形成元数据服务器与文件服务器的一对多映射关系的体系架构。

(3)多元数据服务器架构。该结构适应了分布式系统容量和性能增长的实际需求,针对大规模元数据管理(主要是TB级别)问题,采用元服务器集群对元数据进行管理,一定程度上提高了系统的可扩展性,但数据的一致性、负载均衡、可靠性策略比较复杂。

现阶段典型分布式文件系统主要采用元服务器体系架构,图2-12给出了整体架构的一般性描述。

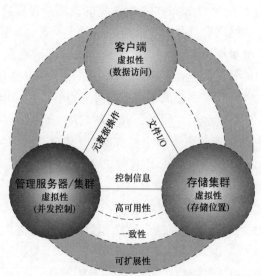

图2-12 典型分布式文件系统整体架构的一般性描述

2.3.3 关键技术点分析

1. 虚拟性

分布式计算机系统是从系统角度研究计算机集群互联网络，具有资源分散性、结构模块性、工作并行性、协作自治性、运行可靠性和系统透明性等特征，现有的分布式系统的上述特征主要是通过软件方式（分布式操作系统）实现的。最早的分布式操作系统定义由 A. S. Tanenbaum 等给出，即"分布式操作系统是一个对用户看来像是集中式操作系统，但却运行在多个独立处理机上的操作系统，它的关键是虚拟化特性"。可见，虚拟性的设计是分布式系统的关键问题和重要指标。分布式文件系统是分布式操作系统的重要组成，其虚拟化特性在于实现了应用与底层分离的存储设备的解耦合。针对这一特性，在分析典型分布式文件系统的技术架构和结构特性的基础上，虚拟化特性主要体现在存储位置、数据访问和并发控制三个方面。

（1）存储位置。分布式文件系统的存储位置虚拟性屏蔽了应用关联资源的物理位置，主要体现在文件系统的命名空间，即文件名中不包含具体的位置信息，由分布式文件系统完成逻辑文件到物理文件的映射。现有典型系统的命名问题包括名字服务的实现方式和名字空间的组织方式。

1）名字服务的实现方式。名字服务的实现方式分为集中式和分布式两类。集中式名字服务的集群网络中存在单一的管理服务器，负责文件的存取、资源寻址、服务关联等工作，降低了管理的复杂性，保证了资源命名的唯一性。然而，集中式的体系架构的弊端在于单点问题，名字管理服务器的失效可能导致所有系统资源的不可用，同时该管理服务器与集群节点间数据的频繁交互，使得管理服务器成为系统的性能瓶颈，严重降低了整个系统的效率。分布式名字服务对集群网络的节点进行划分，生成的各节点群集均具有独立的名字服务器来负责本地名字空间访问和整个集群内的远程名字请求广播服务，从而有效解决了集中式架构存在的单点问题，但分布式体系所面临的通信开销和远程名字服务的时间延迟仍然是亟待解决的问题。

2）名字空间的组织方式。典型分布式文件系统的名字空间组织主要有局部共享和全局共享两种方式。局部共享方式在本地保存了远程可共享文件系统的副本，提供远程文件访问的虚拟化实现，通过本地和远程文件系统命名机制的一致性，屏蔽了本地和远程文件访问的差异性，实现系统存储位置的透明性。全局方式在整个分布式文件系统上建立单一的全局文件名字空间，保证了集群中各节点文件命名空间和使用方式的同构性。相比而言，名字空间的全局组织方式比局部方式具有更高的虚拟性，但全局模式下的文件存取需要通过同步节点来关联存储节点，从而建立应用节点与存储节点的映射关系，因此，在应用节点、同步节点、存储节点位于不同位置的情况下，系统的数据交互开销较大。

（2）数据访问。分布式环境下的数据访问往往涉及多节点间的数据交互，数据访问的对象包括本地文件和远程文件，因此，数据访问的虚拟性主要关注于屏蔽本地访问和远程访问机制的差异，形成全局统一的文件访问逻辑。现阶段的研究进展表明，上述目标主要通过服务调用技术和分布式缓存技术来实现。典型的服务调用技术基于远程过程调用协议（remote procedure call protocol，RPC），解决传输协议、参数传递、数据表示、接口定义和调用语义等问题。分布式缓存技术提供了单一的缓存逻辑视图，实现系统内缓存资源的统一管理，解决缓存数据粒度、缓存的统一编址和缓存一致性等问题。

（3）并发控制。并发控制主要针对分布式环境下多进程对同一文件的并发访问，提供有效的进程同步措施，形成有序的读写操作序列，其虚拟特性表现在目标文件不会因并发操作的干扰而处于不一致的状态。现有的分布式文件系统通常采用分布式数据库中原子事务的概念及相关技术来解决并发问题，在并发控制上满足两个要求：① 事务可恢复性，即事务的操作是可逆的，不会在计算机或网络故障下导致文件的不一致；② 串行等效性，即并发的事务执行结果与顺序无关。针对上述设计要求，典型系统主要使用锁机制（PL）和优化并发控制算法（OCC）来构建原子事务服务，从而实现并发控制的透明性。由于锁机制在应对大规模访问请求的吞吐率方面有限制并且存在死锁问题，同时优化并发控制算法的认证方法（主要是时间标签和版本控制技术）效率也不高，目前的研究进展也关注于两种算法的有机融合，从而提高系统并发的吞吐率和避免死锁。

2. 可用性

分布式文件系统的可用性是指在分布式环境下，文件系统连续地为用户应用程序提供可用的文件服务和可靠数据服务的程度。如图 2-13 所示，从分布式文件系统的应用模式分析，系统的高可用性在保证各部件（客户端、服务端、存储资源）的高可靠性本质的基础上，需要考虑各环节的可靠性设计。分布式文件系统的运行包括客户端到服务端、服务端到存储端两个环节，对应于图中的服务高可用和数据高可用。

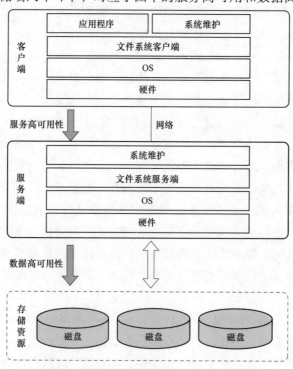

图 2-13　分布式文件系统高可用应用模式

服务高可用要求在系统关联服务连续性的工作部件失效后，仍能继续为客户端应用提供可用的文件服务和可靠的数据服务，但当系统的数据部件（如磁盘）失效后，将不再为用户的应用程序提供可用的文件服务和可靠的数据服务。针对服务高可用问题，系统通常提供高可用的冗余网络设备，在网络设备出现问题时，利用冗余的网络设备保证客户和服务器之间的连接，同时系统本身的故障反馈也保证了文件服务的连续性。

数据高可用则要求在系统中的数据部件失效后，可以提供不间断的文件、数据服务，但当系统的非数据部件失效后，将无法提供可用的文件服务和可靠的数据服务。在系统数据部件发生故障时，系统通常提供高可用的磁盘冗余，并利用磁盘冗余来保证文件服务的连续性。

从服务、数据两个维度梳理分布式文件系统高可用性，其关键点如下：

（1）文件系统失效监控。失效监控是实现文件高可用性的重要环节，需要准确及时地发现文件系统中的故障，在提高可用性的同时有效降低虚警对系统效率的影响。现有的分布式文件系统主要使用两类失效监控技术：

1）心跳技术。心跳监测是目前高可用系统普遍采用的失效监控技术，通过容错网络或专用 RS – 232 侦测网络在节点间定时发送心跳信号（heartbeat，HB），主机监测进程依据一定时间内接收的 HB 数量来判断对方节点是否失效。针对虚警问题，主要采用专用侦测网络来防止系统负载过重时影响 HB 而产生的虚警。

2）Agent 技术。不同于心跳技术的系统整体监测，Agent 技术则应用于监测系统中各个功能部件的工作状态。针对不同应用所依赖的系统功能来设计相应的 Agent，从而实现功能部件失效相对于具体应用的透明性。

（2）服务高可用技术。服务高可用性关注于服务的连续性处理，在系统发生故障时确保服务端运行状态的应用程序仍能提供有效的文件系统服务。服务高可用处理比较复杂，需要综合考虑管理服务连续性的功能部件失效情况，实现三类机制：① 客户端请求重发机制，在服务器连接可用条件下重发尚未完成的请求；② 网络冗余机制，屏蔽网络设备失效对于客户端与服务器通信的影响；③ 服务器接管机制，针对服务器失效实现运行环境的实时迁移，通过服务器集群中的其他节点来接管当前失效节点，并使失效服务器能够快速重启并恢复到失效前的状态。

（3）数据高可用技术。数据高可用性主要针对分布式文件系统的数据部件（磁盘）失效而提供的有效冗余机制。从硬件角度，现有系统使用冗余磁盘阵列，通过磁盘阵列（redundant arrays of inexpensive disks，RAID）具备的数据校验功能，在磁盘失效时重建失效磁盘上的数据。从软件角度，主要使用复制技术来增加可用性、可靠性和操作自治性。复制技术关注于透明性和一致性两个方面：透明性提供单一的文件映像，要求复制文件的副本数目及位置对于应用是透明的；一致性是保证多副本在数据级别的一致。复制技术涉及方法很多，如只读复制（read-only replication）、读任意副本/写所有副本协议（read-any-write-all）、可用性拷贝协议（available-copies protocol）、主拷贝协议（primary-copy protocol）、基于定额协议（quorum-based protocol）等。不同的分布式文件系统主要依据如何维护复制的一致性来选取同步复制或异步复制策略。

3. 扩展性

分布式文件系统的可扩展性可以从性能和管理两个方面进行分析：性能可扩展性要求系统的性能增长与规模扩大呈线性关系；管理可扩展性要求系统规模的扩大不会带来管理复杂度的过度增加。针对管理可扩展性，现有分布式文件系统主要依据存储虚拟化对系统进行层次划分，屏蔽存储细节和实现动态负载平衡，技术相对比较成熟。而对于性能可扩展性，现有系统通常基于元数据（文件属性、目录结构、空间使用情况等信息）服务器集群来动态添加存储设备，并服务于客户端文件访问频度的增加。性能可扩展性是目前研究的一个热点问题，此处主要对此展开讨论，并着重从元数据管理层面进行关键技术梳理。

（1）元数据组织技术。对于主流的元数据服务器架构，管理服务器上元数据的组织和划分是系统服务性能和扩展性的重要因素。根据元数据的存储和处理方式，将分布式文件系统的扩展性体系架构分为分布存储/分布处理和集中存储/分布处理两类。

1）分布存储/分布处理。该模式下元数据按指定方式分布到元数据管理服务器，两者的映射关系是固定不变的。常用的映射划分方法包括静态子树划分和哈希方法。静态子树划分方法将文件系统组织成目录树结构，形成固定的文件视图。这种方法实现简单，能够充分利用文件系统访问的局部性，文件定位效率较高，但系统伸缩性差，集群规模的扩张会导致大数据量的迁移。哈希方法通过哈希函数来分配和定位元数据，能够实现元数据的均匀分布，有效地降低系统规模扩张的数据迁移开销。但哈希方法难以利用文件系统访问的局部性，对文件系统访问语义支持不高。

2）集中存储/分布处理。该模式下元数据存储于共享设备之中，元数据与管理服务器存在动态映射关系，即各管理服务器分别负责一部分目录子树并处理相应的元数据操作。常用的映射划分方法包括动态绑定方法和动态子树划分方法。动态绑定方法将元数据保存在共享磁盘中，元数据操作请求由绑定服务器根据约束规则和管理服务器集群的负载状况进行调度，形成元数据与管理服务器的一一对应关系。这种方法扩展性好，负载均衡能力较强，但元数据与服务器的单一映射难以应对热点数据，且在大数据环境下绑定服务器容易成为系统的瓶颈。动态子树划分方法将元数据保存在共享的存储系统中，由管理服务器对目录子树进行缓存并处理相应的元数据操作，同时客户端缓存已知的元数据与管理服务器的对应关系，减少了数据访问迁移的开销，且系统的伸缩性较好，可以平滑进行管理服务器集群的扩展。该方法的扩展性和负载均衡性具有较高的研究价值，但系统的一致性问题仍待解决。

（2）元数据管理技术。元数据管理分为集中式管理和分布式管理两种方式。

1）集中式管理指在系统中设置专门的元数据管理节点，负责存储系统元数据和处理客户端文件访问的元数据请求。集中式管理实现简单，一致性维护容易，在一定操作频度内可以提供较好的性能，是目前大多数集群文件系统采用的主要元数据管理方式。该管理方式的缺点是单点问题，管理服务器的失效会导致整个系统无法运作，同时随着元数据操作频度的增加，集中的元数据管理将成为系统的性能瓶颈。

2）分布式管理指将元数据分布于系统存储节点并进行动态迁移，元数据请求由集群统一调度，通过将数据分散存储到多个节点，使得系统的数据存取得以线性扩展。元数据的有效分布管理是影响系统大规模条件下扩展性的主要因素，因此元数据的分布式管理成为现阶段的研究重点。针对这一问题，目前存在两种解决方案：① 摒弃文件系统的概念，通过命名空间结构来替代传统文件的目录树，典型技术如 Amazon S3 使用的对象存储技术并提供两层名字空间结构；② 在提供系统文件目录树的前提下，典型技术如 Ceph 基于可扩展存储层 RADOS 实现层次文件系统管理和层次分发函数 CRUSH。

4. 一致性

分布式多进程环境下，进程往往分布在组成并行计算机的大量节点或集群的计算机上，该模式下分布式文件系统采用类似 RAID 的体系结构，文件分片存放于多个节点，并提供多条不同的网络路径，以适应多进程的并发访问需求。分布式环境下的高度并行带来了多方面的问题，如本机多任务并行困难、多机并行困难、多副本数据管理、网络延迟不可预测等，而这些问题的核心在于一致性维护管理。分布式文件系统的一致性模型包括元数据和文件数据两个方面。

（1）元数据一致性。在分布式文件系统中元数据主要分布于客户端缓存、元数据管理服务器缓存和存储设备中，元数据一致性要求在三者之间建立统一映像，因此元数据管理的一致性问题可以归结为缓存的一致性。缓存一致性关注于应用服务器访问分布式文件系统的文件和目录内容之间的一致性关系，目前主要有两种解决方案：① 在缓存更新的同时关联其余缓存，这种方式可能导致额外的计算开销；② 在缓存更新的同时使其余缓存失效，关联节点以按需更新的方式重新读取数据。现有文件系统主要基于可移植操作系统接口（portable operating system interface，POSIX）语义来实现缓存的一致性。POSIX 语义通常用于本地文件系统，要求关联的进程在文件或目录的属性内容被修改时能够实时作出响应，但分布式环境下的严格 POSIX 语义在同步文件属性和内容时会导致严重的计算和网络资源开销，且系统延迟不可预测，因此，分布式文件系统往往采用折中的方式降低上述语义的严格性，典型方法有访问时间（access time）语义、服务器回调（call-back）机制、客户端写回（write-back）和写透（write-through）策略等。

（2）文件数据一致性。分布式文件系统通过同步多节点对共享文件数据的访问来保证文件数据的一致性，而这种文件访问的同步主要利用锁管理来实现。锁管理有集中锁和分布式锁两种处理方式。集中锁指分布式文件系统中只有一个锁管理器，实现比较简单但效率低下，且存在严重的单点问题。分布式锁指系统中通过锁管理器集群来同步文件访问，典型的分布式锁包括分段访问和交叉访问两种模式。分段访问模式针对单一节点连续访问文件中的较长区段进行加锁，主要技术有范围锁、资源锁、记录锁和意图锁等机制。交叉访问模式针对多节点交叉访问文件的不连续区段进行加锁，以页或块为单元，引入单元管理者机制，系统中各个被写单元都具有一个管理节点，其他节点对单元的修改需要发送给管理节点，管理节点合并和提交到服务器。现阶段交叉模式的锁机制仍处研究阶段，典型技术有 Chubby、debby 互斥锁等。

5. 安全性

在不可信网络环境下，分布式文件系统的规模和数据存储模式存在固有的安全风险，如分布式环境下的数据存储、传输和保密性问题，节点服务器的密钥安全管控问题等。同时支撑云存储的分布式文件系统安全的本质在于信任问题，即提供可信的文件服务。因此，广义分布式文件系统主要提供两类安全保护：① 数据存储安全，保护文件系统中的数据不被窃取、篡改和破坏；② 信任管理，提供共享文件的可信任性评估。信任管理需要分析共享文件本身的安全性，涉及文件源判断和文件发布者的可信度评估，实现比较困难，目前缺乏有效的解决方案。数据存储安全可分为数据传输安全和数据加密存储两个方面：

（1）数据传输安全。针对网络传输线路不可信，数据传输安全研究集中在安全传输协议方面，包括用户身份认证和通过数据加密实现安全连接。如 Coda 使用身份验证服务器 AS 来发送会话密钥，客户端可以从 AS 获取身份验证令牌（包括用户标识符、令牌标识符、有效时间等），并通过令牌验证与服务器建立通信密钥。

（2）数据加密存储。在三个层次上实现：① 应用程序层，通过应用层的文件加密程序（如 PGP、GnuPG 等）对保护数据进行加密，密钥管理往往依赖于用户自行处理；② 存储设备层，提供磁盘级的数据加密，主要工作在操作系统内核层，实时地对写入磁盘的数据进行加密，并对读取的数据进行解密；③ 文件系统层，在文件相关的系统调用中，基于单个文件或文件目录对数据进行加解密。

2.3.4 网络文件系统分析

网络文件系统的研究重点在于实现网络环境下的文件共享。网络文件系统的服务器端基本采用对称结构，存储节点间不能共享存储空间，由服务器对外提供统一的命名空间，命名子空间在服务器集群中进行分布存储并实现系统的可扩展性。

1. 典型结构

下面以 NFS 为例对网络文件系统的体系结构和实现机制进行分析。NFS 是最早开发的分布式文件系统，由 Sun 公司于 1985 年推出，现已经历了四个版本的更新。NFS 利用 Unix 系统中的虚拟文件系统（VFS）机制，通过规范的文件访问协议和远程过程调用，将客户机对文件系统的请求转发到服务器端进行处理。服务器端则基于 VFS 并通过本地文件系统完成文件的处理，实现全局的分布式文件系统。图 2-14 给出了 NFS 的体系架构。

NFS 的核心思想是各文件服务器提供本地文件系统的标准化视图。由于采用共享文档和缓冲机制，系统中的各服务器节点支持相同的模型，可以在服务器端和客户端之间进行切换，但客户与服务器是非对称的。其特性总结如下：

（1）命名机制。NFS 命名模型的基本思想是为客户端提供完全透明的远程系统访问机制。访问机制的透明性允许客户端在本地装载远程文件系统，客户端向服务器提交文件访问请求，由服务器输出相应目录子项并复制到客户端的本地命名空间。

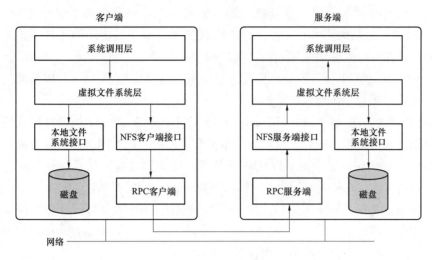

图 2 - 14　NFS 体系架构

（2）通信机制。针对不同操作系统、网络结构和传输协议的独立性，NFS 通过远程过程调用 RPC 机制来进行客户机与文件服务器间的通信，遵循开放式网络计算 RPC（ONC RPC）协议及数据标准，从而屏蔽异构环境（主要是操作系统和网络）间的差异。

（3）缓存机制。NFS 在客户端和服务器端同时采用了高速缓存技术来提高系统性能。服务器端缓存在单机文件系统基础上将缓存写操作修改为实时写入，从而避免了服务器故障导致的数据丢失。客户端对文件属性和文件数据分别进行缓存，减少了频繁的网络传输导致的系统开销。

（4）同步机制。NFS 的同步机制包括两个方面：① 文件共享语义，NFS 实现了分布式系统的会话语义，保证了文件关闭之前的所有改动对其进程是不可见的；② 缓存有效性验证机制，采用时间戳技术来标识文件的修改时间，从而减少缓存数据不一致的持续时间。

（5）安全机制。NFS 的基本思想是屏蔽远程文件系统和客户端本地文件系统提供服务的差异性，因此 NFS 的安全性主要集中于客户端与服务器之间的通信，在关注于安全 RPC 的同时，通过控制文件属性和验证客户访问权限来实现文件访问的安全性。

2. 主要产品

常见的网络文件系统有 AFS、Coda、DFS、SpriteFS 和 Zebra 等。

（1）AFS 是由美国卡内基 - 梅隆大学（CMU）和 IBM 公司联合成立的信息技术中心（ITC）研制开发的分布式文件系统。AFS 的主要设计目标是良好的可扩展性，采用机群式的体系结构，支持组织结构的自治性和可扩展性。同时 AFS 提供了对话期间文件共享语义（session semantics），保证文件的修改状态对于后续文件访问请求的可见性，并基于回调的缓存机制减少了服务器的网络负载开销。AFS 在实现良好的可扩展性的同时也存在如下问题：① 可用性不高，系统服务器使用"有状态"模型，即文件服务依赖于已执行的文件请求历史，服务器故障可能导致关联该服务器的共享空间的失效；② 响应延迟较长，系统使用的文件共享语义在多客户端并发访问的条件下，无法保证文件的修改操作可以及时地反馈到关联客户端。

（2）Coda 是由 CMU 基于 AFS 开发演变而来，基本沿用了 AFS 的体系架构，其主要改进系统的可用性，体现在以下两个方面：

1）客户修改日志（client modification log，CML）管理。Coda 的设计目标是构建大规模的分布式文件系统，针对大规模系统中因服务器故障或者网络原因导致通信失败问题，Coda 将文件的修改操作记录到 CML 中，并在服务器或者网络连接恢复时对客户的文件操作进行重演（replay），从而支持客户端的暂时性断网操作。此外，Coda 提供了带宽适应机制，实现了对网络通信性能的感知，保证 CML 重演可以适应不同的网络带宽和传输延迟。同时提供了版本控制机制（version stamp），对重演过程进行版本和属性记录，从而实现数据恢复过程中的快速版本定位。

2）可用容量存储（available volume storage group，AVSG）同步。Coda 服务器使用类似 CML 的方法来记录 AVSG 的更新数据。针对客户数据和服务器数据的同步问题，使用两阶段更新协议（two phase update protocol，TPUP）为 AVSG 构造 Version Stamp 进行客户数据与服务器数据的版本比对，并依据 Version Stamp 信息和服务器的更新日志对不同版本的数据进行版本仲裁。

（3）DFS 是分布式计算环境（distibuted computing environment，DCE）的重要组成部分，也是支持弱连接环境的分布式文件系统。DFS 是基于 AFS 文件系统进行研究开发的，在体系结构和协议上与 AFS 相似。DFS 主要针对文件共享语义进行改进，实现了 Unix 文件共享语义，使用令牌机制取代了 AFS 的回调（callback）机制，从而实现了缓存副本数据的全局唯一性。总体而言，DFS 的结构比较复杂，特别是令牌管理机制、高速缓存的一致性维护机制和死锁避免机制实现烦琐，目前没有得到广泛的应用。

（4）SpriteFS 是美国加州大学伯克利分校开发的分布式文件系统，是 Sprite 网络操作系统的重要组成部分。SpriteFS 的体系结构设计主要关注两方面：① 访问性能，系统通过缓存技术在服务器端和客户端使用大容量主存来缓存文件数据，这一方面减少了数据请求的延时，另一方面有效控制了多进程高并发访问环境下的磁盘读取次数；② 缓存一致性，系统针对多客户端缓存中副本一致性问题，在写共享发生频率较低的前提下，采用简单的读写锁来实现并发访问，并通过虚拟内存交互来动态改变文件系统缓存的大小，进一步提升系统性能。SpriteFS 存在的问题主要是应对并发请求时的系统性能不高，且体系结构设计上没有考虑可用性。

（5）Zebra 也是由美国加州大学伯克利分校开发，设计目标是进一步提升文件系统的访问性和可用性。Zebra 的设计思想借鉴了日志结构文件系统（log-structured file system，LFS）和 RAID 技术，通过在多服务器上分条存储文件数据来提高吞吐率。分为两种情况：一是针对单个大文件使用传统的分条策略对文件进行切分并分布存储于多个服务器；二是针对大量小文件使用合并策略将多个写操作合并成统一的请求数据流，并以追加方式在文件末尾进行数据更新。此外，在可用性方面使用 RAID 技术使在分片存储文件数据的同时关联分片的奇偶信息，保证文件服务器失效情况下的不间断文件服务。

2.3.5 共享存储集群文件系统分析

共享存储集群文件系统的研究重点在于负载均衡和缓存一致性。共享存储集群文件系统使用对称结构，计算节点之间共享存储空间，维护统一的命名空间和文件数据。由于节点的紧耦合特性，需要复杂的协同和互斥操作实现节点间共享临界资源（存储空间、命名空间、文件数据）的访问透明，因此分布式锁机制的设计是影响系统性能的主要因素。

相比于网络文件系统，共享存储集群文件系统在性能和可管理性上取得了突破性发展，并逐步趋于成熟，生产、教学、科研各界均对此开展了深入的研究。下面结合现有的研究成果，依据数据组织方式将共享存储文件系统划分为数据集中模式和数据分离模式两类，分别进行体系结构剖析和特性梳理。

1. 数据集中模式

数据集中管理对应于无元数据服务器结构，这种结构中数据和元数据不分离，理论上扩展性能良好，但需要使用专门的锁服务器维护系统的同步机制。以下着重以 GFS、GPFS 为例对该类文件系统进行介绍。

（1）GFS（global file system）。该系统是美国明尼苏达大学研制的基于 Linux 的共享磁盘模型的机群文件系统，体系架构如图 2 - 15 所示，采用无集中服务器结构，允许多台机器同时挂载并访问共享设备上的文件，节点通过 SAN 直接连到存储设备上。客户与机群中的共享磁盘使用光纤通道连接，可以直接访问磁盘设备。此外，GFS 可以通过网络与 NFS 相连以提高系统的扩展性能。具体特性分析如下：

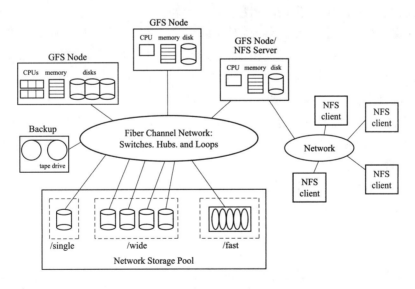

图 2 - 15　GFS 体系架构

1）对等结构。系统基于共享磁盘构建了服务器集群的对等结构，集群网络中的节点同时具有数据管理和数据访问功能。这种无集中服务器结构有效地消除了单点故障问题，提高了访问数据的可靠性。

2）设备锁机制。系统使用设备锁（device lock）来控制多个主机对同一磁盘数据的修改。设备锁在存储设备上实现，作用范围扩展到网络中所有节点，并通过节点间元数据和数据的同步机制实现 Unix 文件共享语义。

3）文件系统日志。GFS 使用事务来表示文件系统状态的修改操作，日志模块接收事务模块发送的元数据并写回磁盘。日志模块中的各个日志项均具有一个或多个相关锁，用以保护管辖范围的元数据，允许调用恢复内核进程（recovery kernel thread）进行日志空间恢复。

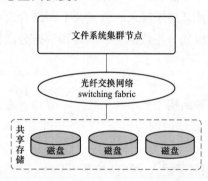

图 2-16　GPFS 体系架构

（2）GPFS（general parallel file system）。该系统是 IBM 公司开发的高性能集群文件系统，使用无集中服务器结构，体系架构如图 2-16 所示，主要包括集群节点、光纤交换网络和共享存储三个部分。集群节点负责运行文件系统和应用程序；光纤交换网络用于各节点通过 Switching Fabric 与 SAN 存储区域网络相连，各节点对磁盘设备具有相同的访问权限；共享存储采用共享磁盘结构，实现数据和元数据的条块化存储。具体特性分析如下：

1）共享磁盘同步。系统保留了 POSIX 语义，要求在多重节点上同步存取数据和元数据。针对共享磁盘同步问题，使用分配锁定和集中管理技术来提供不同粒度的分布式锁机制，以解决系统中的并发访问和数据同步问题。

2）大文件存取。针对大文件的高吞吐量存取，系统将文件切分成固定大小的数据块，并条块化分布存储在多个磁盘和多重磁盘控制器上，通过调节器、存储控制器和磁盘容错来减少数据块的寻址开销和提高文件存取的并发响应。

3）文件目录管理。使用扩展哈希（extensible hashing）技术来支持文件目录树的创建，实现文件名在系统名字空间的均匀分布，提高文件的查找和检索效率。同时支持在线动态添加、减少存储设备，新增节点可以无缝接入存储网络，并平衡文件数据存储，保证了系统的可扩展性。

4）日志技术。系统采用日志技术进行在线故障恢复，每个节点的日志都记录在共享磁盘中，在单个节点失效时，系统中的其他节点可以从共享磁盘中检查失效节点的操作日志，进行元数据的恢复操作。

2. 数据分离模式

数据分离模式对应于专用元数据服务器结构，这种结构将文件数据和元数据分离，针对两类数据的特性分别进行管理，理论上可管理性良好，如元数据的访问需要低延迟，而文件数据的访问需要高带宽，因此这类文件系统的元数据和文件数据传输使用不同的网络。下面着重以 Lustre 和 Storage Tank 为例进行介绍。

（1）Lustre。该系统是 Cluster File System 公司推出的面向下一代的存储的分布式文件系统，关注集群存储的两个主要问题：① 提高共享访问数据，便于集群应用程序的编写和存储的负载均衡；② 提供高性能存储，适应大规模集群服务器聚合访问的高吞吐率需求。Lustre 主要用于 Linux 操作系统平台，并提供 POSIX 兼容的 Unix 系统接口。采用集中存储体系架构（如图 2 – 17 所示），基于对象存储技术，实现元数据和存储数据的分离，主要包括三个子系统，即客户端文件系统（client file system，CFS）、元数据服务器（meta-data server，MDS）和对象存储服务器（object storage server，OSS）。

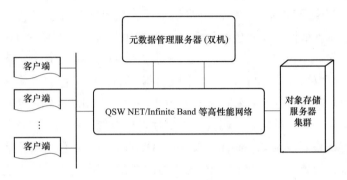

图 2 – 17　Lustre 体系架构

1）客户端文件系统。客户端运行集群文件系统，与存储服务器进行文件数据流交互，并与元数据服务器进行命名空间操作的控制流交互。客户端提供透明的全局文件系统访问，屏蔽数据存储的复杂性，形成数据访问的统一逻辑视图。

2）元数据服务器。元数据服务器负责文件系统的目录结构、文件权限和文件的扩展属性，并维护整个文件系统的数据一致性和响应客户端请求。此外，元数据服务器使用带意图的锁，明显减少了客户端和服务器端的消息传递。

3）对象存储服务器。对象存储服务器主要负责与文件数据相关的锁服务及实际的文件 I/O，并将 I/O 数据保存到后端基于对象存储设备中。对象存储具有较高的智能特性，对外提供基于对象的读写接口，而且可以自主进行负载均衡和故障恢复，同时也极大地降低了元数据管理的复杂性。

（2）Storage Tank。该系统是由 GPFS 进化而来的分布式文件系统，设计目标是提供异构的分布式环境下的统一存储管理，并能够提供高性能存储、高可用性、可扩展性和集中的自动管理等功能。体系结构采用元数据和数据相分离的结构：在元数据管理上，使用多元数据服务器架构进行元数据的分布处理，消除了单一元数据服务器的性能瓶颈；在数据管理上，通过客户节点与元数据服务器间的控制信息来定位文件数据位置和完成磁盘数据传输，同时利用存储区域网技术实现大量异构客户端对共享存储设备的低延迟直接访问。

2.3.6　基于对象存储的并行文件系统

基于对象存储的并行文件系统的研究重点在于系统的可扩展性。基于对象存储的并行文件系统使用非对称结构，由元数据服务器和对象存储节点组成。系统将文件切分为固定大小的切片（对象）分布存储于存储节点集群，由元数据服务器实现对命名空间、文件元数据的管理，以及对存储节点的心跳监测，因此元数据服务器的设计是影响系统性能的主要因素。

1. 典型结构分析

对象存储系统综合了 SAN 和 NAS 的优点，同时具有 SAN 的高速直接访问和 NAS 的数据共享等优势，是一种具有高性能、高可靠性、跨平台以及安全数据共享的存储体系结构。对象存储系统一般由如下五个部分组成：

（1）对象。对象是数据的一种逻辑组织形式，是可变长的、具有描述属性和逻辑关系的数据的载体。根据目前对象存储命令集草案中的定义，对象分为用户对象（user object）、分区对象（partition object）、集合对象（collection object）和根对象（root object）四种。用户对象是对象存储设备中数量最多的，用于存放各种数据；把用户对象进行分区管理，就构成分区对象；集合对象是一些具有相同或相近特性的用户对象或者分区对象的集合；而根对象及其属性用于描述对象存储设备的一些特征。

（2）对象存储设备（object storage device，OSD）。对象存储设备代表了下一代用于网络存储的磁盘驱动器，是对象存储体系结构的基础。OSD 是一种智能设备，包含磁盘、处理器、RAM 内存和一个网络接口，能够管理本地对象及其属性，并自治地服务和存储来自网络的数据。

（3）数据服务器。数据服务器负责上层文件系统相关的数据管理和访问，协调客户端与 OSD 之间的数据交互。一个典型的数据服务器一般提供安全策略、缓存一致性、文件目录管理、负载均衡等功能。

（4）互联网络。目前常用的网络存储系统的互联网络是光纤通道和以太网，由于光纤通道构建大规模 SAN 存储系统的成本较高，同时随着万兆以太网的大规模应用，现有对象存储系统倾向于构建在以太网之上。

（5）对象存储文件系统。客户端文件系统负责管理对 OSD 对象的读写操作，提供六个关键功能，即 POSIX 文件系统接口、缓存、对象 RAID、iSCSI、挂载和附加文件系统接口。

2. 主要产品分析

对象存储概念得到存储界的广泛关注，生产、教学、科研各界均研究和实现了各自的对象存储系统，其中影响力最大的是 Google 公司的 GFS 和 Amazon 公司的 Dynamo，具体内容见本书第一章。

2.3.7 差异比较及分析

现阶段分布式文件系统的研究不再局限于单纯的文件系统范畴，而是定位于融合多种计算机技术的综合系统。目前分布式文件系统的体系结构研究逐渐成熟，表现为不同文件系统的体系结构趋于一致。各个系统在设计策略上基本一致，但技术细节存在差异，相应的研究更加关注系统性能、扩展性、可用性等因素。表 2-3 从体系架构、技术细节、性能指标等三个方面对典型系统进行了比较分析。

表 2 - 3 典型分布式文件系统对比分析

系统名称	体系结构	技术细节				性能指标		
		共享语义	集群模式	缓存位置	元数据管理	可用性	扩展性	一致性
NFS	消息传递	会话语义	单服务器	内存	元数据/数据不分离	无保障机制	扩展有限，资源不易整合	锁监控机制 NLM
AFS	消息传递	会话语义	无集中服务器模式	磁盘	元数据/数据不分离	无保障机制	名字空间管理	回调机制
Coda	消息传递	会话语义	无集中服务器模式	磁盘	元数据/数据不分离	服务器副本	名字空间管理	使用卷编号、节点编号和全局标识符
DFS	消息传递	Unix 语义	无集中服务器模式	磁盘	元数据/数据不分离	无保障机制	名字空间管理	令牌机制
SpriteFS	消息传递	事务处理语义	无集中服务器模式	内存	元数据/数据不分离	服务器副本	共享磁盘系统结构	简单读写锁机制
Zebra	消息传递	事务处理语义	无集中服务器模式	内存	元数据/数据不分离	RAID 机制	共享磁盘系统结构	合并请求数据流
GlobalFS	共享存储	Unix 语义	无集中服务器模式	磁盘	元数据/数据不分离	日志技术	共享磁盘系统结构	设备锁机制
GPFS	共享存储	事务处理语义	无集中服务器模式	磁盘	元数据/数据不分离	日志技术	共享磁盘系统结构	分配锁定协议
Lustre	共享存储	Unix 语义	集中多元服务器模式	内存	元数据/数据分离	基于检查点的回卷恢复	元数据扩展	文件和元数据锁定语法
Storage Tank	共享存储	事务处理语义	集中多元服务器模式	磁盘	元数据/数据分离	日志技术	元数据扩展	专用的锁服务器
GoogleFS	共享存储	不可改变文件语义	集中单元服务器模式	内存	元数据/数据分离	服务器副本	元数据扩展	分布式锁服务 Chubby
Dynamo	共享存储	弱一致性模型	无集中服务器模式	内存	元数据/数据不分离	数据回传、Merkle 哈希树	一致性哈希	最终一致性模型、时钟向量

2.4 并行计算

2.4.1 概述

并行计算（Parallel Computing）是指同时使用多种计算资源快速解决大型且复杂计算问题的过程，是实现高性能、高可用计算机系统的主要途径。传统上，为执行并行计算，计算资源应包括可并行处理的多处理器、可共享访问的存储模块以及包含专有编号的互联网络接口三个部分。这三部分构成了并行计算机，并通过网络与其他计算机相连。并行计算是在串行计算的基础上演变而来，它模拟自然世界中一个序列中含有众多同时发生的、复杂且相关事件的事务状态。简单而言，并行计算就是在并行计算机上所做的计算。

近年来，随着硬件技术和新型应用的不断发展，并行计算也有了新的演变，特别是在结合虚拟化技术和分布式存储技术的基础上，衍生出"云计算"计算模式。作为并行计算的最新发展的形式，云计算意味着对服务器端的并行计算要求的增强，因为数以万计用户的应用都是通过互联网在云端来实现的，它在带来用户工作方式和商业模式的根本性改变的同时，也对大规模并行计算的技术提出了新的要求。同时，云计算的发展还体现出并行计算技术的新趋势：使用多个"廉价"计算资源（现有商用 PC）取代大型计算机，克服单个计算机上存在的存储器限制，同时运用网络连接各计算资源协同工作。并行计算以并行计算机为硬件支撑，通过计算模型和编程模型的设置以及在此基础上的并行算法设计，实现计算任务的并发执行，解决复杂计算问题。

因此，可以采用分层建模的方式对并行计算开展研究。如图 2-18 所示，并行计算的模型可分为：并行计算机体系结构模型、计算模型和编程模型三个层次。

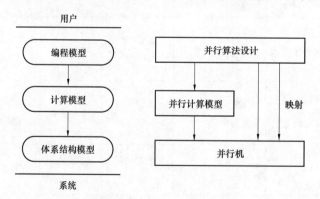

图 2-18　并行计算研究层次

2.4.2 并行计算体系结构模型

并行计算体系结构模型是对并行计算机硬件层次的抽象，包含计算机系统类型和系统结构两方面。

1. 计算机系统类型

计算机系统类型的主流分类方法是由 Flynn 在 1996 年提出的。其根据指令流和数据流的不同，把计算机系统分为单指令流单数据流（single instruction single data，SISD）、单指令流多数据流（single instruction multiple data，SIMD）、多指令流单数据流（multiple instruction single data，MISD）和多指令流多数据流（multiple instruction multiple data，MIMD），如图 2 – 19 所示。

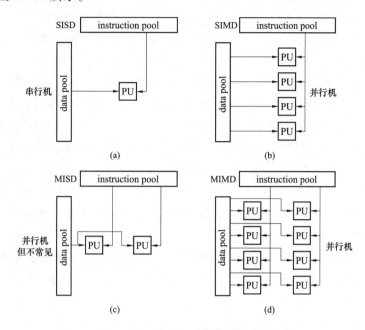

图 2 – 19   计算机系统类型分类图

（a）单指令流单数据流；（b）单指令流多数据流；

（c）多指令流单数据流；（d）多指令流多数据流

SISD 为单处理器模型，应用于串行机。SIMD、MIMD 和 MISD 均为多处理器模型，是并行计算机的基础，其中 MISD 模型在并行机中并不常见，而大多数并行机都属于 SIMD 或 MIMD 类。SIMD 类型的计算机系统采用一个控制器来控制多个处理器，同时对一组数据（"数据矢量"）中的每一个分别执行相同的操作，实现空间上的并行性的技术。在微处理器中，SIMD 技术是一个控制器控制多个平行的处理微元，例如 Intel 的 MMX 或 SSE 以及 AMD 的 3D Now! 技术。MIMD 类型的系统则使用多个控制器来异步地控制多个处理器，从而实现空间上的并行性的技术，在任意时刻，不同的处理器可以对不同的数据段执行不同的指令操作。如果将指令（I）扩展为程序（P），SIMD 和 MIMD 可延伸得到 SPMD 和 MPMD 模型。表 2 – 4 列出了 SPMD 和 SIMD 的简单比较。

表 2 – 4   **SPMD 与 SIMD 的比较**

技术类型	SPMD	SIMD
执行方式	多自治处理器同时独立地执行相同程序处理不同数据	针对不同数据多处理器执行步调一致
处理器要求	在常规处理器上执行计算任务	需要向量处理器操纵数据流

换言之，SPMD 就是一段程序处理多条数据，可以有简单的分支或是不完全相同的

操作,而 SIMD 就是一个指令对多条数据做完全相同的操作。

2. 并行计算机系统结构

在 SIMD 和 MIMD 系统类型的基础上,并行计算机的系统结构主要包含对称多处理机(symmetric multiprocessor,SMP)、分布式共享存储多处理机(distributed shared memory,DSM)、大规模并行处理机(massively parallel processor,MPP)和工作站集群(cluster of workstation,COW)。

(1)对称多处理机 SMP。系统一般使用商用微处理器,具有片上或外置高速缓存器,经由高速总线(或交叉开关)连向共享存储器,并访问 I/O 设备和操作系统服务。SMP 系统的特点有:① 对称共享存储,每个处理器可等同地访问共享存储器,因此数据可保持一致;② 单一操作系统映像,全系统只有一个操作系统驻留在共享存储器中,它根据各个处理器的负载情况,动态地分配各个进程到各个处理器,并保持负载平衡;③ 低通信延迟,各个进程通过读/写操作系统提供的共享数据缓存区来完成处理器间的通信,其延迟通常小于网络通信延迟;④ 共享总线带宽,所有处理器共享总线带宽,完成对内存模块和 I/O 模块的访问。SMP 系统的劣势体现在:① 可靠性不足,总线、存储器、操作系统失效可能导致系统崩溃;② 可扩展性较差,由于所有处理器都共享总线带宽,而总线带宽增速远远赶不上处理器速度和存储容量的增长步伐,因此 SMP 的处理器个数一般少于 64 个,且只能提供每秒数百亿次的浮点运算。SMP 系统的典型代表有 SGI POWER Challenge XL 系列、DEC Alpha server 84005/440、HP 9000/T600 和 IBM RS6000/R40。

(2)分布式共享存储多处理机 DSM 系统。系统中并行机以节点为单位,每个节点包含一个或多个处理器,每个处理器拥有自己的局部缓存,并共享局部存储器和 I/O 设备,所有节点通过高性能互联网络相互连接。DSM 系统的特点为:① 单一的内存地址空间,系统中所有内存模块都由硬件进行了统一的编址,并通过互连网络形成了并行机的共享存储器;② 非一致内存访问模式,共享存储器物理分布,处理器对共享存储的访问是不对称的;③ 单一的操作系统映像,用户只看到一个操作系统,它可以根据各节点的负载情况,动态地分配进程;④ 基于缓存的数据一致性,由于分布式共享存储访问的不对称性,只能保证在缓存级别的数据一致性。DSM 系统在逻辑上与 SMP 系统相类似,但相比 SMP 系统,其具有较好的可扩展性能。一般地,DSM 系统可以扩展到上百个节点,能提供每秒数千亿次的浮点运算。DSM 系统的典型代表为 SGI 的 Origin2000 和 Origin3000 系列并行机。

(3)大规模并行处理机 MPP 系统。系统由数百个乃至数千个计算节点和 I/O 节点组成,每个节点相对独立,并拥有一个或多个微处理器。这些节点配备有局部缓存,并通过局部总线或互联网络与局部内存模块和 I/O 设备相连。通常地,这些微处理器针对应用特征,进行了某些定制。与商用的通用微处理器略有不同,这些节点由局部高性能网卡(NIC)通过高性能互联网络相互连接。各个节点均拥有不同的操作系统映像,各个节点间的内存模块相互独立,且不存在全局内存单元的统一硬件编址,仅支持消息传递式的并行程序设计,不支持全局共享的并行程序设计模式。

（4）工作站集群 COW。其中每个系统都是一个完整的工作站，一个节点可以是一台 PC 或 SMP。一般地，各个节点由商用网络互连，节点上的网络接口松散耦合到 I/O 总线上，每个节点拥有本地磁盘，驻留一个完整的操作系统。集群架构的并行计算机的典型代表有曙光 1000A、曙光 2000、曙光 3000 以及曙光 4000L 等。

在并行计算机的四种系统结构中，MPP 可对应 SIMD 或 MIMD 类型，而 SMP、DSM 和 COW 均对应 MIMD 类型。图 2-20 即从节点系统复杂度、单一系统映像、可扩展性和可靠性四个方面比较了并行计算机的四种系统结构。

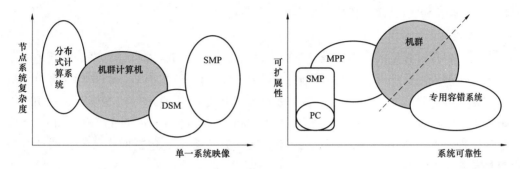

图 2-20　并行计算机系统结构特性比较

2.4.3　并行计算模型

并行处理技术经过多年的发展取得显著进步，但硬件和软件发展是不平衡的，并行计算软件的滞后严重地制约了并行机系统的应用。与串行计算相比，并行计算的主要困难在于缺乏有效的并行计算模型。并行算法的设计不能局限于某种具体的并行计算机，而必须借助抽象的计算模型。

1. 并行计算模型特征

并行计算模型是并行计算机基本特征的抽象，是并行算法设计和分析的基础。虽然目前已经提出了多种并行计算模型，但由于并行计算机体系结构的多种多样，至今仍无一个通用的并行计算模型。在异构的计算环境下，理想的并行计算模型应具有以下特征：① 易于理解和编程；② 提供软件开发方法；③ 体系结构独立；④ 保障性能；⑤ 可预测代价。也可以简单归结为简单好用和较好反映体系结构特征。值得注意的是，上述评价准则之间存在着对立和矛盾，并行计算模型的设计和使用需要在这些特征之间进行权衡。

（1）易于理解和编程。并行计算模型必须易于学习和理解，否则，软件开发者就不愿意使用。模型应能通过一定的抽象，尽可能隐藏以下编程细节：① 程序到并行线程的分解；② 线程到处理器的映射；③ 线程间的通信；④ 线程间的同步。

（2）完整的软件开发方法。传统的计算模型基本面向专家，而且并行算法的实现一般也仅是验证用途，因而很少重视开发方法。随着生产性并行应用的增加，比起串行程序设计，完整的并行软件开发方法似乎是更为基本的问题。

（3）体系结构独立。由于处理器和互联网络技术发展迅速，计算机系统结构只有较短的生命周期。并行计算模型应能够抽象不同体系结构的并行计算机，将并行算法设计从并行计算机底层的更新变化中隔离出来。模型越抽象，体系结构的独立性越强，算法的可移植性也就越强。

（4）保障性能。模型应该能在各种并行系统结构上保障性能。由于系统性能降低通常是通信拥塞所致，因此通信需按并行计算机直径成比例减少。此外要求计算尽可能规则，以保证可扩展性。

（5）可预测的代价。算法在计算模型中的性能与其在实现中的性能之间应该等价。算法的成本主要包括算法的执行时间、处理器的利用率和软件开发的代价。代价是可组合的，总的代价可由其部分代价计算得出。

2. 典型的并行计算模型

不同于串行计算机的冯诺依曼计算模型，迄今为止，贯穿并行计算模型发展的一条主线是如何准确地反映并行机特有的通信开销。并行计算尚没有统一的并行计算模型概念，存在众多的定义和分类方法，其中最重要和典型的几种并行计算模型包括 PRAM（parallel random access machine）模型、BSP（bulk synchronous parallel）模型和 LogP 模型。这几种模型一般用于同构系统，近年发展的异构系统（包括网格系统）的计算模型一般是基于 BSP 模型的扩展。

（1）PRAM 模型。该模型即并行随机存取模型，是一种抽象的并行计算模型，也是最有影响的并行计算早期理论模型。它是一个同步处理器的共享存储并行机模型。由于PRAM 模型忽略同步和通信开销，在现实中并无可能，因而仅是一个理论模型，不能用于模型化存储器层次或消息传递系统。PRAM 是串行的冯诺伊曼存储程序模型的自然扩展，由若干具有本地存储器的处理器和一个具有无限容量的共享存储器组成，处理器由公共的时钟进行控制，以同步方式运行，如图 2-21 所示。

PRAM 模型的特点可归纳为：① PRAM 模型针对共享存储的并行计算机，模型中假设存在着一个容量无限大的共享存储器；② PRAM 模型可分为 SIMD-PRAM 和 MIMD-PRAM，其结构如图 2-22 和图 2-23 所示；③ 有多个功能相同的处理器，每台处理器有简单的算术运算和逻辑判断功能；④ 各处理器在任意时刻可通过访问共享存储单元交换数据；⑤ 有同步时钟，所有操作同步进行；⑥ 根据存储器是否并发读写，PRAM 可分为并发读写（CRCW）、并发读互斥写（CREW）、互斥读写（EREW）三种模型。

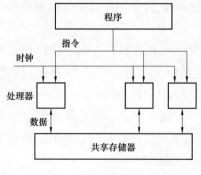

图 2-21 PRAM 模型

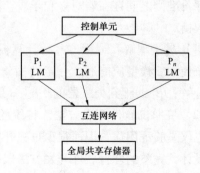

图 2-22 SIMD-PRAM 计算模型

PRAM 模型的优点在于结构简单、便于理论分析；而不足在于容量无限大的存储器并不现实，全局访存速度缓慢。

（2）BSP 模型。该模型是由哈佛大学的研究人员所提出的一种并行计算模型。一个 BSP 并行计算机由 n 个节点（包含处理器和存储器）组成，通过通信网络进行互联，如图 2-24 所示。

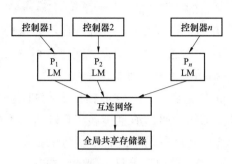

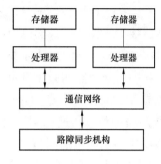

图 2-23　MIMD-PRAM 计算模型　　　　图 2-24　BSP 模型

一个 BSP 并行计算程序有 n 个进程，每个进程驻留在一个节点上，程序按严格的超步（superstep）顺序执行。超步间采用路障进行同步。每个超步分成如下有序的三个部分：

1）计算：一个或多个处理器执行若干局部计算操作。操作的所有数据只能是局部存储器中的数据，这些数据是在程序启动时或由以前超步中的通信操作存放在局部存储器中的。每个进程的计算与其他进程无关。

2）通信：处理器之间总是以点对点的方式进行通信，相互交换数据。

3）同步：确保通信过程中交换的数据被传送到目的处理器上，并且一个超步中的计算和通信操作必须全部完成之后，才能开始下一个超步中的任何动作。

BSP 模型总的执行时间等于各个超步执行时间之和，每个超步执行时间的组成如下：

1）计算时间 w：考虑到负载可能不平衡，或者各个处理器性能差异，w 是指处理器中完成计算操作所需的最大时间。即 $w = \max(w_i)$，w_i 是超步内各个处理器执行时间。

2）通信时间 gh：g 与平台有关，与通信模式无关，是衡量网络通信速度的一个参数，可理解为传送单位长度的消息所需的时间；h 是一个超步中的最大通信量，$h = \max(h_i)$，其中 h_i 表示处理器 i 发送或接收的数据量。

3）同步时间 L：L 是完成一次同步的代价，下限为网络通信迟延，其值总大于零。

一个超步的总的时间 $t = w + gh + L$。总的执行时间为 $T = (w + gh + L)N$，N 为超步数。如果超步内三个操作完全重叠，则超步时间可达到 $\max(w, gh, L)$，总的执行时间可达 $\max(w, gh, L)N$。

BSP 模型的特点归纳为：① BSP 模型主要针对 MIMD 类型的分布式存储并行计算机；② 将计算和通信任务分开，分别由处理器和路由器完成；③ 处理器对局部数据执行局部操作，路由器进行点到点通信；④ 在超步概念基础上，运用路障同步方式硬件实现全局同步。

（3）LogP 模型。该模型由 Culler 等人于 1993 年提出。该模型认为不论是共享存储范例还是消息传递范例，都是由具有本地存储器的多个处理器组成，这些处理器通过网络连接在一起。在共享存储的情况下，消息的产生在于访问非本地的存储器。LogP 模型主要包含 4 个参数：① L（latency），表示消息从源到目的地所需的时间；② O（overhead），表示处理器接受或发送一条消息所需的额外时间开销，在这段时间内处理器不能执行其他任何操作；③ G（gap），表示处理器连续进行两次发送或接收消息之间的最小时间间隔，其倒数即为处理器的通信带宽；④ P（processor），表示处理器的个数。

LogP 模型的特点是：① LogP 模型针对分布式存储、点到点通信的并行机模型；② 基于异步缓冲消息传递机制，处理器之间异步工作，通过消息传递实现同步，不同于 BSP 模型中超步的全局同步；③ 对采用异步通信的互联网络进行了很好的抽象，考虑了网络通信特性，但屏蔽了网络拓扑、选路算法和通信协议等具体细节，在其上可设计出移植性较好的并行算法；④ 模型中 L、O、G 三个参数较为准确地描述了分布式存储下通信网络的特征，把握了网络与处理机之间的性能瓶颈；⑤ 参数 G 反映了通信带宽，[L/G] 为网络容限，即在任何时刻最多只能有 [L/G] 条消息从一个处理器传到另一个处理器；⑥ 在网络容限范围内，点到点传送一条消息的时间为（2O + L）；⑦ 若 LogP 模型中的 L、O、G 都为 0，那么 LogP 模型则等同于 PRAM 模型。

LogP 模型在实际应用中也存在着一些问题：首先，网络延迟 L 与网络负载几乎呈指数关系，这种非线性增长很难用一个参数来刻画；其次，因为 L 的欠准确性，依据 LogP 模型设计的最优并行算法的处理机利用率和通信效率就可能不是最佳；再次，与开销 O 相比，网络延迟 L 较小，为使通信与计算进行有限的重叠，设计算法时需进行复杂的任务分配和细致的通信同步。

表 2 - 5 针对上述三种并行计算模型的属性进行了比较。

表 2 - 5　　　　　　　　　　　并 行 计 算 模 型 比 较

并行计算模型	PRAM	BSP	LogP
体系结构	SIMD - SM MIMD - SM	MIMD - DM	MIMD - DM
计算模式	同步	异步	异步
同步方式	自动同步	路障同步	隐式同步（消息传递）
模型参数	单位时间同步	w：最大计算时间 g：单位消息传递时间 h：超步中最大通信量 l：同步时间	L：消息通信延迟 O：收发消息额外开销 G：通信宽带因子 P：处理器个数
计算粒度	细粒度/中粒度	中粒度/粗粒度	中粒度/粗粒度
通信方式	读/写共享变量	发送/接收消息	发送/接收消息
地址空间	全局地址空间	单/多地址空间	单/多地址空间

基于上述三种模型的扩展和改进，还提出了一些其他的并行计算模型，如介于共享存储与基于消息传递的分布存储系统之间的桥梁模型 BDM（block distributed model），以及考虑高性能可扩展网络的计算机系统，适合粗粒度并行的 C3 模型等。

2.4.4 并行计算编程模型

并行计算的最终目的是在并行计算机上将一个应用分解成多个子任务，并分配给不同的处理器，各处理器之间相互协同，并发执行，从而达到加速求解大规模计算任务的效果，其中并行算法设计起着至关重要的作用。为了实现并行算法设计，除了考虑并行计算机体系结构模型和计算模型之外，计算的并行处理方式以及在此基础上的并行编程模型也是十分重要的基本条件。

1. 并行处理方式

根据并行计算任务的特性，并行计算从根本上可以分为数据并行处理方式和任务并行处理方式两种。将这两种处理方式结合起来的技术称为流水线技术。

（1）数据并行处理方式。该处理方式基于大规模计算任务的数据并行性，即有大量数据需要处理，将这些数据进行分解并交给多个处理器进行处理，以实现一种数据并行编程方法。多年来，这一直是超级计算机最擅长的领域。

（2）任务并行处理方式。该处理方式是基于并行计算任务的任务并行性。任务并行性是指计算任务包含有多个需要完成的子任务。例如，针对一个数据集，需要求解该数据集的最大值、最小值和平均值，可以让不同的处理器针对该数据集分别计算不同值的答案。因此，任务并行处理方式不是通过数据分解，而是对任务进行分解，让不同的处理器同时工作，执行不同的子任务。

（3）流水线技术。在数据并行和任务并行的基础上，将两种处理方式结合往往可以达到更高效的并行处理结果，较为常见的即流水线技术。流水线技术是指在程序执行时多条指令重叠进行操作的一种并行处理实现技术，属于在时间维度上的并行处理方式。流水线技术将程序中的每条指令分解为多步，并让各步操作重叠，各步指令仍是顺序执行，但可在当前指令步骤尚未执行完时，提前启动后续的其他指令步骤，从而实现指令的并行处理，这样显然可以加速程序的运行过程。

流水线技术更适应于大数据量、大计算量的并行计算任务。这也是当前并行计算，特别是云计算环境下所应对计算任务的实际特点。运用数据、任务综合并行处理方式，不再局限于并行计算过程中的数据分解或者任务分解，而可以将两者同时分解。在云计算中使用的主流并行处理技术（如 MapReduce），即基于这样的思想，将数据并行与任务并行相结合。

2. 并行编程模型

并行编程模型指导如何在并行机提供的并行编程环境上具体实现并行算法，编制并行程序并运行，从而达到并行求解计算任务的目的。

根据不同的并行处理方式可以得到各个并行编程模型。数据并行处理方式对应的并行编程模型即为数据并行模型；而对应任务并行处理方式的并行编程模型包括共享存储模型和消息传递模型；将数据并行和任务并行两种处理方式结合起来，则正对应了云计算中主流的并行编程框架（平台），如 MapReduce 或 S4。

（1）数据并行模型。数据并行模型的工作主要是操纵数据集。数据集一般都是类似数组的典型通用数据结构，并依照数据结构划分为子数据集，分配给不同的处理器执行计算操作，各处理器处理各自的数据，其执行的操作都是相同的，例如，给每个数组元素加 4。在共享存储体系结构上，所有的处理器的计算任务都是在全局存储空间中访问数据；在分布式存储体系结构上，数据都是从处理器的本地存储空间中分离出来。

数据并行模型的特点可归纳为：① 单线程，基于 SIMD 或 SPMD 系统类型；② 各处理器上的并行计算操作同步执行；③ 并行计算的协同体现在数据子集的划分和计算结果的聚合。

数据并行模型的代表技术有 HPF 编程语言（high performance fortran）。

（2）共享存储模型。共享存储模型基于并行计算任务并行处理方式。在该编程模型中，各处理器运行多个进程以执行多个子任务，各进程间可以异步读写共享统一的内存地址空间。共享存储的访问控制机制可使用锁或信号量。使用该模型，由于其支持数据的共享存储，则程序员可进行简单的数据通信，使并行程序开发得以简化。但其性能上的缺点在于难于理解和管理数据的本地性问题，在处理器个数较多时，其并行性能明显不如消息传递并行编程模型，可移植性和可扩展性也不如消息传递模型。

共享存储模型的特点归纳如下：① 基于线程级细粒度并行，基于 MIMD（MPMD）系统类型，仅被 SMP 和 DSM 并行机支持；② 处理器上计算操作异步执行；③ 共享存储，具有统一的地址空间；④ 各进程访问共享存储以进行相互通信。

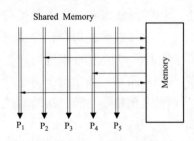

图 2 - 25　共享存储模型
进程执行过程示意图

共享存储模型进程执行过程的示意图如图 2 - 25 所示。

共享存储模型的代表包括 OpenMP 模型、X3H5 模型和 POSIX 线程模型。

（3）消息传递模型。消息传递模型同样基于并行计算任务并行处理方式。该模型只支持进程间的分布存储模式，处理器上执行子任务的进程只能直接访问其局部内存空间，对其他进程的局部内存空间的访问只能通过消息传递来实现，即多个进程之间通过发送和接收消息来进行数据通信，而数据通信通常需要各处理器协调操作来完成，例如一个发送操作需要一个接收操作来配合。消息传递模型具有很好的可移植性和可扩展性，但基于消息传递的并行编程难度均大于共享存储和数据并行两种编程模式。

消息传递模型的特点可归纳为：① 基于大粒度的进程级并行，基于 MIMD（MPMD）系统类型，被主流的各类并行机支持，通用性较好；② 处理器上计算操作异步执行；③ 分布式存储，独立的地址空间；④ 各进程通过网络传递消息、互相通信。

消息传递模型进程执行过程的示意图如图 2 - 26 所示。

消息传递模型的核心为进程间消息传递机制，代表技术有 PVM（parallel virtual

machine）和 MPI（message passing interface）。同时，由于消息传递模型通用性好、适用大粒度并行计算、适应多处理器并发和分布式存储运行环境的特性，其更适合大规模可扩展的并行计算开发，是传统并行算法设计所采用的主要模型。

针对传统并行机上的三种并行编程模型，表 2-6 从它们的并行粒度、并行操作方式、数据存储模式、数据通信方式、典型代表、适应并行机系统、可扩展性和并行开发难度等方面进行了全面的比较。

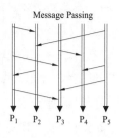

图 2-26　消息传递模型进程执行过程示意图

表 2-6　　　　　　　　　　　　　三种并行编程模型主要特征比较

并行编程模型	数据并行模型	共享存储模型	消息传递模型
并行粒度	单线程，进程级细粒度	多线程，线程级细粒度	多线程，进程级大粒度
并行操作方式	松散同步	异步	异步
数据存储模式	共享存储/分布式存储	共享存储	分布式存储
数据通信方式	隐式	访问共享存储	通过网络传递消息
典型代表	HPF	OpenMP	PVM、MPI
适应并行机系统	SMP、DSM、MPP	SMP、DSM	所有流行并行机
可扩展性	一般	较差	较好
并行开发难度	容易	相对较易	相对较难

（4）云计算并行编程框架。面对日益复杂的并行计算任务，并行编程也承受越来越重的并发性管理负担，需要解决诸如任务调度、数据分布、进程同步、进程间通信、稳定性、容错等基础性问题，还有互斥锁、条件变量、路障、工作流等编程构造问题，以及死锁、活锁、数据饥饿、优先级倒转等其他常见问题。针对这些问题云计算的并行编程框架应运而生，为并行编程提供更简单、高效的编程方式。

MapReduce 是 Google 公司提出的一种应对海量数据处理的并行编程方式，用于大规模数据集的并行计算。其借鉴了从函数式编程语言和矢量编程语言而来的"Map（映射）"和"Reduce（规约）"的概念思想。其把对数据集的大规模操作分发给一个主节点管理下的各分节点来共同完成，一方面对数据集进行了划分，另一方面通过各节点执行任务的不同实现任务的划分，最终以这种方式达到可靠执行大规模数据集计算任务的目的。正是由于其具有函数式和矢量编程语言的共性，MapReduce 编程模式特别适合于海量数据的搜索、挖掘、分析和机器智能学习等。

S4（simple scalable streaming system）流计算平台提供了一种通用的、分布式的、可扩展的、部分容错的、可插拔的高性能并行计算编程方式，最早由 Yahoo 研究人员提出。其核心平台用 Java 实现、开源，为并行处理系统应用开发提供服务，减少了开发中的复杂性。开发者可以在该平台上开发应用，处理不间断的无边界的流数据，可在运用数据挖掘和机器学习算法的搜索应用中使用 S4 解决实际问题。S4 作为分布式流计算平台，可运用于大规模的、高速率且动态数据输入的并行计算应用中。

与上述三种传统并行编程模型根据并行处理方式而区分有所不同，面对不断增大的计算量，云计算并行编程框架不再单纯地采用数据并行处理或任务并行处理，而是将两种并行处理方式相结合，例如，MapReduce可看作数据并行模型和任务并行的共享存储模型的结合，分布式流计算平台S4是数据并行模型和任务并行的消息传递模型相结合。

2.5 信息安全

2.5.1 云计算安全

目前，各个公司所部署和开发的云计算业务运行还不够稳定，部分云计算业务提供商频繁地出现数据安全方面的问题，加剧了用户在数据安全和隐私保护方面对使用云计算业务和相关应用方面的忧虑。从目前云计算的发展来看，用户数据的安全、用户隐私信息的保护问题、数据的异地存储以及云计算自身的稳定性等诸多安全和云计算监管方面的问题，直接关系到云计算业务被用户的接受程度，进而成为影响云计算业务发展的最重要因素。为此，现阶段云计算安全研究成为云计算应用发展中最重要的研究课题之一，得到了越来越多的关注。

云计算在带来规模经济、高可用性益处的同时，其核心技术特点（虚拟化、资源共享、分布式等）也决定了它自诞生之日起就在安全性上存在着天然隐患。所谓云安全，主要包含两个方面的含义：① 云自身的安全保护，也称为云计算安全，包括云计算应用系统安全、云计算应用服务安全、云计算用户信息安全等，云计算安全是云计算技术健康可持续发展的基础；② 使用云的形式提供和交付安全，即云计算技术在安全领域的具体应用，也称为安全云计算，即基于云计算的、通过采用云计算技术来提升安全系统的服务效能的安全解决方案，如基于云计算的防病毒技术、挂马检测技术等。

针对云安全，目前研究方向主要有三个：① 云计算安全，主要研究如何保障云自身及其上的各种应用的安全，包括云计算平台系统安全、用户数据安全存储与隔离、用户接入认证、信息传输安全、网络攻击防护及合规审计等；② 安全基础设置的云化，主要研究如何采用云计算技术新建、整合安全基础设施资源及优化安全防护机制，包括通过云计算技术构建超大规模安全事件、信息采集与处理平台，实现对海量信息的采集、关联分析及提升全网安全态势把控及风险控制能力等；③ 云安全服务，主要研究各种基于云计算平台为客户提供的安全服务，如防病毒服务等。

对云安全研究最为活跃的组织是云安全联盟（cloud security alliance，CSA）。CSA作为业界认可的云安全研究论坛，在2009年12月17日发布了一份云计算服务的安全实践手册——《云计算安全指南》，总结了云计算的技术架构模型、安全控制模型以及相关合规模型之间的映射关系。根据CSA提出的云安全控制模型，"云"上的安全首先取决于云服务的分类，其次是"云"上部署的安全架构以及业务、监管和其他合规要求。对这两部分内容进行差距分析，就可以输出整个"云"的安全状态以及如何与资产的保障要求相关联。

2010年3月云安全联盟又发表了其在云安全领域的最新研究成果——《云计算首要安全威胁1.0版》（top threats to cloud computing V 1.0），希望协助企业更了解云计算的风险，进而在云端策略上做出更好的风险管理决策。其主要内容如下：云计算的滥用、恶用、拒绝服务攻击、不安全的接口和 API，恶意的内部员工，共享技术产生的问题，数据泄露，账号和服务劫持及未知的安全场景。

CSA 报告对 2013 年云计算的一些威胁进行了排名，前三大威胁是数据泄露、数据丢失和账户劫持。在 RSA 大会的年度首脑会议上，CSA 发布了这份由其 Top Threats Working Group 汇编的排行榜，旨在对企业和他们的风险管理决策方面提供帮助。

依据 CSA 提出的技术观点，国际上一些组织和机构如 CAM（common assurance metric beyond the cloud）、微软以及国内的绿盟科技等也在云安全领域进行了系列探索，如云计算安全技术体系框架研究、云安全技术解决方案研究等。从整体上来说，国际上关于云计算安全问题的研究也是刚刚起步，虽然很多的组织和机构都在积极地对云计算的安全问题进行分析和研究，但主要是 CSA 以及微软、谷歌、亚马逊等几个为数不多的组织和机构能够比较清晰地提出各自对云计算安全问题的基本认识以及关于云计算安全问题的初步解决方案。

（1）微软。微软的云计算平台称为 Windows Azure。在 Azure 上，微软通过采用强化底层安全技术性能、使用所提出的 Sydney 安全机制以及在硬件层面上提升访问权限安全等系列技术措施为用户提供一个可信任的云，从私密性、隔离、加密、数据删除、完整性、可用性和可靠性七个方面来保证云安全。

1）私密性：Windows Azure 通过身份和访问管理、SMAPI（服务管理 API）身份验证、最少特权用户软件、内部控制通信量的 SSL 双向认证、证书和私有密钥管理及存储访问控制机制保证用户数据的私密性。

2）隔离：把不同的数据适当地进行隔离，作为一种保护方式。微软提供了管理程序，Root OS 和 Guest VMs 的隔离、Fabric Controllers 的隔离、包过滤、VLAN 隔离及用户访问的隔离五种隔离方式给用户数据提供保护。

3）加密：在存储和传输中对数据进行加密，确保数据的保密性和完整性。此外，针对关键的内部通信，使用 SSL 加密进行保护。作为用户的选择之一，Windows Azure SDK 扩展了核心 .NET 类库以允许开发人员在 Windows Azure 中整合 .NET 加密服务提供商（CSPs）。

4）数据删除：Windows Azure 的所有的存储操作，包括删除操作被设计成即时一致的。一个成功执行的删除操作将删除所有相关数据项的引用，使它无法再通过存储 API 访问，所有被删除的数据项在之后被垃圾回收。正如一般的计算机物理设备，物理二进制数据在相应的存储数据块为了存储其他数据而被重用的时候会被覆盖掉。

5）完整性：微软的云操作系统以多种方式来提供这一保证。对客户数据完整性保护的首要机制是通过 Fabric VM 设计本身提供的，每个 VM 被连接到三个本地虚拟硬盘驱动（VHDs）：D 驱动器包含了多个版本的 Guest OS 中的一个，保证了最新的相关补丁，并能由用户自己选择；E 驱动器包含了一个被 FC 创建的映像，该映像是基于用户提供的程序包；C 驱动器包含了配置信息，paging 文件和其他存储。另外存储在读/写 C 驱动中的配置文件是另一个主要的完整性控制器。至于 Windows Azure 存储，完整性是通过使用简单的访问控制模型来实现的。每个存储账户有两个存储账户密钥来控制所有对在存储账户中数据的访问，因此对存储密钥的访问提供了完全的对相应数据的控制。Fabric 自身的完整性在从引导程序到操作中都被精心管理。

6）可用性：Windows Azure 提供了大量的冗余级别来提升最大化的用户数据可用性。数据在 Windows Azure 中被复制备份到 Fabric 中的三个不同的节点来最小化硬件故障带来的影响。用户可以通过创建第二个存储账户来利用 Windows Azure 基础设施的地理分布特性达到热失效备援功能。

7）可靠性：Windows Azure 通过记录和报告来让用户了解这一点。监视代理（MA）从包括 FC 和 RootOS 在内的许多地方获取监视和诊断日志信息并写到日志文件中，最终将这些信息的子集推送到一个预先配置好的 Windows Azure 存储账户中。此外，监视数据分析服务（MDS）是一个独立的服务，能够读取多种监视和诊断日志数据并总结信息，将其写到集成化日志中。

（2）谷歌。2010 年，为使其安全措施、政策及涉及谷歌应用程序套件的技术更透明，谷歌发布了一份白皮书，向当前和潜在的云计算客户保证强大而广泛的安全基础。此外，谷歌在云计算平台上还创建了一个特殊门户，供使用应用程序的用户了解其隐私政策和安全问题。谷歌的云计算平台上主要从三个部分着手保障云安全。

1）人员保证：谷歌雇佣一个全天候的信息安全团队，负责公司周围的防御系统并编写文件，实现谷歌的安全策略和标准。

2）流程保证：应用要经过多次安全检查，作为安全代码开发过程，严格控制应用开发环境并认真调整到最大的安全性能。此外，有规则地实施外部的安全审计以提供额外的保障。

3）技术保证：为降低开发风险，每个 Google 服务器只根据定制安装必需的软件组件，而且在需要的时候，均匀的服务器架构能够实现全网的快速升级和配置改变。数据被复制到多个数据中心，以获得冗余的和一致的可用性。在安全上，实现可信云安全产品管理、可信云安全合作伙伴管理、云计算合作伙伴自管理、可信云安全的接入服务管理及可信云安全企业自管理。在可信云安全系统技术动态 IDC 解决方案中，采取面向服务的接口设计、虚拟化服务、系统监控服务、配置管理服务、数据保护服务等方法，实现按需服务、资源池、高可扩展性、弹性服务、自服务、自动化和虚拟化、便捷网络访问及服务可度量等特点。

（3）亚马逊。亚马逊为独立开发人员以及开发商提供云计算服务平台。亚马逊是最早提供远程云计算平台服务的公司，其云计算平台称为弹性计算云（elastic compute cloud，EC2）。亚马逊从主机系统的操作系统、虚拟实例操作系统、客户操作系统、防火墙及 API 呼叫多个层次为 EC2 提供安全，目的就是防止亚马逊 EC2 中的数据被未经认可的系统或用户拦截，并在不牺牲用户要求的配置灵活性的基础上提供最大限度的安全保障。EC2 系统主要包括以下四个组成部分：

1）主机操作系统。具有进入管理面业务需要的管理员被要求使用多因子的认证以获得目标主机的接入。这些管理主机都被专门设计、建立、配置和加固，以保证云的管理面的所有接入都被记录并审计。当一个员工不再具有这种进入管理面的业务需要时，对这些主机和相关系统的接入和优先权被取消。

2）客户操作系统。虚拟实例由用户完全控制，对账户、服务和应用具有完全的根访问和管理控制。AWS 对用户实例没有任何的接入权，不能登录用户的操作系统。AWS 建议了一个最佳实践的安全基本集，包括不再允许只用密码访问他们的主机，而是利用一些多因子认证获得访问他们的例子。另外，用户需要采用一个能登录每个用户平台的特权升级机制。例如，如果用户的操作系统是 Linux，在加固他们的实例后，他们应当采用基于认证的 SSHv2 来接入虚拟实例，不允许远程登陆，使用命令行日志，并使用"sudo"进行特权升级。用户应生成他们的关键对以保证他们独特性，不与其他用户或 AWS 共享。

3）防火墙。亚马逊 EC2 提供了一个完整的防火墙解决方案，这个归本地的强制防火墙配置在一个默认的 deny-all 模式下，亚马逊 EC2 顾客必须明确地打开允许对内通信的端口。通信可能受协议、服务端口以及源 IP 地址的限制。防火墙可以配置在组中，允许不同等级的实例有不同的规则。

4）实例隔离。运行在相同物理机器上的不同实例通过 Xen 程序相互隔离。另外，AWS 防火墙位于管理层，在物理网络接口和实例虚拟接口之间。所有的包必须经过这个层，从而保证一个实例附近的实例与网上的其他主机相比，没有任何多余的接入方式，并可认为它们在单独的物理主机上。物理 RAM 也使用类似的机制进行隔离，客户实例不能得到原始磁盘设备，而是提供虚拟磁盘。AWS 所有的磁盘虚拟化层自动复位用户使用的每个存储块，以便用户的数据不会无意地暴露给另一用户。AWS 还建议用户在虚拟磁盘之上使用一个加密的文件系统，以进一步保护用户数据。

随着云计算部署和实施规模的日益扩大，对"云"安全的研究及技术解决方案的探索将持续深入。微软、谷歌、亚马逊等 IT 巨头们以前所未有的速度和规模推动云计算的普及和发展，而云安全技术推出的时间不长且网络威胁是动态变化的，所以云安全技术处于不断研发、完善和前进的过程中。

2.5.2　云安全服务

云安全服务的出现，颠覆了传统安全产业基于软硬件提供安全服务的模式，降低了企业部署安全产品的成本，使更多的企业可以享受到安全服务。然而，云安全服务目前仍主要面向于中小企业，对于大型企业来说考虑使用云安全服务的还是很少。而云安全服务还有一个问题是关于隐私的问题，这也是很多企业在选择云安全服务时最大的顾虑，成为目前阻碍云计算发展的最大阻力。

"云安全（cloud security）"计划是网络时代信息安全的最新体现，它融合了并行处理、网格计算及未知病毒行为判断等新兴技术和概念，通过网状的大量客户端对网络中软件行为的异常监测，获取互联网中木马、恶意程序的最新信息，传送到 Server 端进行自动分析和处理，再把病毒和木马的解决方案分发到每一个客户端。

未来杀毒软件将无法有效地处理日益增多的恶意程序，来自互联网的主要威胁正在由电脑病毒转向恶意程序及木马。在这样的情况下，目前的特征库判别法面临着较大的挑战。云安全技术应用后，识别和查杀病毒不再仅仅依靠本地硬盘中的病毒库，而是依靠庞大的网络服务，实时进行采集、分析以及处理。

由安全服务器、数千万安全用户就可以组成虚拟的网络，简称为"云"。病毒针对"云"的攻击，都会被服务器截获、记录并反击。被病毒感染的节点可以在最短时间内，获取服务器的解决措施，查杀病毒，恢复正常。这样的"云"，理论上的安全程度是可以无限改善的。

"云"最强大的地方，就是抛开了单纯的"客户端"防护的概念。传统客户端被感染，杀毒完毕之后没有进一步的信息跟踪和分享。而"云"的所有节点，是与服务器共享信息的。中毒后服务器就会记录，在帮助处理的同时，也把信息分享给其他用户，使他们不会被重复感染。于是这个"云"笼罩下的用户越多，"云"记录和分享的安全信息也就越多，整体的用户也就越强大。要想建立"云安全"系统并使之正常运行，需要海量的客户端（云安全探针）。只有拥有海量的客户端，才能对互联网上出现的病毒、木马、挂马网站有最灵敏的感知能力。

有了海量客户端的支持，还需要专业的反病毒技术和经验，同时还要加上大量的资金和技术投入。而且这个云系统必须是开放的系统，可以同其他大量的相关合作伙伴共享探针。这样的开放性系统，其"探针"与所有软件完全兼容，即使用户使用其他网络安全产品，也可以共享这些"探针"，这样才能给整个网络带来最大的安全。

对于提供商来说，提供云安全服务的收益和价值体现为三方面：第一，由于云安全服务往往是基于互联网的，因此可以非常便捷地接触到客户，特别是新客户。在云安全服务的框架下，原则上是不区分网内与网外客户的。换句话说，A 服务提供商完全可以通过云安全服务将 B 的客户纳入其安全业务覆盖范围内，这对于电信运营商尤其具有吸引力。第二，降低业务交付过程中的开销。基于互联网的云安全服务的交付成本是很低的，互联网可达的地方就是可交付的所在。第三，依托差异化服务寻求更多的利润增长点。云安全服务是依托互联网开展的增值数据业务，在"一切依托互联网"的趋势下，为已投入大量资金用于自身安全建设的企业，提供了将安全支撑变为盈利的新思路和难得的机遇。

云安全服务提供商需要考虑两个非常现实的问题：① 如何与客户签订适当而合理的 SLA 协议，这与客户的担心类似。提供商往往与第三方安全厂商合作推出云安全服务，提供的是一个运营平台而不是安全防护技术和设备，防护效果和设备稳定性都是运营商需要面对的风险。② 如何规避前向收费价格战，这不仅仅是商业模式的问题，无论采用哪一种收费模式（pay per use 或 pay per month），都存在前向收益的挑战，用户更倾向于价格便宜的服务。如何说服用户购买一个更好而不是更便宜的服务，是服务提供商必须仔细思考的问题。

从国外云安全开展的案例来看，运营商由于其网络和渠道优势，毫无疑问地走在业界的最前面。运营商开展云安全增值服务不是偶然，互联网的蓬勃发展，加速了运营商从单一的"管道"提供商向综合服务提供商转变的进程，与互联网结合的数据业务成为运营商的核心业务和最主要的利润增长点。在云计算方面，国外运营商在几年前就以增值服务的方式推出了基于云的存储和企业管理。云安全服务作为云计算的一种独特业务很早就得到了运营商的关注。

事实上，国外运营商以云安全服务的方式提供安全增值业务，可以追溯到早在2007年就开始尝试采用"云"的方式为其用户提供安全保护服务。例如 AT&T 公司，从2007年开始与 ScanSafe 公司合作，推出基于 SaaS 模式的云安全服务。采用 AT&T 云安全服务的企业，其上网流量被重定向到部署在数据中心的 ScanSafe 平台上。平台系统对用户的上网流量进行检查，保证用户访问的网站和诸如电子邮件等的应用是安全的。2010年，NTT Com 采用与 AT&T 完全不同的服务内容和模式推出商务安全漏洞管理，向其企业用户提供远程脆弱性（漏洞）评估的服务。云安全服务提供商在其商业运营中遇到这样或那样的问题，其核心的问题在于客户信息保护、收费以及云安全服务的交付效果上。一方面，和其他数据业务一样，"越便宜越好"的逻辑并不完全适用云安全业务，一个丰富而完整的云安全解决方案无论对于服务提供者还是使用者都是收益的最大保证；另一方面，云安全服务是大势所趋，虽然当前技术和市场上仍存在不少问题和挑战，但是前途仍是光明的。

3 云计算标准

3.1 云计算标准化需求

当前，云计算缺乏统一的标准规范，各产品和解决方案在互操作上难以兼容，未形成成熟的产业链。各企业为了自身的云计算业务发展，纷纷推出不同的平台和服务标准，极大地阻碍了云计算硬件通用性和替代性及软件适应性和继承性的发展，使得云服务提供商和用户的利益与长期稳定发展得不到有效保证。

公认的云服务模式有三种：① 软件即服务（SaaS），即为用户提供运行在云基础设施上的应用程序的使用能力；② 平台即服务（Paas），即为用户提供将用户开发或购买的应用程序部署到云基础设施的能力；③ 基础设施即服务（IaaS），即为用户提供处理、存储网络和其他基本计算资源。三个层次的发展情况各不相同，对标准化的需求也各有差异。

（1）SaaS 的标准化需求分析。SaaS 是通过互联网向用户提供软件应用服务的业务形式。不过市场还没有形成 SaaS 的明确概念，对 SaaS 缺乏统一的认证和判断标准。SaaS 的标准化工作是在软件业标准制定的基础上发展而来的，其标准化需求包括以下四个方面：

1）为保障实施质量所依据的标准尺度和评价手段；

2）推进软件产品和服务得到用户的信赖和接纳；

3）统一软件行业的概念、业务模式等，对每类技术和产品进行统一规范；

4）行业总体规划信息化，规范市场，避免给国家安全带来隐患。

（2）PaaS 的标准化需求分析。PaaS 是云计算中的"高端产业"和未来互联网创新的重要源泉，也是新互联网商业模式中的关键环节。其目的是为互联网业务开发者及用户提供开发平台和运行环境，作用类似于计算机的操作系统，用户可以简单的方式开发互联网应用供自己使用。尽管对 PaaS 的预期很高，但其在世界范围内还处于起步阶段，需要标准化的内容很多，如用户接口、开发者和平台接口及平台互通等。由于当前具体的大规模 PaaS 业务还未出现，标准化的工作尚处于规划阶段。

（3）IaaS 的标准化需求分析。IaaS 是云计算中的基础业务形式，是物理资源的虚拟化提供，涉及硬件设备、管理系统和软件系统等多个层面，因此需要标准化的层面也比较多。具体来说，首先是物理环境的标准化，如机房、电力、空调、温度湿度、设备布置、走线及中控等；向上一层是业务设备的标准化，如包括二层三层的数据交换、服务器及分布式存储等网络设备；再向上一层则是物理设备的管理和控制、计算与存储等资源的管理和调度等；另外一层则是同用户和其他 IaaS 系统的接口，系统的安全等也都需要进行标准化。此外，IaaS 提供商还应具备完善的业务审计、安全保障及服务规范等多方面的能力。

综上所述，云计算的标准化涉及云服务的三层架构，而需要制定的标准类型将会覆盖云计算的各个层面，包括技术、产品、实施、测评及安全等。在云计算迅猛发展的今天，其建设标准和应用标准的制定需求显得非常急迫。因此，必须尽快制定具有自主知识产权的云计算标准，充分发挥云计算低成本、低能耗等各种优点，才能推动云计算在各行各业应用的落地进程。

3.2 云计算的标准化现状

3.2.1 国际云计算标准化现状

当前国际上最典型的两个云计算标准是开放虚拟化格式（open virtualization format，OVF）和 vCloud API。OVF 是 VMware 领导业界厂商一起提交，经过分布式管理任务组（DMTF）三年整理，于 2010 年 9 月批准的业界云负载标准。VMware 的管理软件包都遵循该格式规范进行发布，而且越来越多的软件开始参考 OVF 格式规范。vCloud API 是一个云访问控制 API 标准，由 VMware 和众多业界厂商于 2009 年 9 月向 DMTF 提交。

分布式管理任务组（DMTF）开发了云计算互操作与安全标准，并于 2009 年推出了开放云标准孵化器项目（open cloud standards incubator，OCSI）来解决云计算对开放管理标准需求的难题。美国国家标准技术研究院（NIST）致力于促进美国创新与产业竞争，通过更为先进的计量科学、标准与技术来加强经济安全。开放云联盟（OCC）是成员驱动型组织，意在开发云计算的参照实例、基准以及标准。开放网格论坛（OGF）是一个驱动分布式计算快速发展与推广应用的开放社区，完成了从搭建开放社区、探索趋势、分享最佳实践到整合实践形成标准的各项工作。此外，OGF 还建立了开放云计算接口工作组，针对云基础设施推出了一套开放社区、共识驱动的 API。美国存储网络产业协会（SNIA）已经担负起促进开发存储需求与技术、全球标准以及存储教育的责任。云安全联盟（CSA）公布了云计算在一些关键领域的安全指南。云计算互操作论坛（CCIF）是一个中立于供应商的开放社区技术的支持者兼使用者，致力于驱动全球云服务的推广。针对云计算标准协调的 WIKI 站点，文档化了各种标准化组织在云计算方面发布的标准和指南。

众多专利与开放 API 被提出，以提供基础设施及服务（IaaS）之间的互操作。除 OVF 和 vCloud API 两个标准外，GoGrid API 也被提交给 Open Grid Forum 的开放式云计算接口（OCCI）工作小组，但由于在实现行业重大备份上效果不佳而未被采纳。Oracle 公司在它的甲骨文技术网络（oracle technical network，OTN）上公布了 Oracle Cloud API，Oracle Cloud API 基本上与 Sun Cloud API 相似，稍微有一些改进之处。并于 2010 年 6 月把这套 API 提交给了 DMTF，但这个提交计划没有引起 IT 界过多关注。RedHat 公司于 2010 年 8 月向 DMTF 提交了 DeltaCloud API 作为云计算互操作的标准。这是一套开放的 API，可以在不同私有云和公共云服务提供商之间迁移工作负荷。RedHat 把 DeltaCloud 作为一个孵化项目贡献给了 Apache 软件基金会。DeltaCloud 试图抽象云服务提供商和云工具来帮助应用者与开发者，在编写应用时，只需调用简单的 API 就可获得所需响应，从而忽略后台。Rackspace Cloud API 已经成为开源 API，并被融入 OpenStack。最后，Amazon EC2 API 被多数人视为事实上的公共云计算标准。据目前所知，它还没有提交给任何开放标准组织。

从长远角度来看，云业务的可移植性、云平台的互操作性及安全性是推动云计算产业发展的重要保证。云计算用户希望能够灵活地创建新的数据和应用，并能够方便地实现转移，而不管基础设施由谁提供（无论是公共云、企业防火墙内的私有云、传统的IT环境，还是三者的组合）。因此，云服务提供商需要具备标准的互操作接口，使云计算用户可以将任何云服务提供商的能力纳入其解决方案。如果没有标准，收回云中运转系统或者更换云服务提供商就会受限。所以，业务可移植性、平台互操作性以及安全性是目前标准化的重点，如DMTF、OGF、NIST及CSA等组织都在关注这方面的内容。

3.2.2 国内云计算标准化现状

在2009年之前，国内云计算基本处于概念引入阶段。从2009年以后，国内云计算开始进入实质发展阶段。从政府到基础电信运营商、互联网公司和设备提供商纷纷转向云计算产品的研发，并开始小规模地推出面向用户的云计算产品。但我国的云计算产业仍处于起步阶段，标准化需求还不十分清晰。

当前，国内的云计算标准化工作主要是对国际标准化组织云计算标准的梳理和国内云计算商业应用的调研，并以此规划国内的云计算标准体系及云计算标准制定工作。同时，国内也正在积极参与国际云计算标准化相关工作，并把云计算相关研究成果提交到了国际标准化组织。

2008年，中国通信标准化协会（CCSA）的TC1 WG4就开始对云计算进行广泛深入地跟踪和研究，同时移动互联网应用协议特别组（TC2）也开展了云计算相关标准的研究工作。WG4的工作范围包括：① IP与多媒体新技术和热点问题的前瞻性研究、IP与多媒体新技术评估、IP与多媒体新技术标准化研究等，向相关组织提交文稿；② 跟踪IP与多媒体领域国际标准化活动，协调各成员单位所提交的国际标准提案的内容。

TC1 WG4把云计算标准的制定集中在基础设施、IaaS、PaaS、SaaS四个层次，按标准范围主要分为服务规范、技术架构、公共支撑三个方面。从平面结构来看，云计算标准体系架构首先需要建立一系列基础标准，对云计算的术语、定义、需求及业务场景等进行明确和定义。对不同的业务层面都需要建立相应的运营服务规范、技术架构（架构、协议与关键技术）标准和公共支撑性标准体系。根据不同层面的特点，具体标准体系的内容会有较大不同。

从公共支撑体系的角度，对不同业务层面也要制定相应的安全、部署及数据迁移等标准。此外，对于云计算整体的术语、定义、业务需求及场景等还需要一系列的先导标准。云计算的软件开发规范、元数据定义等方面也需要有单独的标准体系来进行规定。

（1）云计算相关的标准制定。根据上述分析，TC1 WG4研究制定的规范预期包括云计算与电信网络和互联网相结合的应用场景与技术需求、技术架构、核心技术、业务平台规范、典型业务的实现规范、设备技术要求与检测规范等。

（2）互联网数据中心（IDC）的标准制定。IDC是由网络设施、IT设施、机房环境、业务支撑系统等共同构成的完整体系，从技术角度来看主要包括四个层次：

1）机房基础设施：包括机房建设、内部布线、电力保障、制冷系统、绿色节能等技术内容。

2）网络及IT基础设施：由交换机、路由器、防火墙等网络设备组成的内部网络为

IDC 提供网络保障，以服务器、存储设备、存储网络等为主的 IT 资源是 IDC 提供业务的基础资源。随着云计算等新业务的发展，对 IDC 的网络及 IT 基础设施也提出了网络融合、无拥塞转发等新的要求。

3）IDC 业务服务：根据电信业务分类目录，IDC 可以提供设备和其他 IT 资源（如数据库等）代维、出租的服务，以及安全等增值服务。未来云计算等新业务也将依托于 IDC 实现，对 IDC 的服务能力提出了新的要求。

4）运营支撑系统：提供对 IDC 基础环境（如网络、环境、能耗等）的监控，以及对 IDC 业务的支持能力（如资源调度、业务计费等）。

根据 IDC 的技术层次，构建 IDC 的标准体系。目前，对 IDC 的标准化工作是从技术比较成熟且急需的方面入手：

首先，基于目前国内已经发布了 GB/T 50174《电子信息系统机房设计规范》，并参考相应国际标准以及通信行业 IDC 机房的具体需求制定 IDC 的总体技术要求，对 IDC 基础设施、综合布线、机房布局、电源、制冷、环境等方面提出规范要求，从标准角度规范 IDC 的建设。在总体技术要求中也可以考虑加入对运营支撑系统的要求。

其次，IDC 作为一种公众电信服务，应该从标准的角度提出对服务本身的业务质量要求，包括服务能力、用户服务质量要求等，以提高 IDC 的服务水平，保障用户权益。对于 IDC 的业务服务规范，可以根据电信业务分类目录中对 IDC 业务内容的划分制定系列标准。

再次，对于云计算等新兴计算模式所带来的虚拟化技术应用，导致 IDC 的整体技术发生较大的变化，有必要对基于虚拟化技术的数据中心总体技术要求进行研究。另外，根据技术的发展情况及国际标准化进程，可适时对 IDC 中基于虚拟化的网络技术、网络设备进行标准化。对于基于虚拟化的 IDC 业务运营支撑系统，可根据技术及业务的发展情况进行跟踪研究。

在 IDC 从基础设施到业务运维能力进行整体规范化的基础上，应制定 IDC 的综合分级、评估标准，对 IDC 进行科学的分级评估，以促进 IDC 行业向高技术水平、高服务能力、绿色节能的方向发展。另外，对于 IDC 发展过程中所出现的一些新产品类型，如集装箱式 IDC，其对于传统的 IDC 来说相对独立，因此可以单独制定技术标准。

3.3 云计算的标准体系

标准制定的最终目的是规范产品和服务，通过促进市场合作和有序竞争来服务于产业发展。因此，标准制定一定要与产业发展的阶段相适应。具体而言，云计算需要标准化的主要层面包括

（1）云计算互相操作和集成标准，涵盖不同云之间，如私有云和私有云、公有云和公有云、私有云和公有云之间的互操作性和集成接口标准；

（2）云服务接口和应用程序开发标准，主要针对云计算业务层面的交换标准，包括业务层面如何调用、使用云服务；

（3）云计算不同层次之间的接口标准，包括架构层、平台层和应用软件层之间的接口标准；

（4）云服务目录管理、不同云之间无缝迁移的可移植性标准；

（5）云计算商业指标标准，云计算用户提高资产利用率、资源优化和性能优化、

评估性能价格比等方面标准；

（6）云计算架构治理标准，包括设计、规划、架构、建模、部署、管理、监控、运营支持、质量管理和服务水平协议等方面标准；

（7）云计算安全和隐私标准，包括数据的保密性、完整性、可用性以及物理上和逻辑上的标准。

SOA标准工作组在跟踪国外云计算标准化研究布局的基础上，联合国内众多标准化组织、企业、高校和研究所发布了云计算标准体系。如图3-1所示，对该云计算标准体系进行整体介绍。

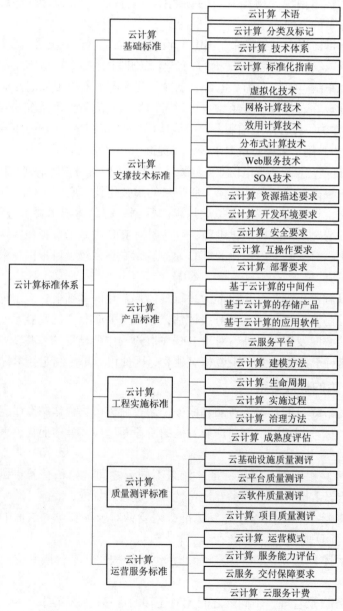

图3-1 SOA标准工作组发布的云计算标准体系

3.3.1 云计算基础类标准

目前，云计算的基础类标准规范主要侧重于概念及架构、标准制定原则、政策法律法规等方面，研究成果较多，如表3-1所示。

表3-1 云计算基础类标准规范研究成果一览表

研究领域		研究组织	研 究 成 果
云计算基础类标准规范	概念及架构（术语、技术体系、分类及标记）	IEEE	—
		ITU	（1）云生态系统介绍：定义、分类和用例〔introduction to the cloud ecosystem：Definitions, taxonomies and use cases（2011.4）〕 （2）功能要求和参考架构〔functional requirements and reference architecture（2011.4）〕 （3）提供基础设施和网络的云〔infrastructure and network enabled cloud（2011.4）〕
		NIST	云计算的NIST定义（草稿）〔the NIST definition of cloud computing（draft）〕
		IETF	—
		ISO/IEC JTC1/SC38	《云计算研究报告》（第1版）
		中国电子学会云计算专家委员会（CIECLOUD）	《云计算白皮书》
		中国电子技术标准化研究所（CESI）	（1）《云计算基本参考模型》 （2）《云计算术语》
		中国移动研究院	云计算技术发展概况
	标准要求（标准化指南）	OMG	OMG云计算标准——建立一种多视角的技术规范（报告）〔OMG cloud computing standards—building a multi-view specification（presentation）〕
		ITSS（中国）	国际标准化及云计算领域工作思考（技术报告）
	*政策法律法规	CCF	—
		KCSA	—

国际电信联盟（ITU）围绕云计算的概念定义与体系架构标准，于2011年4月给出了三个技术报告：《Introduction to the cloud ecosystem：definitions, taxonomies and use cases》、《Functional requirements and reference architecture》、《Infrastructure and network enabled cloud》，其中第一个报告给出了云生态系统的定义、分类和用例，第二个报告规定了云计算的功能要求与参考结构，第三个报告介绍了基础架构和网络使能的云环境；美国国家标准技术研究院（NIST）提供的云计算概念定义标准文档，从云计算的核心思想、关键特征、服务模式和部署模型等角度明确给出了云计算概念的定义，它是目前

业界内认可度最高的一个技术文档；国际标准化组织/国际电工委员会第一联合技术委员会（ISO/IEC JTC1）分布应用平台与服务分技术委员会（SC38）综合各成员国对云计算的理解与认识，汇总成了《云计算研究报告》（第 1 版），提供了对云计算整体把握的文稿；对象管理组织（OMG）倡导从多视图的角度对云计算的标准进行研究，并形成了相关报告。

中国电子学会云计算专家委员会（CIECLOUD）通过对云计算的研究，发布了《2012 云计算白皮书》，对国内云计算发展的总体情况进行了介绍。中国电子技术标准化研究所（CESI）对云计算的模型理论及概念术语的描述界定进行了研究，给出了《云计算基本参考模型》和《云计算术语》两个标准初稿，发布了《云计算标准化白皮书》，了解了当前国内外云计算发展的现状及主要问题，梳理了国际标准组织及协会的云计算标准化工作，总结出云计算的主要支撑技术。中国信息技术服务标准（ITSS）工作组对国际标准化组织的研究情况进行了跟踪，对云计算领域的标准化工作进行了思考，并形成了《国际标准化及云计算领域工作思考》技术报告。

另外，互联网工程任务组（IETF）、美国电气和电子工程师协会（IEEE）、韩国的云计算论坛（CCF）和云服务协会（KCSF）也都围绕云计算的概念定义与体系架构制定相关的标准，不过还没有形成正式文稿。

3.3.2　云计算技术类标准

目前，云计算的技术类标准规范研究主要覆盖虚拟化、网格计算、效用计算、分布式计算、Web 服务、SOA、存储等技术领域以及资源管理、开发环境、互操作、部署、资源能效等管理层面，研究成果最多，如表 3 - 2 所示。

表 3 - 2　　　　　　　　云计算技术类标准规范研究成果一览表

研究领域	研究组织	研究成果
云计算支撑技术标准研究	NIST	—
	DMTF	（1）开放虚拟化格式技术规范（DMTF 标准）［open virtualization format specification（DMTF standard）］ （2）公共信息模型系统虚拟化（白皮书）［common information model system virtualization（white paper）］ （3）开放虚拟化格式（白皮书）［open virtualization format（white paper）］ （4）虚拟化管理（VMAN）：云互操作的一块积木（技术说明）［virtualizationMANagement（VMAN）：a building block for cloud interoperability（technical note）］
	KCSA	—
	SOA 标准工作组（中国）	—

（"虚拟化技术"在"研究领域"第一列与第二列之间，跨 DMTF、KCSA、SOA 标准工作组行，作为"研究组织"的上级分类）

研究领域		研究组织	研 究 成 果
云计算支撑技术标准研究	网格计算技术	OGF	（1）开放云计算接口核心规范（open cloud computing interface core specification） （2）开放云计算接口基础设施规范（open cloud computing interface infrastructure specification） （3）开放云计算接口 HTTP 表示规范（open cloud computing interface HTTP rendering specification）
		KCSA	—
		ETSI	（1）ICT 网络互操作性差距研究（技术报告）〔study of ICT GRID interoperability gaps（Technical Report）〕 （2）ICT 网络互操作性测试框架及现有 ICT 网络互操作性解决方案调研（技术报告）〔ICT GRID interoperability testing framework and survey of existing ICT grid interoperability solutions（Technical Report）〕 （3）ICT 网络互操作性测试框架（技术规范）〔ICT GRID interoperability testing framework（technical specification）〕 （4）网络组件模型（GCM）互操作性测式（技术规范）〔grid component model（GCM）interoperability test（technical specification）〕 （5）网络组件模型（GCM）应用描述（技术规范）〔grid component model（GCM）application description（technical specification）〕 （6）网络组件模型（GCM）分形管理（API）（技术规范）〔grid component Model（GCM）fractal management API（technical specification）〕
	分布式计算技术	国际电信联盟云计算专项工作组（ITU－T FGCloud）	分布式计算：设施、网络和云（技术观察报告）〔distributed computing：utilities, grids & clouds（technology watch report）〕
		CCSA（中国）	互联网云计算与 P2P 技术研究报告
	Web 服务技术	结构化信息标准促进组织（OASIS）	（1）服务分发的标记语言（service provisioning markup language） （2）应用的开放文档格式（open document format for office applications） （3）ebXML 的注册信息模型（ebXML registry information model） （4）统一描述、发现和集成规范，版本 3.0.2（universal description, discovery and integration v3.0.2）
		KCSA	—
		SOA 标准工作组（中国）	Web 服务管理
	SOA 技术	OASIS	SOA 参考模型（SOA reference model）
		SOA 标准工作组（中国）	（1）信息技术　面向服务的体系结构（SOA）术语 （2）信息技术　面向服务的体系结构（SOA）应用的总体技术要求

続表

研究领域	研究组织	研究成果
	美国存储网络工业协会（SNIA）	数据存储中的私有云和混合云管理（白皮书）〔managing private and hybrid clouds for data storage（white paper）〕
	DMTF	（1）云管理架构（白皮书）〔architectures for managing clouds（white paper）〕 （2）云管理的用例和交互（白皮书）〔use cases and interactions for managing clouds（white paper）〕
资源管理（资源描述要求）	ITU	云计算涉及的服务描述对象（SDO）概述〔overview of SDOs involved in cloud computing（2011.4）〕
	OGF	—
	OASIS	（1）症状自动化框架规范（the symptoms automation framework specification） （2）症状框架白皮书（the symptoms framework white paper）
	云计算互操作论坛（CCIF）	资源描述框架RDF（resource description framework）
	ITSS（中国）	—
开发环境要求	—	—
	ITU	
	IEEE	（1）IEEE P2301（云可移植性和互操作性设计指南草案，正在制定） （2）IEEE P2302（云间互操作性与联合标准草案，正在制定）
	开放式群组（TOG）	
	DMTF	可互操作的云（白皮书）〔interoperable clouds（white paper）〕
	开放云联盟（OCC）	—
	ISO/IEC JTC1/SC32	信息技术——互操作性的元模型框架（MFI）〔ISO/IEC 19763系列 Information technology—Metamodel framework for interoperability（MFI）〕
互操作要求	ETSI	网络和云计算技术：通信行业的互操作性和标准化（白皮书）〔grid and cloud computing technology：interoperability and standardization for the telecommunications industry（white paper）〕
	CCIF	统一云接口UCI（unified cloud interface）
	OCM	开放云计算宣言（open cloud manifesto）
	OMG	云标准：开放云（报告）〔cloud standards：opening the clouds（presentation）〕
	全球云间技术论坛（GICTF）	—
	LA/KI	—
	IETF	—

研究领域		研究组织	研究成果
云计算支撑技术标准研究	部署要求	NIST	—
		OMG	—
		ITSS（中国）	—
	存储技术	OGF	云计算的云存储（白皮书）〔cloud storage for cloud computing (white paper)〕
		SNIA	（1）云数据管理接口 CDMI（标准）〔cloud data management interface (standard)〕 （2）CDMI 参考实施工作（试行草稿）〔CDMI reference implementation working (trial-use draft)〕 （3）云存储参考模型（试行草稿）〔cloud storage reference model (trial-use draft)〕 （4）云存储用例，版本 0.5（试行草稿）〔cloud storage use casesv0.5 (trial-use draft)〕 （5）公有云中数据存储的管理（白皮书）〔managing data storage in the public cloud (white paper)〕 （6）云计算的云存储（白皮书）〔cloud storage for cloud computing (white paper)〕 （7）存储优化的虚拟存储接口（白皮书）〔hypervisor storage interfaces for storage optimization (white paper)〕 （8）实施、服务和使用云存储（白皮书）〔implementing、serving and using cloud storage (white paper)〕 （9）云计算的存储多租户（storage multi tenancy for cloud computing）
		中国电子技术标准化研究所	云数据管理接口规范
		中国移动研究院	云存储接口
	资源能效	OGF	—
		绿色网络（TGG）	（1）绿色网格数据中心的电力效率指标：PUE 和 DCiE（白皮书） （2）数据中心的能源策略研究（energy policy research for data centres）
		电信产业协会（TIA）	绿色报告（ICT green report）

　　分布式管理任务组（DMTF）对云计算中虚拟化技术的标准研究最多，共提出 4 个标准。其中，开放虚拟化格式（OVF）规范描述了一个用来封装和分发运行于虚拟机中软件的安全、开放、移植、有效和可扩展的格式，主要特点如下：易于分发、简单和自动的用户体验、支持单虚拟机和多虚拟机部署、可移植的虚拟机封装、独立于供应商和平台、可扩展、易于本地化。一个 OVF 包含如下内容：1 个 OVF 描述符文件，以 ovf 为后缀；0 或 1 个 OVF 清单文件，以 mf 为后缀；0 或 1 个 OVF 证书文件，以 cert 为后缀；0 或多个磁盘镜像文件；0 或多个资源文件，比如 iso 镜像。美国国家标准技术研究院

（NIST）、韩国云服务协会（KCSA）和中国 SOA 标准工作组也都围绕虚拟化技术标准开展了相关工作。

对于网格计算技术，开放网格论坛（OGF）给出了开放云计算接口、基础设施和 HTTP 表示等方面的规范；欧洲电信标准研究所（ETSI）研究了 ICT 网格互操作性的差分、测试、应用描述及分解管理等解决方案，提出了 6 个相关标准。对于分布式计算及效用计算技术，国际电信联盟云计算专项工作组（ITU – T FGCloud）论述了效用计算、网格计算和云计算三者之间的关系及区别，中国通信标准化协会（CCSA）给出了《互联网云计算与 P2P 技术研究报告》。

对于云计算所涉及的 Web 服务和 SOA 技术，结构化信息标准促进组织（OASIS）的《Service Provisioning Markup Language》研究了服务分发的标记语言，《Open Document Format for Office Applications》规定了 Office 应用的开放文档格式，《ebXML Registry Information Model》描述了 ebXML 的注册信息模型，《Universal Description，Discovery and Integration》（v3.0.2）提供了统一描述、发现和集成的规范；OASIS 还进一步给出了 SOA 的参考模型。国内围绕 Web 服务和 SOA 技术的标准研究，中国 SOA 标准工作组给出 3 个标准，分别对 Web 服务的管理、SOA 的术语以及 SOA 应用的总体技术要求进行了规范化要求。

对于云计算中的资源管理，美国存储网络工业协会（SNIA）提出的《Managing Private and Hybrid Clouds for Data Storage》报告主要侧重于数据存储中的私有云和混合云管理，分布式管理任务组（DMTF）的 2 个技术白皮书分别阐述了云计算管理的架构、用例及交互问题，国际电信联盟（ITU）的《Overview of SDOs involved in cloud computing》概述了云计算涉及的服务描述对象（SDO），结构化信息标准促进组织（OASIS）研究了症状的自动化框架，而云计算互操作论坛（CCIF）研究了资源描述框架（RDF）。

3.3.3 云计算产品类标准

目前，云计算的产品类标准规范研究主要涉及云计算中间件、存储产品和服务平台等方面，研究成果还比较少，如表 3 – 3 所示。

表 3 – 3　　　　　　　　云计算产品类标准规范研究成果一览表

研究领域		研究组织	研究成果
云计算产品类标准规范	基于云计算的中间件	KCSA	—
		SOA 标准工作组（中国）	—
	基于云计算的存储产品	—	—
	云服务平台	中国移动研究院	弹性云计算服务接口标准
		腾讯公司	云计算 PaaS 平台接口规范

中国移动研究院对弹性云计算服务平台搭建中需要遵循的接口规范进行了研究，形成了《弹性云计算服务接口标准》；腾讯公司对于云计算架构中 PaaS 层次平台的接口规范进行了研究，形成了《云计算 PaaS 平台接口规范》。另外，KCSA、SOA 标准工作组

（中国）对基于云计算的中间件进行了研究。

3.3.4 云计算实施类标准

目前，云计算的实施类标准规范已经围绕建模方法、生命周期、实施过程、治理方法以及成熟度评估展开了相关研究工作，不过尚没有正式的成果公布。因此，这方面的研究还有很多工作可以开展，是云计算标准制定的一个空白区域，如表3-4所示。

表3-4   云计算实施类标准规范研究成果一览表

研究领域		研究组织	研究成果
云计算工程实施类标准规范	建模方法	—	—
	生命周期	—	—
	实施过程	—	—
	治理方法	ISO/IEC JTC1/SC7	—
		Cloud Audit	—
		ITSS（中国）	—
	成熟度评估	—	—

3.3.5 云计算测评类标准

目前，云计算的测评类标准规范已经围绕商业运营模式、业务需求、应用场景等领域开展了相关研究工作，并且出现了一些研究成果，如表3-5所示。

表3-5   云计算测评类标准规范研究成果一览表

研究领域		研究组织	研究成果
云计算测评类标准规范	云基础设施质量测评	—	—
	云平台质量测评	—	—
	云软件质量测评	—	—
	项目质量测评	—	—
	商业运营模式	ISO	—
		TOG	（1）商业场景研究报告（白皮书）［the business scenario workshop report（white paper）］ （2）从云计算投资中建立回报（白皮书）［building return on investment from cloud computing（white paper）］ （3）使用云来强化你的商业案例（白皮书）［strengthening your business case for using cloud（white paper）］ （4）云购买者的决策树（白皮书）［cloud buyers' decision tree（white paper）］ （5）云购买者需求的调查问卷（白皮书）［cloud buyers' requirements questionnaire（white paper）］

研究领域		研究组织	研 究 成 果
云计算测评类标准规范	商业运营模式	电信管理论坛（TMF）	云：提供服务的成功策略（白皮书）［cloud：successful strategies for providing services（white paper）］
		ITU	—
		KCSA	—
		ETSI	—
		LA/KI	—
		ITSS（中国）	
	服务质量及 SLA（服务能力评估、云服务交付保障要求）	ITU	—
		KCSA	—
		ETSI	—
		ITSS（中国）	—
	云服务计费	—	—
	业务需求	ITU	从电信/ICT 角度来说云计算的好处［benefits of cloud computing from telecom/ICT perspectives（2011.4）］
		ISO	—
		全球云间技术论坛（GICTF）	云之间计算的用例和功能要求（白皮书）［use cases and functional requirements for inter—cloud computing（white paper）］
		ITSS（中国）	—
	应用场景	NIST	—
		云计算用例研讨组（CCUCG）	云计算用例（白皮书）［cloud computing use cases（white paper）］
		ITSS（中国）	—

不过，在云基础设施质量测评、云平台质量测评、云软件质量测评、服务能力评估、云服务交付保障要求测评、云服务计费测评等领域还没有研究成果。因此，这些方面是制定云计算测评类标准时需关注的区域。

3.3.6　云计算安全类标准

目前，云计算的安全类标准主要侧重于安全风险、安全需求、安全策略、可信机制、访问控制等方面，也已经有了一些研究成果，如表 3 -6 所示。

表 3-6　　　　　　　　　云计算安全类标准规范研究成果一览表

研究领域		研究组织	研　究　成　果
云计算安全类标准规范	安全要求	ITU	云安全、威胁和需求 [cloud security, threat & requirements (2011.4)]
		NIST	有效并安全地使用云计算 (effectively and securely using the cloud computing paradigm)
		CSA	(1) 云计算的最大威胁 (白皮书) [top threats to cloud computing (white paper)] (2) 云计算重点关注领域的安全指南 (白皮书) [security guidance for critical areas of focus in cloud computing (white paper)] (3) CSA 云计算控制矩阵 (控制框架) [CSA cloud controls matrix (controls framework)] (4) 领域10：应用安全指南 (Domain10：guidance for application security V2.1) (5) 领域12：身份与访问管理指南 [Domain12：guidance for identity &access management (CSA/TCI)]
		OASIS	(1) 云中的身份——用例 (identity in the cloud-use cases) (2) 基线身份管理术语与定义 (baseline identity management terms and definitions) (3) 安全声明标记语言 (security assertion markup language) (4) 可扩展的访问控制标记语言 (eXtensible access control markup language) (5) Web 服务——安全策略 (WS—security policy) (6) Web 服务——信任 (WS—trust)
		TOG	—
		TMF	安全地引入云 (白皮书) [steer safely into the clouds (white paper)]
		KCSA	—
		LA/KI	—
		OMG	—

3.4　云计算的标准布局

云计算标准化是推动云计算相关技术、产业和应用发展以及行业信息化建设的重要环节。

（1）国际云计算标准化组织研究范围广泛，国内云计算标准化组织研究范围较小。当前，国际上从事云计算标准化工作的组织众多，至少在30家以上，在业界内都很有影响力，也已经出现了一些比较成熟的云计算标准。而国内云计算标准化组织的工作主要是对国际标准化组织云计算标准的梳理以及对国内云计算商业应用的调研，并以此规划国内云计算标准体系和开展云计算标准制定工作。除了对国际标准化组织云计算标准的梳理之外，国内云计算标准研究组织急需开展更多领域的云计算标准研究工作。

（2）云计算基础理论、支撑技术和运营服务方面的标准研究较多，云计算产品标准、工程实施和质量测评方面的标准研究较少。出现这种研究失衡的原因是，虽然目前云计算的技术理论模型已经渐趋成熟，但是成功产业应用较少，因此国内外众多标准化组织的研究重点都放在云计算概念架构、支撑技术、运营服务等方面，对产品、工程实施、质量测评方面的研究不多。但云计算有巨大的商业前景，预计在 2~5 年内云计算的技术理论、商业应用将会成熟，因此应尽早分析云计算产品需求和市场前景，着手研究云计算产品标准、工程实施和质量测评等方面的标准，以在这些领域取得话语权。

（3）云计算安全、业务可移植性和云互操作性是标准化重点。安全和隐私是云计算发展中遇到的首要挑战，云安全是云计算生存的关键问题。目前，众多标准研究组织都将云安全看做云计算标准的重点研究领域，云平台与业务安全的标准化是云计算业务获得广泛认可的基础。业务的可移植性、云平台的互操作性是云计算产业发展的保证，云服务提供商只有提供统一标准的互操作接口，才能使云计算用户将不同云服务提供商的服务纳入同一个解决方案，因此业务可移植性和平台互操作性也是目前标准化的重点。

面对云计算诸多方面的标准化需求，国内外标准组织都正在不同方向上进行着标准化努力。目前，国内一些标准组织和企业都在推进云计算的标准化工作，但是由于我国的云计算产业发展仍处于起步阶段，国内云计算标准化工作仍以跟踪国际标准进展为主。因此，为了在全球云计算产业发展中取得更多的话语权，我国标准化组织应根据国内云计算产业发展情况，寻找一些薄弱环节或产业发展的关键环节作为标准化的突破口，加快我国云计算标准化制定工作。

（1）从我国的情况来看，云计算的标准化工作应该重视与国际接轨，密切跟踪国际标准化进展，积极参与国际云计算标准化进程。同时，在借鉴国际标准的基础上进行自主创新，建立自主标准体系，提升标准创新能力，确保我国在信息技术的第三次浪潮中占据战略优势地位；

（2）从技术的角度来看，云计算的标准化应有选择、有重点地推进，避免云计算的过度标准化与泛化，否则将阻碍云计算的应用创新。对于云计算业务本身来说，IaaS 由于其业务模式和技术实现方式比较统一，是目前最有可能进行标准化的云计算业务形式，而 PaaS 和 SaaS 由于应用的丰富性和多样性，现阶段不适宜过急进行标准化工作；

（3）从商业的角度来看，云计算的标准化应尊重技术、市场的双重选择，关注开源技术对标准化的影响，同时借鉴互联网国际标准化组织 IETF 的最佳实现驱动路线。

除了标准化，与云计算相关的法律法规和监管政策也是约束云服务的提供者和使用者的有力武器，而且能够对数据安全、隐私保护等关键问题提供法律层面的保障。因此，为了推动云计算产业地健康发展，国家相关部门需要参考美国等法律法规比较完善的国家的先进经验，并结合我国的具体情况进行相关法律法规的制定和修订。

4 云计算技术及标准展望

4.1 云计算的研究热点

自 2007 年云计算概念被提出以来，经过科研和产业界一段时间的推进，云计算正在逐步从理想走向实践。例如，云计算包含了若干关键技术，如虚拟化、分布式存储、分布式数据管理、分布式编程等，在提高资源利用率的同时提升软硬件的计算能力，便于分布式计算和并行计算的实现，已成功应用于大量的、复杂的、可并行的计算领域，如海量数据处理、信息采集、搜索引擎、仿真计算、多根非线性的高精度数值计算模型等，显现了强大的应用潜能。但是，也正因为云计算产生的影响非常深刻，其技术手段和实现方法的完善必将会是一个较为长期的发展和演进过程。云计算有一些重要的基本热点问题正在被广泛讨论，涉及云计算的技术基础、服务模式和商业运作等方面。本节将对现阶段云计算在数据处理、数据管理、数据中心建设和云计算安全等方面存在的热点问题进行深入探讨。

4.1.1 大数据处理问题

云计算研究的不断深化使数据的重要性逐渐体现，战略需求也发生了重大转变：企业关注的重点转向数据，计算机行业正在转变为真正的信息行业，从追求计算速度转变为大数据处理能力，软件也将从编程为主转变为以数据为中心。采用大数据处理方法，生物制药、新材料研制生产的流程会发生革命性的变化，可以通过数据处理能力极高的计算机并行处理，同时进行大批量的仿真、比较和筛选，大大提高科研和生产效率。数据已成为和矿物、化学元素一样的原始材料，未来可能形成"数据探矿"、"数据化学"等新学科和新工艺模式。大数据处理的兴起也将改变云计算的发展方向，云计算正在进入以"分析即服务"（analysis as a service，AaaS）为主要标志的 Cloud 2.0 时代。大数据应当具有 4 个典型特征，即多样性、体量、速度和价值，相应大数据研究需要从 4 个维度挖掘潜在价值。

观察各种复杂系统得到的大数据，直接反映的往往是一个个孤立的数据和分散的链接，但这些反映相互关系的链接整合起来就是一个网络。例如，基因数据构成基因网络、脑科学实验数据形成神经网络，万维网数据反映出社会网络。数据的共性、网络的整体特征隐藏在数据网络中，大数据往往以复杂关联的数据网络这样一种独特的形式存在，因此要理解大数据就要对大数据后面的网络进行深入分析。网络有不少参数和性质，如平均路径长度、度分布、聚集系数、核数和介数等，这些性质和参数也许能刻画大数据背后的网络的共性。因此，大数据面临的科学问题本质上可能就是网络科学问题，复杂网络分析应该是数据科学的重要基石。现实世界中复杂网络通常用图结构来表示，实体对象规模的扩展，往往导致图数据规模的迅速增大，动辄有数十亿个顶点和上万亿条边，这对海量数据处理技术提出了挑战。云计算是网格计算、分布式计算、并行计算、效用计算、网络存储、虚拟化等先进计算机技术和网络技术发展融合的产物，具有普遍适用性。云计算技术的发展，一直与大规模数据处理密切相关。因此，依靠云计算环境对大规模图数据进行高效处理，是一个非常有发展潜力的热点方向，表现在：

（1）海量的图数据存储和维护能力。大规模图的数据量可达几百吉字节甚至拍字节级别，难以在传统文件系统或数据库中存储，而云计算环境提供分布式存储模式，可以汇聚成百上千普通计算机的存储能力和计算能力，提供高容量的存储服务，完全能够存放和处理大规模的图数据。云计算环境下的并发控制、一致性维护、数据备份和可靠性等控制策略，可以为大规模图数据的维护提供保障；

（2）强大的分布式并行处理能力。利用云计算分布并行处理的特点，可以将一个大图分割成若干子图，把对一个大图的处理分割为针对若干子图的处理。云计算分布式并行运算能力，能够显著提高处理大规模图的能力；

（3）良好的可伸缩性和灵活性。从技术角度和经济角度讲，云计算环境具有良好的可伸缩性和灵活性，非常适合处理数据量弹性变化的大规模图问题。云计算环境通常由廉价的普通计算机构成，随着图数据规模的不断增大，可以向云中动态添加节点扩展存储容量和计算资源，而无需传统并行机模式的巨大投资。

由于云计算只是一个通用的处理框架，而且其本身也正处于发展阶段，如何在云计算环境下进行大规模图数据处理，仍有很多关键技术难题需要解决。图计算及其分布式并行处理通常涉及复杂的处理过程，需要大量的迭代和数据通信，针对联机事务处理等应用的传统技术，很难直接应用到图数据处理中。因此，云计算环境下的大规模图处理研究主要解决两大问题：

（1）图计算的强耦合性。图中数据之间都是相互关联的，图的计算也是相互关联的。图计算的并行算法对内存的访问表现出很低的局部性，对几乎每一个顶点之间都是连通的图来讲，难以分割成若干完全独立的子图以进行独立的并行处理。同时图计算存在着"水桶效应"，即先完成的任务需要等待后完成的任务，处理速度最慢的任务，将成为整个系统的效率制约瓶颈。为提高执行效率，需要采取多种优化技术：首先，在预处理阶段，进行合适的图分割时，尽可能降低子图之间的耦合性；其次，在执行阶段，应选取合适的图计算模型，避免迭代过程中反复启动任务和读写磁盘，降低任务调度开销和 I/O 开销；此外，应充分利用迭代过程的收敛特性进行查询优化，同时进行有效的同步控制和消息通信优化，减少通信开销，达到降低水桶效应的目的。

（2）云计算节点的低可靠性。大规模图处理，需要较长的时间来完成计算任务，如 PageRank 计算需要约 30 次迭代处理，消耗大量的时间和资源。而云计算节点通常是由普通的计算机组成，在这种长时间的处理过程中，个别节点出现故障是难免的。对此不能简单地重新计算，而应该从断点或者某个合适的位置继续执行，避免造成计算资源的浪费，或致使大型的图计算过程失效。另一方面，由于图计算并行子任务之间存在强耦合性，即一个子任务失败可能导致其他子任务失败，这也增加了恢复处理的复杂性。因此，需要考虑有效的容错管理机制，减少大规模图处理过程中的故障恢复开销，尽量避免重复计算，提高大规模图处理的运算效率和稳定性。

4.1.2 云数据管理问题

一般而言，云计算中数据的特点主要表现在以下几个方面：

（1）海量性。近年来随着物联网等应用的兴起，很多应用主要通过大量的传感器来采集数据。随着这种应用规模的扩大和在越来越多领域中的应用，数据量会呈现爆炸性增长的趋势。如何有效地改进已有的技术和方法或提出新的技术和方法来高效地管理和处理这些海量数据，将是从数据中提取信息并进一步融合、推理和决策的关键。

（2）异构性。在云计算的各种应用中，不同领域不同行业在数据获取阶段采用的设备、手段和方式千差万别，取得的数据在数据形态、数据结构上也不相同。传感器有不同的类别，如二氧化碳浓度传感器、温度传感器、湿度传感器等，不同类别的传感器所捕获、传递的信息内容和信息格式存在差异。以上因素导致了对数据访问、分析和处理方式多种多样。数据多源性导致数据有不同的分类，不同的分类具有不同的数据格式，最终导致结构化数据、半结构化数据、非结构化数据并存，造成了数据资源的异构性。

（3）非确定性。云计算中的数据具有明显的不确定性特征，主要包括数据本身的不确定性、语义匹配的不确定性和查询分析的不确定性等。为了获得客观对象的准确信息，需要去粗取精、去伪存真，以便人们更全面地表达和推理。

综合来看，云计算数据管理的研究热点主要包括以下几个层次，其总体架构如图 4-1 所示。

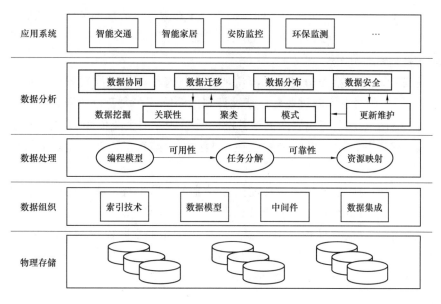

图 4-1　数据管理总体架构

数据管理层次分为 3 层，分别为数据组织、数据处理、数据分析。最终实现对非确定性数据的管理与集成，为用户提供高效的查询等服务。

（1）数据组织。采用分布式的存储技术，可用于大型的、分布式的、对大量数据进行访问的应用，类似 GFS。数据组织层运行于各种类似的普通硬件上，提供容错功能，为用户提供高可靠、高并发和高性能的数据并行存取访问。

（2）数据处理。针对数据的非确定性、分布异构性、海量、动态变化等特点，采用分布式数据管理技术，通过采用 Bigtabe、Hbase 等分布式数据库技术对大数据集进行处理、分析，向用户提供高效的服务。同时，为了高效地利用分布式环境下的数据挖掘和处理，采用基于云计算的并行编程模式，如 MapReduce，将任务自动分成多个子任务，通过映射和化简两步实现任务在大规模计算节点中的调度与分配。

（3）数据分析。云计算的数据管理中最终需要对数据进行分析和挖掘以提供给各种应用使用，通过采用不同的数据挖掘引擎布局及多引擎的调度策略，通过基于浅层语义分析和深层语义分析的技术，在不确定知识条件下进行高效的数据挖掘，从而从关系数据库数据、半结构化的文本、图形和图像数据中提取潜在的、可理解的数据。

4.1.3　数据中心应用研究

鉴于云计算有公有云、私有云和混合云三种模式，以及用户对云计算安全性的疑虑，私有云将会在大中型企业中率先落地。在这种状况下，企业原有的数据中心如何尽快转变成适合云计算要求的云计算中心，就成为了需要迫切解决的问题。为了帮助企业更好地建设数据中心，国内外 IT 基础设施供应商纷纷提出了自己的云计算数据中心标准，并积极参与企业数据中心的升级改造。

目前传统数据中心普遍存在以下几个方面的问题：

（1）计算资源管理无序。通过调研，为了满足日益增长的需求，企业每年用于采购服务器的支出不断增长；而另一方面，由于缺少在数据中心层面的统一规划，调查中超过 45.3% 的企业数据中心，有 20% 的服务器处于闲置状态，或处于利用率极低的状态，造成计算资源浪费。

（2）数据中心的灾难备份建设比较薄弱。即使灾难备份建设较好的电信、银行等企业，也只有 2% 的企业实施过业务持续性计划的演练。在大型企业级数据中心中，只有 15% 的企业初步实现了应用层面灾难备份，还有 10% 的企业依赖 IT 人员自主发起的数据备份。整体来看，目前 98% 的企业在重大灾难面前对于快速实现业务持续计划还无能为力。

（3）IT 管控能力明显薄弱。管控能力建设显著落后于技术集中的速度。引入国际化 IT 服务管理标准（如信息技术基础架构库），并初步实施的企业只占 2%。

（4）能源消耗、运营维护成本激增。目前大型企业、政府数据中心的累计投入，80% 都超过亿元规模，随之而来的是日益增长的能源消耗以及运行维护成本。

在传统型数据中心逐渐向云计算数据中心过渡的过程中，云计算数据中心呈现出如下主要特征：

（1）模块化的标准基础设施。在云计算数据中心中，为使 IT 基础设施简化和具有适应性与可扩展性，需要对服务器、存储设备、网络等基本组成按工业标准进行模块化配置设计，使这种配置更适合数据中心的服务需求。

（2）虚拟化资源与环境。数据中心广泛采用虚拟化技术，将物理基础资源集中在一起形成一个共享虚拟资源池，从而更加灵活和低成本地充分有效使用资源。

（3）自动化远程管理。云计算数据中心应是 24×7 无人值守的、可远程管理的，这种管理涉及到整个数据中心的自动化运营，它不仅监测与修复设备的硬件故障，还要实现从服务器和存储系统到应用的端到端的基础设施统一管理。

（4）快速的可扩展能力。在云计算数据中心中，所有的服务器、存储设备、网络均可通过虚拟化技术形成虚拟共享资源池，被数据中心中的各种应用系统共享。新的集成虚拟化方案通过资源所有权分离手段，将硬件拥有者与应用拥有者进行逻辑分离，使系统管理员可通过软件工具快速进行虚拟资源的创建和重新部署，成为 IT 服务的共享资源。然后，根据已确定的业务应用需求和服务级别，并通过监控服务质量来动态配置、定购、供应虚拟资源，实现虚拟资源供应的自动化，获得基础设施资源利用的快速扩展能力。

（5）节能与节省空间。云计算数据中心将大量使用节能服务器、节能存储设备和"刀片"服务器，并通过先进的供电和散热技术，解决传统数据中心的过量制冷和空间不足问题，实现供电、散热和计算资源的无缝集成和管理。云计算数据中心将是一个能高效利用能源和空间的数据中心，支持企业或机构获得可持续发展的计算环境。

对此，云计算数据中心涉及的关键技术主要包括：

（1）虚拟化技术。虚拟化技术是云计算系统的核心组成部分之一，是将各种计算及存储资源充分整合和高效利用的关键技术。虚拟化是为某些对象创造的虚拟化（相对于真实）版本，如操作系统、计算机系统、存储设备和网络资源等。它是表示计算机资源的抽象方法，通过虚拟化可以用与访问抽象前资源一致的方法访问抽象后的资源，从而隐藏属性和操作之间的差异，并允许以一种通用的方式来查看和维护资源。虚拟化技术是云计算、云存储服务得以实现的关键技术之一。它将应用程序和数据，在不同的层次以不同的面貌加以展现，使不同层次的使用者、开发及维持人员，能够方便地使用开发及维护存储的数据、应用于计算和管理的程序。

从根本上来说，虚拟化就是对技术资产的最充分利用。获得虚拟化基础设施的投资回报和所有潜力的关键在于：在适当的时候，定期使用正确的资源，并灵活快速地以一种协调性的方式，实现数据中心端到端虚拟化。

（2）资源调度管理技术。云计算的资源包括存储资源、计算资源、网络资源、基础设施资源以及其他资源（如用户账号、进程等）。资源调度管理技术从逻辑上把这些资源耦合起来作为一个单个的集成资源提供给用户。用户与资源代理进行交互，代理向用户屏蔽了云计算资源使用和云计算的复杂性。由于云计算的资源在地理上是分布的，本质上是异构的，并且各个组织和管理域有各自的资源管理策略和不同的访问代价模型，因此云计算的资源管理必须要处理边界问题，需要有安全和容错的特殊机制等。

云计算资源调度管理技术的基本功能是接受云计算用户的资源请求，并且把特定的资源分配给资源请求者。合理地调度相应的资源，使请求资源的作业得以运行。为实现上述功能，一般而言，云计算资源调度管理技术应提供四种基本服务：即资源发现、资源分发、资源存储和资源的调度。资源发现和资源分发提供相互补充的功能。资源分发由资源启动且提供有关机器资源的信息或一个源信息资源的指针，并试图去发现能够利用该资源的合适的应用。而资源发现由网络应用启动并在云计算中发现适于本应用的资源。资源分发和资源发现以及资源存储是资源调度的前提条件，资源调度实施把所需资源分配到相应的请求上去，包括通过不同结点资源的协作分配。

（3）能耗管理技术。随着云计算技术的引入，数据中心的设备部署将会呈现大规模、高密度的特点，其能源消耗投入巨大。而数据中心在能耗管理方面面临"能耗大、能效低、成本高"等矛盾，既不符合国家当前提倡的"淘汰落后产能、实现节能减排"的政策与号召，也面临着巨大的成本竞争压力，使数据中心规划建设者们对数据中心的能耗策略管理方面不得不重新审视、重新决策，进行变革。劳伦斯伯克利国家实验室（lawrence berkeley national laboratory，LBNL）从 2001 年开始进行数据中心基准研究。2007 年，LBNL 对 12 个数据中心用能进行了调查，发现其功耗分布为：IT 设备占 46%、制冷系统占 31%、UPS 占 8%、照明占 4%、其他功耗占 11%。可见，减少 IT 设备的能耗是数据中心节能的基础。为引导和规范全球 IT 行业的节能设计，Green Grid（IT 企业和自由职业者组成的全球性组织）提出 PUE（power usage effectiveness）和 $DCIE$（data center infrastructure effectiveness）两个能效指标，分别从两个方面反映数据中心的总体能源使用效率。PUE 为数据中心总能耗与数据中心 IT 设备总能耗的比值，可分解为空调能耗因子（CLF）、供配电系统能耗因子（PLF）和其他能耗因子（ELF），$DCIE$ 为 PUE 的倒数，两者计算如下：

$$PUE = 1 + CLF + PLF + ELF \tag{1}$$

$$DCIE = \frac{1}{PUE} \tag{2}$$

可以看出，PUE 和 $DCIE$ 越接近 1，能效越佳。目前世界上正在运营的数据中心中，美国的 PUE 最佳，达到 1.046。国内 PUE 大多在 2.0 ~ 3.0 之间，比较好的情况是达到 1.5 ~ 1.8，其中空调能耗因子（CLF）在 0.45 左右、供配电能耗因子（PLF）在 0.11 左右。因此，要切实实现数据中心节能，就应该在紧盯 IT 设备能耗的前提下关注 PUE 值，将 PUE 概念作为能效设计的明确指标引入数据中心建设，从硬件结构、软件结构、运维管理三个方面实现节能设计。

1）硬件结构设计。降低 IT 设备的能耗是数据中心节能设计的基础，可以采用低功耗的处理器和"刀片"式服务器两个办法来实现。在 IT 设备中芯片是最主要的发热元件之一，选用低功耗处理器是设计低功耗 IT 设备的先决条件。在同等运算量的前提下，可以从根本上降低设备的发热量。"刀片"式服务器采用一体化设计思路，每一块"刀片"实际上就是一块系统母板，类似于一个独立的服务器。与相同计算能力的常规服务器相比，"刀片"式服务器可降低 30% 左右的能耗。

2）软件结构设计。云计算实际上是将众多服务器、存储设备、网络资源集中起来，形成巨大的资源池，提供"按需取用"的计算能力、存储空间和其他服务。这种特性也推动了动态节能技术的应用，并形成了全新的数据中心节能解决方案。根据其与负载的相关性，设备的能耗分成动态耗能和固定耗能两部分。固定耗能的大小与负载无关，只要 IT 设备开启就产生此部分能耗。而动态能耗的大小与业务量相关。基于云计算的动态节能，指 IT 管理系统可根据业务量变化，动态调整调用的资源数量以提高资源利用率，降低运营能耗和运营成本。

3）制冷系统运维。数据中心 IT 负载消耗的电能绝大部分转化为热能。每台 IT 设备都从机房环境中吸入冷空气冷却，再将热空气排放到房间中。由于数据中心有很多 IT 设备，会产生多条相应的热气流，形成数据中心的总热气流输出。因此，数据中心空调系统必须具有两项主要功能：一是提供大于 IT 设备总负载的总制冷量；二是将冷空气合理分配至 IT 负载，使每个负载获得所需要的制冷量。由于数据中心 IT 设备的密度不均衡，产生的热量也不均衡。对此，传统数据中心采用提高平均制冷能力的办法，这不可避免地提高了数据中心的总能耗。降低能耗的关键是提高制冷效率：一方面采用高效能的机房空调，以适应数据中心 $365 \times 24h$ 的运行模式；另一方面提升制冷系统的智能化水平，在业务量降低的区域关闭部分空调或压缩机仅开风扇，实现经济运行。

4.1.4 云计算安全问题

当前，云计算平台的各个层次，如网络层、主机层及 Web 应用层等，都存在相应的安全威胁。但是，这些共性安全问题在信息安全领域已经得到比较充分的研究，并具有比较成熟的产品。云计算安全研究需要重点分析并解决云计算的服务计算模式、虚拟化动态管理方式及多租户共享运营模式等给数据安全与隐私保护带来的难题：

（1）云计算的服务计算模式引发的安全问题。当用户将所属的数据外包给云服务提供商或者委托其运行所属的应用时，云服务提供商就获得了该数据或应用的优先访问权。事实证明，由于存在内部人员失职、黑客攻击及系统故障导致安全机制失效等多种风险，云服务提供商没有充足的证据让用户确信其数据被正确地使用。例如，用户数据没有被盗卖给其竞争对手、用户使用习惯隐私没有被记录或分析、用户数据被正确存储在指定的国家或区域且不需要的数据已被彻底删除等证据。

（2）云计算的虚拟化动态管理方式引发的安全问题。在典型的云计算平台中，资源以虚拟、租用的模式提供给用户，这些虚拟资源根据实际需要与物理资源绑定。因此，在多租户共享资源模式下，多个虚拟资源很可能会被绑定到相同的物理资源上。如果云计算平台中的虚拟化软件存在安全漏洞，那么用户数据就可能会被其他用户访问。因此，如果云计算平台无法实现不同用户数据之间的有效隔离，用户不知道自己的邻居是谁、有何企图，那么云服务提供商就无法说服用户相信自己的数据是安全的。

（3）云计算的多层服务运营模式引发的安全问题。前面已经提及，云计算发展的趋势之一是 IT 服务专业化，即云服务提供商在对外提供服务时，自身也需要购买其他云服务提供商所提供的服务。因此，用户享用的云服务，间接涉及多个云服务提供商，多层服务转包无疑增加了问题复杂性和安全风险。

由于缺乏有效的安全关键技术支持，当前多数的云服务提供商选择采用商业手段回避上述问题。但是从长远来看，用户数据安全与隐私保护属于云计算产业发展无法回避的核心问题。另外，上述问题的解决也存在一些技术积累，如数据与服务外包安全、可信计算环境、虚拟机安全、秘密同态计算等技术多年来一直为学术界所关注，关键是如何实现这些技术在云计算环境下的实用化，形成支撑未来云计算安全的关键技术体系，并最终为用户提供具有安全保障的云服务。

依据云安全联盟（CSA）的观点，IaaS 是所有云服务的基础，PaaS 建立在 IaaS 之上，而 SaaS 又建立在 PaaS 之上。在不同的云服务模型中，供应商与用户的安全职责有很大不同。具体来说，IaaS 供应商负责解决物理安全、环境安全和虚拟化安全等安全控制，而用户则负责与 IT 系统（事件）相关的安全控制，包括操作系统、应用和数据；PaaS 供应商负责物理安全、环境安全、虚拟化安全和操作系统安全等，而用户则负责应用和数据的安全；SaaS 供应商不仅负责物理和环境安全，还必须解决基础设施、应用和数据相关的安全控制的难题。对于不同的云服务模式（IaaS、PaaS、SaaS），安全关注点是不一样的。也有一些是这三种模式需要共同关注的，称为"共有安全"，即无论是 IaaS、PaaS，还是 SaaS，都应该关注，如：数据安全、加密和密钥管理、身份识别和访问控制、安全事件管理、业务连续性等。

4.2　云计算的发展趋势

4.2.1　云计算技术的融合型发展

1. 人机物融合

在单机时代，最早的 IT 应用模式主要针对典型的工程计算构建计算中心。局域网时代，IT 模式主要面向行业应用，提供多样化的业务处理过程。PC 时代，产生的是面向个人应用的桌面计算，IT 应用逐步走向以人为中心，包含交互方式、软件工程、计算设施三个维度。IT 交互方式从传统的键盘、鼠标到现在的触摸，甚至融合手势、语音等多种方式，交互方式正在从以计算机为中心向以人为中心转变。软件工程模式从早期的面向过程开发演变到面向对象，并提出了面向服务（SOA）、面向计算（SOC）等体系架构，软件的设计及研发正在从面向主机转变为面向需求。计算设施从早期的大型机到现在的移动终端设备，正在历经以计算机为中心到以网络为中心，再到以人为中心的转变过程。由此可见，IT 的发展趋势体现在"人性化转变"，以提升其简单、易用、智能化的特性。

在互联网时代，从早期的计算网格到现阶段的云计算，IT 应用将进一步实现以人为中心、以人为本、人机物融合的一体化计算环境，通过信息技术将各种机器连成以互联网为代表的信息世界，以互联网实现物理世界数字化及整体管控，形成"机网"、"人网"和"物网"三者的有机融合。首先，以云计算技术为代表的信息技术需要持续深化，以追求高能力的发展；再者，互联网环境下应用的复杂性逐渐显现，需要信息技术的迭代建模克服不断出现的复杂性；此外，信息技术应用面临着资源的限制，需要通过资源的合理分配来保证可持续发展。因此，人机物融合的和谐环境形成，需要基于能力、复杂性和资源三个因素的共同优化来实现技术的发展和突破。

2. 三网融合

三网融合指电信网、广播电视网和互联网三大网络通过技术改造，能够提供包括语音、数据、图像等综合多媒体的通信业务。三网融合并不仅仅是传统意义上广播传输的

"点"对"面",和移动通信传输中的"点"对"点",而是将两者同互联网相融合,使用统一的 IP 协议,实现使用手机、数字电视、PC 机三者当中的任意一个终端并行地兼容另外两个终端的功能。三网融合也并不是简单的三大网络的物理合一,而是要实现在业务、市场、行业、终端、管制、政策等方面的高级融合。三网之间的关系既联合又独立,即在推行三网融合和业务方面是联合的,但同时又是三个独立运营的集团,是既合作又竞争的关系。因此,云计算应用于三网融合将解决如下问题:

(1)三网之间的恶意竞争。在解决了三大网络之间的市场准入的问题后,电信、广电和有实力、有资质的互联网公司都可以通过自身雄厚的资金和技术优势建立自己的"云平台"。三方在自身原有的优势基础上,通过资源整合拓展其他两方的市场,推出各自在相应领域的产品,由消费者自己进行选择,并通过云计算的弹性收费标准,避免了三者为吸引消费者而采取低价策略所引发的不正当竞争,同时也避免了在某一领域一家独大的局面。

(2)TCP/IP 协议的安全性和网络拥塞崩溃问题。三网融合使用的是统一的 TCP/IP 协议,但由于 TCP/IP 协议是开放的互联网协议,其安全性无法得到保障。TCP/IP 协议面对的主要安全问题有网络木马病毒、黑客对服务器的攻击、邮件等机密信息被盗取,所以三网融合后协议本身的安全性缺陷会体现在融合后的三网中,再从一网扩散到三网,增加了三网融合后的安全风险。其次,TCP/IP 协议还会发生数据过载引发的网络拥塞崩溃情况。三网融合后,原来的移动通信用户和数字电视用户同互联网一起共用一条线路,大量的数据拥塞在一起排队等待,这样更增大了拥塞崩溃发生的概率,因此这就对三网融合后网络的稳定性提出了疑问。

4.2.2 云计算产业实用化发展

1. 云计算产业发展阶段

云计算产业分为市场准备期、起飞期和成熟期三个阶段,如图 4-2 所示。

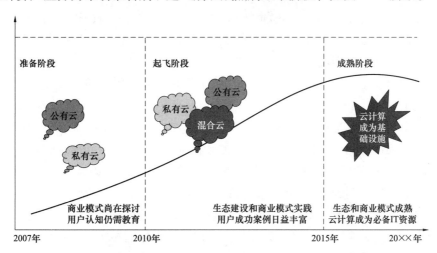

图 4-2 云计算产业发展阶段

准备阶段(2007~2010):主要是技术储备和概念推广阶段,解决方案和商业模式尚在尝试中。用户对云计算认知度较低，成功案例较少。初期以政府公共云建设为主。

起飞阶段（2010～2015）：产业高速发展，生态环境建设和商业模式构建成为这一时期的关键词，进入云计算产业的"黄金机遇期"。此时期，成功案例逐渐丰富，用户了解和认可程度不断提高，越来越多的厂商开始介入，出现大量的应用解决方案，用户主动考虑将自身业务融入云。在此阶段中，公有云、私有云、混合云建设并行开展。

成熟阶段（2015～）：云计算产业链、行业生态环境基本稳定。各厂商解决方案更加成熟稳定，提供丰富的 XaaS 产品。用户云计算应用取得良好的成绩，成为 IT 系统不可或缺的组成部分，云计算成为一项基础设施。

当前，云计算产业生态链的构建正在进行中，在政府的监管下，云计算服务提供商，软硬件、网络基础设施服务商以及云计算咨询规划、交付、运维、集成服务商，终端设备厂商等一同构成了云计算的产业生态链，为政府、企业和个人用户提供服务。

2. 云计算产业发展方向

云计算发展正在从概念阶段转变为实用化阶段。云计算的 IT 基础设施建设模式为产业带来了节省成本、拓展应用、更加充分利用资源的全新思路，推动 IT 产业向绿色环保和资源节约型方向发展，这符合产业发展控制成本、节省资源、减少排放、保护环境等多方面的需求趋势。云计算也为 IT 服务、互联网和移动互联网等产业开拓了全新的商业模式和建设思路，成为信息服务业发展的重要方向。

（1）政府及公共事业。政府行业云计算应用投资将逐步转化为实际应用，一类是面向政府工作人员，成为政府办公、计算平台的"政务云"；另一类是面向普通公众，成为"公共服务云"。具体而言，"政务云"是政务信息化和业务协同的平台，提供统一政府电子邮件、数据的存储处理、城市应急指挥、人口管理、城市减灾和风险管理、食品安全等多种政务功能；"公共服务云"可面向公众提供统一税收、缴费、信息发布、意见征询等涉及民生的多种服务。

由于政府云计算中心具有对海量数据存储、分享、挖掘、搜索、分析和服务的能力，使数据能够作为无形资产进行统一有效的管理。通过数据集成和融合技术，打破政府部门间的数据堡垒，实现部门间信息共享和业务协同。"政务云"和"公共服务云"将极大提高政府信息化水平和办公效率，大幅节约政府 IT 建设开支，实现绿色办公。

（2）行业应用方向。在制造业，面向制造业的专业服务运营商将提供基于 PaaS、SaaS 模式的软件开发和服务，为制造业企业提供包括产品、技术、平台和运维管理在内的全面支持，使制造业企业将更多精力放在制造的业务层面上，而非 IT 基础设施的建设与运维。在 PaaS 模式下，用户采用云计算运营商支持的编程语言和工具，编写相应的应用程序，然后放到云计算平台上运行；在 SaaS 模式下，用户既可以获得低廉的企业信息化解决方案及服务如 ERP、CRM 等，又可以进行快速有效的仿真模拟。通过这种购买服务的方式，企业可以降低设计与制造成本，大幅缩短企业产品升级换代周期、提高产品性能、提升企业信息化能力、大幅提高工业企业的自主创新效率，推动企业核心竞争优势的提升。

在电信行业，数据量和带宽增加以及移动互联的发展，要求电信运营商走向云计算，否则其运营效率和模式都不具长期竞争力。依托云计算，国内电信企业也将借势发力，成为云计算产业的主要受益者之一，从提供的各类付费性云服务产品中得到大量收入，实现电信企业利润增长，通过对国内不同行业用户需求分析与云产品服务研发、实施，打造自主品牌的云服务体系。对内进行业务系统 IT 资源整合，提升内部 IT 资源的利用率和管理水平，降低业务的提供成本；对外通过云计算构建新兴商业模式的基础资源平台，提供公用 IT 服务，提升传统电信经济的效率，加速电信运营商平台化趋势与产业链的整合趋势，并在应用层面推动云计算落地。

在金融、能源行业，未来 3 年里，行业内企业信息化建设将进入"IT 资源整合集成"阶段。在此期间，需要利用"云计算"模式，搭建基于 IaaS 的物理集成平台，对各类服务器基础设施应用进行集成，形成能够高度复用与统一管理的 IT 资源池，对外提供统一硬件资源服务。同时在信息系统整合方面，需要建立基于 PaaS 的系统整合平台，实现各异构系统间的互联互通。因此，云计算模式将成为金融、能源等大型企业信息化整合的"关键武器"。金融业的数据信息直接涉及社会各个方面的经济利益，所以保障这些信息安全是非常重要的。因此，云计算在金融行业中遇到的首要问题是如何保障信息的安全可靠，包括避免数据信息泄漏、非法使用、丢失以及保证信息的真实可靠等。

（3）企业应用方向。在私有云将成为大型企业的主要应用。鉴于大型企业对数据安全性要求较高，云计算在大型企业中将以私有云应用为突破点，加速企业内部"研发—采购—生产—库存—销售"信息一体化进程，进而提升制造业企业竞争实力。大型企业在部署云计算过程中，关键要做好已有数据和信息向云计算环境的迁移工作，选择企业最适合的云计算整体解决方案，加快云计算环境下的商业智能、数据挖掘等软件应用。与此同时，大型企业还应与专业云应用软件开发商互动，开发和使用专业化、个性化的 SaaS 软件。

在中小企业，平台即服务（PaaS）及软件及服务（SaaS）将成为主要应用。中小企业应结合企业核心业务，选择高质量的行业 PaaS/SaaS 服务，确保云平台稳定提供弹性可扩展的 IT 资源，满足自身业务需要。在中小企业信息化基础设施建设日渐完善，及网络传输日益增速的当下，云计算将成为解决中小企业信息化建设困扰的变革方向，并为企业带来诸多价值。如缩短信息化建设周期，更快享受到信息化带来的价值；降低信息化建设成本，降低企业运营风险；享受更优质服务，提升企业竞争力等。

5 物联网概述

　　1998 年美国麻省理工学院（MIT）创造性地提出了当时被称为 EPC（electronic product code）系统的"物联网（internet of things，IoT）"构想。早期的物联网主要建立在物品编码、射频识别（radio frequency identification，RFID）技术和互联网的基础上，按约定的通信协议把所有物品通过射频识别等信息传感设备与互联网相连，对物品信息实现智能化识别和管理。随着技术和应用的发展，物联网内涵不断扩展。现代意义的物联网可以实现对物的感知识别控制、网络化互联和智能处理有机统一，从而形成高智能决策。

　　中国工业和信息化部电信研究院在发布的 2011 年物联网白皮书中定义：物联网是通信网和互联网的拓展应用和网络延伸，它利用感知技术与智能装置对物理世界进行感知识别，通过网络传输互联，进行计算、处理和知识挖掘，实现人与物、物与物信息交互和无缝链接，达到对物理世界实时控制、精确管理和科学决策的目的。

5.1 物联网的发展现状

5.1.1 物联网应用现状

　　目前全球的物联网主要应用在特定行业或企业内部，没有形成真正的物物互联。应用主要以 RFID、传感器、机器到机器（machine to machine，M2M）等项目体现，基于 RFID 的物联网应用相对成熟，无线传感器应用仍处于试验阶段，大部分应用还是试验性或小规模部署的，处于探索和尝试阶段，覆盖国家或区域性的大规模应用较少。

　　美、欧及日、韩等信息技术能力和信息化程度较高的国家在物联网应用上整体处于领先地位。美国成为物联网应用最广泛的国家，其 RFID 应用案例占全球 59%。欧盟物联网应用大多围绕 RFID 和 M2M 展开，RFID 广泛应用于物流、零售和制药领域。日本是较早启动物联网应用的国家之一，实现了移动支付领域的大规模商用。韩国物联网应用主要集中在其本土产业能力较强的汽车、家电及建筑领域。

　　我国物联网应用总体上处于发展初期，目前已在多个领域开展了一系列试点和示范项目。2009 年国家电网公司公布了智能电网发展计划，智能变电站、配网自动化、智能用电、智能调度、风光储等示范工程先后启动。在"金卡工程"、二代身份证等政府项目推动下，我国已成为继美国、英国之后的全球第三大 RFID 应用市场。另外，我国物联网在交通、物流、智能家居、节能环保、工业自动控制、医疗卫生、精细农牧业、公共安全等领域的应用取得了初步进展，但由于企业信息化和管理水平的限制，其在应用水平上与发达国家仍有一定差距。

5.1.2 物联网相关产业现状

　　全球物联网产业体系都在建立和完善之中。产业整体处于初创阶段，具备一些分散孤立的初级产业形态，尚未形成大规模发展。如物联网核心产业中，2009 年传感器全球规模在 600 亿美元左右，RFID 不到 60 亿美元，M2M 服务 43 亿美元，真正意义上的社会化商业化物联网服务尚在起步❶。物联网相关支撑产业，如嵌入式系统、软件等，本身均有万亿级美元规模，但并非来自当前意义的物联网发展，因物联网发展而形成的新增市场还非常小。

我国已基本形成齐全的物联网产业体系，部分领域已形成一定市场规模。RFID 形成了低频和高频的完整产业链以及京、沪、粤为主的空间布局，2009 年市场规模达到 85 亿元，成为全球第 3 大市场❷。网络通信相关技术和产业支持能力与国外差距相对较小，传感器和 RFID 等感知端制造产业、高端软件和集成服务与国外差距相对较大，主要的传感器企业中，外资企业比重达到 67%❸。仪器仪表、嵌入式系统、软件与集成服务等产业虽已有较大规模，但真正与物联网相关的设备和服务尚在起步。据工信部预计，"十二五"期末我国物联网相关产业规模将达到 5000 多亿，而真正可能形成万亿级规模的时间预计在"十三五"后期。

5.2 物联网的三层体系结构

物联网网络架构由感知层、网络层和应用层组成，如图 5-1 所示。感知层主要包括二维码标签和识读器、RFID 标签和读写器、各种传感器、视频摄像头等，完成对物理世界的智能感知识别、信息采集处理和自动控制。各种传感器与邻近的接入网关，以短距离通信技术组网，完成末梢节点的组网控制、数据融合和汇聚以及末梢节点信息的转发功能。

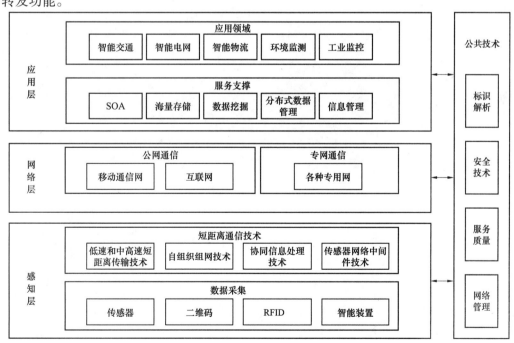

图 5-1 物联网体系架构

---

❶ 引用咨询公司 IDTechEx、INTECHNOCONSULTING 等发布的预测数据。
❷ RFID 产业相关数据及资料根据 RFID 产业联盟以及 IDTechEx 发布数据整理。
❸ 传感器产业相关数据及资料根据电子机械频道和中国电子元件协会数据整理。

网络层主要实现信息传递、路由和控制，依托公众电信网和互联网，也可以依托行业专用通信网络，主要承担感知层与应用层之间的数据通信任务。

应用层包括服务支撑和各种物联网应用。服务支撑为物联网应用提供信息处理、计算等通用基础服务设施、能力及资源调用接口，以此为基础实现物联网在众多领域的各种应用。除此之外，公共技术层为感知层、网络层和应用层提供包括网络管理、安全管理、QoS 保证、标识解析在内的各种公共服务。

6 物联网的关键技术

6.1 射频识别标识技术

6.1.1 射频识别技术概述

射频识别技术是 20 世纪 80 年代发展起来的一种新兴自动识别技术，是一项利用射频信号通过空间耦合（交变磁场或电磁场）实现无接触信息传递并通过所传递的信息达到识别目的的技术。从概念上来讲，RFID 类似于条码扫描。条码技术是将已编码的条形码附着于目标物，并使用专用的扫描读写器，利用光信号将信息由条形磁传送到扫描读写器。而 RFID 则使用专用的 RFID 读写器及专门的可附着于目标物的 RFID 标签，利用频率信号将信息由 RFID 标签传送至 RFID 读写器。

射频识别系统最重要的优点是非接触识别，它能穿透雪、雾、冰、涂料、尘垢和条形码无法使用的恶劣环境，并且阅读速度极快，大多数情况不到 100ms，可快速地进行物体跟踪和数据交换。由于 RFID 需要利用无线电频率资源，必须遵守无线电频率管理的诸多规范。具体来说，与同期或早期的接触式识别技术相比较，RFID 具有如下一些特点：

（1）数据的读写功能。只要通过 RFID 读写器，不需要接触即可直接读取射频卡内的数据信息到数据库内，且一次可处理多个标签，也可以将处理的数据状态写入电子标签。

（2）电子标签的小型化和多样化。RFID 在读取上并不受尺寸与形状的限制。此外，RFID 电子标签可向小型化发展，便于嵌入到不同物品内。

（3）耐环境性。RFID 最突出的特点是可以非接触读写（读写距离可以从 10cm 至几十米）、可识别高速运动物体、抗恶劣环境，且对水、油和药品等物质具有强力抗污性。RFID 可以在黑暗或脏污的环境中读取数据。

（4）可重复使用。RFID 为电子数据，可以反复读写，因此可以回收标签重复使用，提高利用率，降低电子污染。

（5）穿透性。RFID 即使被纸张、木材和塑料等非金属、非透明材质包覆，也可以进行穿透性通信。但是它不能穿过铁质等金属物体进行通信。

（6）数据的记忆容量大。数据容量会随着记忆规格的发展而扩大，未来物品所需携带的数据量会愈来愈大，对卷标扩充容量的需求也会增加，对此 RFID 将不会受到限制。

（7）系统安全性。将产品数据从中央计算机中转存到标签上将为系统提供安全保障，大大地提高系统的安全性。射频标签中数据的存储可以通过校验或循环冗余校验的方法得到保证。

6.1.2 射频识别技术工作原理、系统组成与技术分析

1. 射频识别系统工作原理

RFID 系统的基本工作原理是：由读写器通过发射天线发送特定频率的射频信号，

当电子标签进入有效工作区域时产生感应电流，从而获得能量被激活，将自身编码信息通过内置天线发射出去；读写器的接收天线接收到从标签发送来的调制信号，经天线解调后传送到读写器信号处理模块，经解调和解码后将有效信息送到后台主机系统进行相关处理；主机系统根据逻辑运算识别该标签的身份，针对不同的设定做出相应的处理和控制，最终发出信号，控制读写器完成不同的读写操作。

2. 射频识别系统组成

从端到端的角度看，一个RFID系统由电子标签、读写器、应用系统主机、通信网络等硬件设施及运行于硬件之上的软件组成。

（1）电子标签。电子标签也称应答器，是一个微型的无线收发装置，主要由内置天线、芯片和耦合元件组成。芯片中存储有能够识别目标的信息，当读写器查询时它会发射数据给读写器。RFID标签具有体积小、形状多样、耐环境、可重复使用、信息传播穿透性强、数据安全性高等特点。

电子标签组成原理和工作方式不同，有被动式、主动式、半主动式三种。

1）被动式电子标签无板载电源，其电源由读写器供给。电子标签内部的集成电路通过接收读写器发出的电磁波进行驱动，向读写器发送数据。被动式电子标签的读写距离小于主动式和半主动式标签，一般在3cm～9m。

2）主动式标签因其内部携带电源又被称为有源标签。电源设备和其相关的电路决定了主动式标签要比被动式标签体积大、价格昂贵。但主动式标签通信距离更远，可达30m以上。主动式标签有两种工作模式：① 主动模式，这种模式下，不管读写器是否存在，标签都能够周期性广播发送数据。② 唤醒模式，在读写器没有询问时，标签处于低功耗的休眠状态，读写器可以通过发出唤醒命令唤醒休眠的电子标签广播自己的编码。

3）半主动式电子标签兼有被动式标签和主动式标签的优点。其内部携带的电源为标签的运算操作提供能量，但它的通信并不需要电源提供能量，而是像被动式标签一样通过读写器发射的电磁波获取能量。由于在读写器区域内无需通电激活，标签有充分的时间被读写器读取数据。因此，即使标签目标在高速移动，它仍可被可靠地读取数据。在理想条件下，半主动标签使用反向散射调制技术，其读写器距离大约在30m以内。

（2）读写器。读写器是RFID系统最重要也最复杂的一个组件。因其工作模式一般是主动向标签询问标识信息，所以有时又被称为询问器、查询器等。标签是非接触式的，因此必须借读写器来实现标签和应用系统之间的数据通信。读写器又可以细分为读写器天线、读写处理单元和控制器。读写器天线主要承担接收能量和发射能量的功能。读写处理单元的功能分为三部分：① 通过天线与标签通信；② 对接收的信息进行初始化处理；③ 通过标准网口连接主机网络将信息传送至数据交换与管理系统。控制器是读写处理单元有序工作的指挥中心，主要功能是：① 与应用系统软件进行通信，执行应用系统软件发来的动作指令；② 控制与标签的通信过程；③ 执行防碰撞算法；④ 对读写器和标签之间传送的数据进行加密和解密；⑤ 进行读写器与电子标签之间的身份认证；⑥ 控制键盘、显示设备等其他外部设备。其中，最重要的是对读写器芯片的控制操作。

（3）应用系统主机。RFID 系统采集的信息通过通信网络传送到后台的主机上，由应用软件系统处理后交由 RFID 设备操作人员使用。

（4）通信网络。通信设施为不同的 RFID 系统管理提供安全通信连接，是 RFID 系统的重要组成部分。通信设施包括有线或无线网络，读写器或控制器与计算机连接的串行通信接口。无线网络可以是个域网（PAN）（如蓝牙技术）、局域网（如 802.11x、WiFi），也可以是广域网（如 GPRS、3G 技术）或卫星通信网络（如同步轨道卫星 L 波段的 RFID 系统）。

（5）软件。RFID 系统中的软件组件主要完成数据信息的存储、管理以及对 RFID 标签的读写控制，它是独立于 RFID 硬件的部分。一般，RFID 软件组件含有：① 中间件，为实现采集信息的传递与分发而开发的中间件；② 企业应用接口，为企业前端软件，如设备供应商提供的系统演示软件、驱动软件、接口软件，集成商或者用户自行开发的 RFID 前端操作软件等；③ 应用软件，主要指企业后端软件，如后台应用软件、管理信息系统（MIS）软件等。

3. 射频识别技术分析

（1）RFID 中间件技术。RFID 中间件是介于前端读写器硬件模块与后端数据库、应用软件之间的一类软件，它负责实现与 RFID 硬件及其配套设备的信息交互与管理，同时作为一个软硬件集成的桥梁，完成与上层复杂应用信息的交换。它使用系统软件所提供的基础服务（功能），衔接网络上应用系统的各个部分或不同的应用，达到资源共享、功能共享的目的。

RFID 中间件由读写器适配器、事件管理器和应用程序接口 3 个组件组成。读写器适配器提供一种抽象的读写器接口，来消除不同读写器与 API 之间的差别。它实现的主要功能包括：对网络上的读写器进行适配，按照配置建立连接，准备接收标签数据；对接收到的数据进行预处理。事件管理器工作在两个层面，在底层按既定的规则对海量数据进行过滤聚合处理，在上层通过事件的平滑过滤等高级处理功能，确保 RFID 事件的一致性、准确性。事件处理具有数据缓存、基于内容的路由和数据分类存储功能。应用程序接口的作用是提供一个基于标准的服务接口，为 RFID 收集数据提供应用程序层语义。应用程序接口为事件处理系统提供数据。

（2）企业应用接口。是 RFID 前端操作软件，主要是供 RFID 设备操作人员使用的，如手持读写设备上使用的 RFID 识别系统、超市收银台使用的结算系统和门禁系统使用的监控软件等，此外还应当包括将 RFID 读写器采集到的信息向软件系统传送的接口软件。前端软件最重要的功能是保障电子标签和读写器之间的正常通信，通过硬件设备的运行和接收高层的后端软件控制来处理和管理电子标签和读写器之间的数据通信。

（3）应用软件。是系统的数据中心，它负责与读写器通信，将读写器经中间件转换后的数据，插入到后台企业仓储管理系统的数据库中，对电子标签管理信息、发行和采集的电子标签信息集中进行存储和处理。

（4）RFID 标签冲突处理。随着读写器通信距离增加，其识别区域的面积也逐渐增大，这常常会使多个标签同时处于读写器的识别范围之内。由于读写器与所有标签共用一个无线通道，当两个以上的标签在同一时刻向读写器发送标识信号时，信号将产生叠加，导致读写器不能正常解析标签发送的信号。这个问题通常被称为标签信号冲突问题（或碰撞问题），解决冲突问题的方法被称为防冲突算法。

解决无线网络中冲突的方法一般有四类，即空间分多址（SDMA）、码分多址（CDMA）、频分多址（FDMA）和时分多址（TDMA），考虑到 RFID 系统标签硬件能力的限制，时分多址是最有实际应用价值也是最常见的一类防冲突方法。简单地说，时分多址就是让所有标签在读写器的统一指挥下，在不同时间片分别发送识别信号，这样就能保证标签信号不会相互干扰。现有的 TDMA 防冲突算法分为基于 ALOHA 机制的算法和基于二进制树的算法两种类型。

最初的 ALOHA 算法被称为纯 ALOHA 算法，其实现原理是由读写器检测是否有冲突发生，标签根据读写器的检测结果决定本次发送或者随机独立地等待一段时间后再重新发送以避免冲突。纯 ALOHA 算法实现简单，但信道利用率仅为 18.4%。针对这个问题有许多改进方案，如 S－ALOHA（分时隙 ALOHA）算法将纯 ALOHA 算法的时间分为若干时隙，每个标签只能在时隙开始时发送标识符。由于系统进行了时间同步，S－ALOHA 协议的信道利用率达到 36.8%，是纯 ALOHA 的两倍。帧的时隙 ALOHA（FSA）在 S－ALOHA 的基础上，将若干个时隙组织为一帧，且在帧内只随机发送一次，读写器以帧为单元进行识别，进一步降低了冲突的概率。理论证明，当帧的长度等于读写器场内标签数目时，FSA 的性能达到最优。但 FSA 算法中帧的长度是固定的，针对实际场景中标签数目未知这一情况，出现了许多动态自适应设置帧长度的算法，其中最具代表性的是 EPCglobal Gen2 标准中设计的 Q 算法。Q 算法中的读写器根据帧中时隙的实际情况来变动帧长度，当一帧出现过多冲突时，表示标签数量大于帧长度，此时读写器会提前结束该帧并发送一个新的更大的帧；当一个帧出现过多的空闲时隙时，此帧也不是最佳的帧，读写器提前结束该帧，启动一个新的更小的帧。Q 算法在超高频射频识别系统中得到了广泛的应用。

基于二进制树的防冲突算法的基本思想是按照递归的工作方式将冲突的标签集合划分为两个标签子集，直到集合中只剩下一个标签为止。划分子集的算法有两种：一种是让标签随机选择所属集合，这种算法称为随机二进制树算法；另一种是按照标签的标识符号进行划分，这种算法称为查询二进制树算法。

6.1.3 射频识别技术和物联网

基于 RFID 标签对物体的唯一标识特性引发了人们对物联网的研究热潮。一些国家正在积极研究基于 RFID 物联网的应用。日本政府提出的泛在网络（ubiquitous Japan，U－Japan），其核心是人们可以在任何时间、任何地方安全使用，但感觉不到其存在的信息通信网络。U－Japan 通信不仅是人与人，更多的是人与机器间以及物体间的业务流。从而实现泛在个人服务、泛在商业服务、泛在公共服务和泛在行政服务。韩国政府提出的 U－Korea 的核心计划：IT839，其包括泛在传感器网络（USN）、宽带融合网络（BcN）和 IPv6 3 个基础设施。

我国早在 20 世纪 90 年代就开始了物联网产业的相关研究和应用试点的探索，国家金卡工程——非接触式智能卡，已在不停车收费、路桥管理、铁路机车识别管理，以及电子证照身份识别等方面开展了成功试点和规模应用。在此基础上，于 2004 年启动了物联网的重要应用——无线射频识别（RFID）的行业应用试点工作。该工作主要涉及农业领域的生猪、肉牛的饲养及食品加工的实时、动态、可追溯的管理；工业领域的煤矿安全生产、对矿工的安全监护；工业生产的托盘管理；物流领域的邮政包裹、民航行李、远洋运输集装箱、铁路货车调度监管；部队军用物资供给、军械管理；城市交通、公路、水运等交通管理以及涉车涉驾的智能交通综合应用等。

6.2　传感器技术

实现物联网，需要感知节点及时、准确地获取外界事物的各种信息，如位移、速度、加速度、力、力矩、温度、湿度、压力、流量等，因此必须合理选择和善于运用各种传感器和检测仪表。传感器与检测技术是当今世界发达国家普遍重视并大力发展的高新技术之一。在人类社会步入信息时代，实现物物相连的今天，传感器技术已成为物联网技术中必不可少的关键技术之一。

6.2.1　传感器概述

国际电工委员会（international electrotechnical committee，IEC）关于传感器的定义："传感器是测量系统的一种前置部件，它将输入变量转换成可供测量的信号"。按照这个定义，传感器包含两个必不可少的概念：一是检测信号；二是能把检测的信息变换成一种与被测量有确定函数关系的、便于传输和处理的量。随着信息科学与微电子技术，特别是微型计算机与通信技术的快速发展，传统传感器与微处理器、微型计算机相结合，形成了兼有检测信息和信息处理等多项功能的智能传感器。可以预见，当人类跨入光子时代时，光信息将成为更快速、高效地处理与传输的可用信号，传感器的概念将随之发展成为能把外界信息或能量转换成为光信号或能量的器件。

随着电子计算机、生产自动化、现代信息、军事、交通、化学、环保、能源、海洋开发、遥感、宇航等科学技术的发展，对传感器的需求量与日俱增，其应用已渗入到国民经济的各个部门以及人们的日常生活中。可以说，从太空到海洋，从各种复杂的工程系统到人们日常生活的衣食住行，都离不开传感器，传感技术对国民经济的发展起着日益巨大的作用。

6.2.2　传感器技术分析

技术的革新与进步，推动了传统传感器朝微型化、智能化、网络化的方向发展，20世纪 90 年代产生了无线传感器节点。与传统的传感器不同，无线传感器节点不仅包括了传感器部件，还集成了微型处理器和无线通信芯片等，能够对感知的信息进行分析处理和网络传输。无线传感器节点是物联网分层架构网络层中接入网的重要组成部分，通过无线传感器节点互联组成的接入网，主要完成末梢传感器节点的组网控制和数据融合、汇聚及完成向末梢节点信息的转发。本节将结合传感器网络的设计需求，描述无线传感器节点的软硬件平台。

无线传感器的硬件平台由供能装置、传感器、微处理器及通信芯片组成。通常，传感器节点使用电池供电，某些节点也可以使用可再生能源，如太阳能、风能等进行供电。根据具体的应用需求以及传感器本身的特点决定采集外界参数的传感器的类型。微处理器是无线传感节点负责计算的核心。目前的微处理器芯片集成了内存、闪存、模数转化器、数字I/O等。这种深度集成的特征使它非常适合在无线传感网络中使用。无线传感器节点借助内部的通信芯片以自组织方式构成无线传感网络（wireless sensor network，WSN），将传感器采集的信息通过网络传输到监控中心的无线网关，直接送入计算机，进行分析处理。

传感器节点一般采用电池供电，一个2000mAh的电池理论上可以持续输出10mA的电流达200h。因此传感器节点在硬件设计上考虑的最基本要素是低功耗。供电装置使用可再生能源技术进行储能，从而延长节点的工作寿命。在处理器上，通过节点的休眠唤醒机制降低节点的电能消耗。目前常用的节点唤醒模式有全唤醒模式、随机唤醒模式、由预测机制选择唤醒模式和任务循环唤醒模式。全唤醒模式下，无线传感器网络中的所有节点同时唤醒，这种模式是以网络能量的消耗换取较高的跟踪精度。随机唤醒模式下，以给定的唤醒概率p随机唤醒网络中的节点。由预测机制选择唤醒模式下，节点根据本时刻的信息，预测目标下一时刻的状态，并选择性地唤醒跟踪精度收益较大的节点。在任务循环唤醒模式中，网络中的节点周期性的处于唤醒状态，这种工作模式的节点可以与其他工作模式的节点共存，并协助其他工作模式的节点工作。在无线传感节点的总能量消耗中，通信芯片耗能所占的比重最大，只要通信芯片处于开启状态，不管它有没有收发数据，都消耗差不多的能量。因此在没有数据收发时，关闭通信芯片是节省功耗的最常用手段。同时在选择通信芯片时，传输距离、接收灵敏度与功耗是互联矛盾的因素，如何寻找两者的最佳平衡点，是节点设计时必须考虑的因素。

作为传感器节点软件系统的核心，节点操作系统向上层应用程序提供硬件驱动、资源管理、任务调度以及编程接口等。节点操作系统区别于传统操作系统和嵌入式操作系统的主要特点是：其硬件平台资源极其有限，节点操作系统是极其微型化的。下面将围绕目前无线传感网络研究领域使用最为广泛的操作系统TinyOS介绍传感器网络操作系统以及应用程序编程的典型特点。

TinyOS和基于TinyOS的应用程序都使用nesC语言编写，nesC是专门为资源极其受限、硬件平台多样化的传感节点设计开发的语言。nesC在继承传统C语言的部分重要特性外，也有自己独有的特性。使用nesC编写的应用程序是基于组件的，组件之间可以灵活组合，使TinyOS系统可以方便地移植到多种硬件平台。组件间的相互调用通过组件定义并对外提供接口进行。通过一个最顶层的配置文件，声明组件间通过接口的连接关系，明确一个组件调用的服务究竟是由哪个组件实际提供的。

为了简化设计并降低实现开销，TinyOS核心使用了事件驱动的单线程任务调度机制，即在任何时刻，处理器只能执行一个任务。在单个TinyOS任务中不能有IO等阻塞的调用。例如，在单个任务中，如果要访问一个IO资源，如读传感器，必须分两阶段完成：首先调用一个IO请求，并结束当前任务；当系统完成IO请求时，通过事件触发通知应用程序。TinyOS的多线程扩展工作也在积极开发中。TOSThreads是一个基于

TinyOS 的多线程扩展，目前已经集成在 TinyOS 2. x 中。

6.2.3　传感器的发展趋势

随着科技的发展，传感器也在不断的更新发展，传感器的发展体现 ① 将采用系列高新技术设计开发新型传感器；② 传感器的微型化与微功耗；③ 传感器的集成化、多功能化与智能化三个趋势。

1. 将采用系列高新技术设计开发新型传感器

21 世纪初，微电子技术、大规模集成电路技术、计算机技术达到成熟期，光电子技术进入发展中期，超导电子等新技术进入发展初期，均为加速研制新一代传感器提供了发展条件。传感器领域的主要技术正在现有基础上延伸和提高，并加速新一代传感器的开发和产业化。

（1）微电子机械系统（micro electro mechanical systems，MEMS）技术、纳米技术将高速发展，成为新一代微传感器、微系统的核心技术，是 21 世纪传感器技术领域中带有革命性变化的高新技术。采用微电子机械技术（micro electro mechanical technology，MEMT）形成的微传感器和微系统，具有划时代的微小体积、低成本、高可靠性等独特的优点。

（2）采用新工艺。新工艺的含义范围很广，这里主要指与发展新兴传感器联系特别密切的微细加工技术。该技术又称微机械加工技术，是近年来随着集成电路工艺发展起来的，它是离子束、电子束、分子束、激光束和化学刻蚀等用于微电子加工的技术，目前已越来越多地用于传感器领域，例如溅射、蒸镀、等离子体刻蚀、化学气体淀积（CVD）、外延、扩散、腐蚀、光刻等，迄今已有大量采用上述工艺制成的传感器。

（3）加速开发新型敏感材料。随着材料科学的进步，传感器技术日臻成熟，其种类越来越多，除早期使用的半导体材料、陶瓷材料外，光导纤维以及超导材料的开发，为传感器的发展提供了物质基础。例如，以硅为基体的许多半导体材料易于微型化、集成化、多功能化、智能化，半导体光热探测器具有灵敏度高、精度高、非接触性等特点，适于发展红外传感器、激光传感器、光纤传感器等现代传感器。敏感材料中，陶瓷材料、有机材料发展很快，可采用不同的配方混合原料，在精密调配化学成分的基础上，经过高精度成型烧结，得到对某一种或某几种气体具有识别功能的敏感材料，用于制成新型气体传感器。此外，高分子有机敏感材料，是近几年人们极为关注的具有应用潜力的新型敏感材料，可制成热敏、光敏、气敏、湿敏、力敏、离子敏和生物敏等传感器。传感器技术的不断发展，也促进了更新型材料的开发，如纳米材料等。美国 NRC公司已开发出纳米 ZrO_2 气体传感器，控制机动车辆尾气的排放，对净化环境效果很好，应用前景比较广阔。

（4）提高传感器的性能。检测技术的发展，必然要求传感器的性能不断提高。例如，对于火箭发动机燃烧室的压力测量，希望测试准确度能高于 0.1%；对超精机加工的在线检测，要求准确度达 0.1um，且工作可靠。传感器的检测准确度是其最重要的性能指标。在 20 世纪 30 年代到 40 年代，检测准确度一般为百分之几到千分之几，近年来提高很快，有些量的检测准确度可达万分之几，甚至百万分之几。

2. 传感器的微型化与微功耗

各种控制仪器设备的功能越来越大，要求各个部件的体积越小越好，因而传感器本身体积也是越小越好。微传感器的特征之一就是体积小，其敏感元件的尺寸一般为微米级，是由微机械加工技术制作而成，包括光刻、腐蚀、泻积、键合和封装等工艺。利用各向异性腐蚀、牺牲层技术和 LIGA 工艺，可以制造出层与层之间有很大差别的三维微结构。这些微结构与特殊用途的薄膜和高性能的集成电路相结合，已成功用于制造各种微传感器乃至多功能的敏感元件阵列（如光电探测器等），实现了诸如压力、力、加速度、角速率、应力、应变、温度、流量、成像、磁场、温度、pH 值、气体成分、离子和分子浓度以及生物传感器等。目前形成产品的主要是微型压力传感器和微型加速度传感器等，它们的体积只有传统传感器的几十分之一乃至几百分之一，质量从千克级下降到几十克乃至几克。

3. 传感器的集成化、多功能化与智能化

传感器集成化包括两种定义：一是同一功能的多元件并列化，即将同一类型的单个传感元件用集成工艺在同一平面上排列起来，排成 1 维的为线性传感器，如 CCD 图像传感器；集成化的另一个定义是多功能一体化，即将传感器与放大、运算以及温度补偿等环节一体化，组装成一个器件。

随着集成化技术的发展，各类混合集成和单片集成式压力传感器相继出现，有的已经成为商品。集成化压力传感器有压阻式、电容式等类型，其中压阻式集成化传感器发展快、应用广。

传感器的多功能化也是其发展方向之一，例如，美国某大学传感器研究发展中心研制的单片硅多维力传感器可以同时测量 3 个线速度、3 个离心加速度（角速度）和 3 个角加速度。它的主要元件是由 4 个正确设计安装在一个基板上的悬臂梁组成的单片硅结构、9 个正确布置在各个悬臂梁上的压阻敏感元件。多功能化不仅可以降低生产成本、减小体积，还可以有效地提高传感器的稳定性、可靠性等性能指标。

把多个不同功能的传感元件集成在一起，除可同时测量多种参数外，还可对这些参数的测量结果进行综合处理和评价，反映出被测系统的整体状态。由上可以看出，集成化对固态传感器带来了许多新机会，同时它也是多功能化的基础。

传感器与微处理机相结合，使之不仅具有检测功能，还具有信息处理、逻辑判断、自诊断，以及"思维"等人工智能，称之为传感器的智能化。借助于半导体集成化技术，把传感器部分与信号预处理电路、输入输出接口、微处理器等制作在同一块芯片上，即成为大规模集成智能传感器。智能传感器是传感器技术与大规模集成电路技术相结合的产物，它的实现取决于传感技术与半导体集成化工艺水平的提高与发展。这类传感器具有多功能、高性能、体积小、适宜大批量生产和使用方便等优点，可以肯定地说，这是传感器重要的方向之一。

4. 传感器的网络化

传感器网络化是传感器领域发展的一项新兴技术。传感器网络化是利用 TCP/IP 协议，使现场测控数据就近接入网络，并与网络上有通信能力的节点直接进行通信，实现数据的实时发布和共享。由于传感器自动化、智能化水平的提高，多台传感器联网已推广应用，虚拟仪器、三维多媒体等新技术开始实用化。因此，通过 Internet，传感器与用户之间可异地交换信息并浏览，厂商能直接与异地用户交流，及时完成如传感器故障诊断、软件升级等工作，传感器操作过程更加简化，功能更换和扩展更加方便。传感器网络化的目标是采用标准的网络协议，同时采用模块化结构将传感器和网络技术有机地结合起来。敏感元件输出的模拟信号经 A/D 转换及数据处理后，由网络处理装置根据程序的设定和网络协议（TCP/IP）将其封装成数据帧，并加以目的地址，通过网络接口传输到网络上。反过来，网络处理器又能接收网络上其他节点传给自己的数据和命令，实现对本节点的操作，这样传感器就成为测控网中一个独立节点。

6.3　物联网无线通信与网络技术

6.3.1　无线通信与网络概述

无线通信（wireless communication）是利用电磁波信号可以在自由空间中传播的特性，进行信息交换的一种通信方式，近些年在信息通信领域中，发展最快、应用最广的就是无线通信技术。在移动中实现的无线通信又通称为移动通信，人们把两者合称为无线移动通信。

无线通信网是由一系列无线通信设备、信道和标准组成的有机整体，使与之相连的用户终端设备，可以在任何地点进行有意义的信息交流。简单地说，无线通信网是使在任何地点的用户都能够在移动中进行信息传递的网络。无线通信网与以光纤为主体的有线网络构成了物联网体系架构网络层的核心承载网。无线通信网的基本组成元素包括：无线网络用户、无线网络用户与基站或者无线网络用户之间用以传输数据的无线连接及基站。基站的职责是将无线网络用户连接到更大的网络中（校园网、互联网或者电话网）。

现有的几种相关无线通信网络模型主要为移动自组织网络、蜂窝网络以及包括 ZigBee、WiFi 在内的短距离无线通信网。移动自组织网络（mobile ad hoc network，MANET）是对等网络，覆盖范围达数百米。它通常包含成千上万个可以完全自由移动的通信节点，维系一个有连接关系的多跳网络，实现节点之间业务数据的传输。蜂窝网络是由静止节点（基站）和移动节点组成的较大网络。每个基站都覆盖一个很大的区域，且区域之间很少重叠。移动节点通过基站实现接入及互通。蜂窝网络的主要目标就是提供高服务质量和高带宽利用率。短距离无线通信（short range wireless，SRW）是指可以在室内、办公室或封闭的公共场所提供近距离通信的技术。一般，SRW 可以在100m 以内实现传输速度为 10～100 Mbit/s 的低功率近距离通信。SRW 分为传输范围在10m 内的无线个域网（wireless personal area networks，WPAN）和以更快传输速度和更大覆盖范围为目标的无线局域网（WLAN）。

无线通信网有多种不同的分类方式。为简单明晰起见，通常将无线通信网按照通信距离划分为无线广域网、无线城域网、无线局域网和无线个域网。无线广域网（wireless wide area networks）连接信号可以覆盖整个城市甚至国家，其信号传播途径主要有两种：一种是信号通过多个相邻的地面基站接力传播，另一种是信号可通过通信卫星系统传播。当前主要的广域网包括 2G、2.5G 和 3G 系统。IEEE 802.20 标准为移动宽带无线接入（MBWA）技术标准。在高达 250km/h 的移动速度下，可实现 1Mbit/s 以上的移动通信能力，非视距环境下单基站覆盖半径为 15km。无线城域网（wireless metropolitan area networks）基站的信号可以覆盖整个城市区域，服务区域内的用户可通过基站访问互联网等上层网络。微波存取全球互通（worldwide interoperability for microwave access，WiMAX）是实现无线城域网的主要技术，IEEE 802.16 的一系列协议对 WiMAX 进行了规范。WiMAX 基站的视线（line of sight，Los）覆盖范围可达 112.6km，传输带宽可达 75Mbit/s。802.16a 协议支持的基站的非视线覆盖范围为 40km。无线局域网（wireless local area networks）在一个局部的区域（教学楼、机场候机大厅、麦当劳餐厅等）内为用户提供访问互联网等上层网络的无线连接。无线局域网是已有有线局域网的拓展和延伸，使用户可以在一个区域内随时随地访问互联网。IEEE 802.11 的一系列协议是针对无线局域网制定的规范，大多数 802.11 协议的接入点覆盖范围为几十米。802.11b 带宽可达 11Mbit/s；802.11a 和 802.11g 的带宽可达 54Mbit/s；802.11n 利用多天线、多输入、多输出（multiple input multiple output，MIMO）技术，可将带宽提高一倍，达到 100Mbit/s 左右。无线个域网在更小的范围内（约为 10m），以自组织模式在用户之间建立用于相互通信的无线连接。蓝牙传输技术和红外传输技术是无线个人局域网中的两个重要技术。蓝牙传输技术以无线电波作为载波，覆盖范围约为 30m，带宽为 1 Mbit/s 左右；红外传输技术使用红外线作为载波，覆盖范围仅为 1m 左右，带宽通常为 100kbit/s 左右。IEEE 802.15 的一系列协议是针对无线个人局域网行为的规范。802.15.1 是蓝牙传输技术协议；802.15.3 是针对超宽带（ultra wide band，UWB）个域网物理层和 MAC 层制定的标准，其带宽约为 100Mbit/s；802.15.4 是针对低速个域网（传感器网络等）物理层和 MAC 层制定的标准。

在信息、知识成为社会和经济发展的战略资源和基本要素的时代，人们更需要借助宽带无线通信技术随时随地获取信息，满足多媒体化、普及化、多样化、全球化和个性化的信息交流要求。伴随这种需求，无线通信技术的发展呈现移动宽带化、综合化、多样化、个人化和 IP 化的趋势。

宽带化是通信信息技术发展的重要方向之一。随着光纤传输技术以及高通透量网络节点的进一步发展，有线网络的宽带化正在世界范围内全面展开，而无线通信技术也正在朝着无线接入宽带化的方向演进。无线传输速率目前已完成从第二代系统的 9.6kbit/s 向以 WCDMA、CDMA2000 和 TD – SCDMA 为代表的第三代移动通信系统 2Mbit/s 的速率的升级。现在尚处于试验阶段的第四代移动通信，通信速率更高，网络互通性更好。

个人化是本世纪初信息业进一步发展的主要方向之一。移动智能网技术与 IP 技术的组合将进一步推动全球个人通信的趋势，IP 技术将成为电信网的主导通信协议。用户将在端到端分组传输模式下发送和接收数据，打破了传统的数据接入模式，使在同一核心网络上综合传送多种业务信息成为可能。

6.3.2 无线个域网

无线个域网（WPAN）技术是随着便携式计算机、PDA 等个人便携式电子设备的发展和有关需求应运而生的。为了制订在个人领域（personal operating space，POS）以低功耗和简单的结构实现无线接入的标准，1998 年成立了 WPAN SG（study group），并于 1999 年成立了 IEEE 802. 15 WG，致力于 WPAN 网络的物理层（PHY）和介质访问控制层（MAC）的标准化工作，目标是为在个人操作空间内相互通信的无线通信设备提供通信标准。用于无线个域网的通信技术很多，如 ZigBee、蓝牙、UWB、红外（IrDA）、HomeRP、射频识别等。

1. IEEE 802. 15. 4/ZigBee

IEEE 802. 15. 4 是 IEEE 标准委员会 TG4 任务组发布的一项标准。该任务组于 2000 年 12 月成立，ZigBee 联盟（zigBee alliance）于 2001 年 8 月成立，2002 年英国 Invensys 公司、美国 Motorola 公司、日本 Mitsubishi 公司和荷兰 Philips 公司等厂商联合推出了低成本、低功耗的 ZigBee 技术。IEEE 802. 15. 4 主要规定了物理层和链路层的规范，ZigBee 则主要提供了在物理层和链路层之上的网络层、传输层和应用层规范。两者组合的协议体系架构如图 6-1 所示。

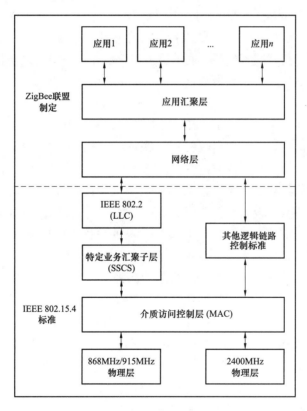

图 6-1　协议体系架构

物理层主要负责电磁波收发器的管理、频道选择、能量和信号侦听以及利用。同时物理层也规定了可以使用的频段范围，目前 IEEE 802. 15. 4 主要使用国际电信联盟电信标准化组（ITU-T）定义的三个开放的频段：868. 0 ~ 868. 6MHz、902 ~ 928MHz 和 2. 4 ~ 2. 483 5GHz。在传输技术上，从开始的直序扩频扩展为现在可以支持包括调频、调相在内的多种传输方式。

介质访问控制层（MAC）负责提供接口控制和协调节点使用物理层信道。介质访问控制层需要定义节点何时及如何使用物理层的信道资源、如何分配信道资源及何时释放资源。由于传感网节点资源的有限性，因此信道的分配及使用在传感网中尤其重要。IEEE 802.15.4 定义了两种器件：全功能器件（full-function device，FFD）和简化功能器件（reduced-function device，RFD）。全功能器件在网络里起着管理整个网络的作用，它控制所有关联的简化功能器件，且可以与网络内任何一种设备进行通信；简化功能器件只能在与其关联的全功能器件协调下进行通信。目前 IEEE 802.15.4 主要采用类似802.11 的带冲突避免的载波侦听多路访问方式，即在传输之前，先侦听介质中是否有载波存在，如无，则开始传输，否则，随机退避一段时间后重新检测信道。该协议实现简单，但在数据量较大的网络中，带宽利用率低，且节点大部分时间处于侦听信道状态的空闲侦听状态，消耗了节点的许多能量。在实际设计时，通常采用采样侦听（sample listening）和链路层调度（scheduling）方式，减少节点的空闲侦听时间，降低节点能耗。

网络层使应用层的数据能够利用 MAC 层到达最终的目的地。网络层主要负责建立拓扑结构和维护网络连接，它独立处理传入数据请求、关联、解除关联业务，包含寻址、路由和安全等。传感网有两类不同的路由协议设计：一类是数据收集协议，即将多个传感器节点上的数据收集到汇聚节点；另一类是数据分发协议，即将汇聚节点上的数据分发给网络中的每一个传感器节点。CTP（collection tree protocol）是目前广泛使用的数据收集协议之一。其工作原理是：在初始化阶段，每个节点向邻居节点广播自己到汇聚节点的路由指标 ETX；节点根据收集到的数据，计算自己到汇聚节点的最小距离，并记录对应的父节点；节点收到数据包后根据记录的父节点信息把该包转发给父节点，最终通过多跳的方式收集到汇聚节点。数据分发协议的代表 Drip 的工作方式是：Drip 协议为每一数据项对应一个版本号，数据越新则版本号越高。网络中每个节点周期性地广播一个数据项的版本信息。当 Drip 节点发现自己的数据需要更新（即发现邻居节点的版本信息更高）时，则向邻居节点发送请求包。收到该请求包的节点广播关于该数据项的数据包，使全网的数据达到最新。网络层的另外一个重要协议是 6LoWPAN，该协议被称为无线个域网上的 IPv6，它是为连接运行 IPv6 高速互联网协议的网络和运行低速协议的其他网络而设计的。6LoWPAN 提供了移植 IPv6 网络和连接不同网络 IPv6 的不同功能，包括包大小调整规范、地址解析、不同网络设备设计、不同网络参数优化目标的调整、不同网络及不同层间的包格式解析、网络内节点管理、路由及设备的发现等方面的内容。IEEE 802.15.4/ZigBee 具有强大的组网能力，通过无线通信组成星状网、树形网、网状网和混合网，可以根据实际项目需要来选择合适的网络结构。

网络层以上的部分也是由 ZigBee 协议具体规定的，这一部分向终端用户提供了接口。ZigBee 协议中这部分内容主要包含了三个组件：ZigBee 设备对象（zigbee device object，ZDO）、应用对象（application object）和应用子层支持（application sub-layer support，APS）。这三个组件互相协作，应用对象各种服务的实现需要应用子层支持提供的服务和接口，并在 ZDO 的管理下完成。

一个典型的基于 ZigBee 技术的 IEEE 802.15.4 网络系统如图 6-2 所示。

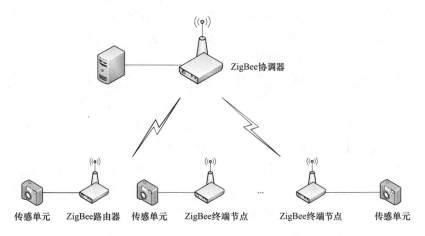

图 6 - 2   基于 ZigBee 技术的网络系统

在该 ZigBee 网络系统中，部署了一个 ZigBee 协调器与 PC 相连，同时部署了若干 ZigBee 终端节点或路由器，使其连接温度、湿度和光敏电阻等传感器来监测环境。另外，环境中还部署了一些 ZigBee 终端节点与执行器连接，例如在智能家居系统中用于控制窗帘的开关、台灯亮灭的开关等。ZigBee 协调器和终端节点在房间环境内组成了一个星状结构的 ZigBee 无线传感器执行网络。

2. 超宽带技术

超宽带（ultra wide band，UWB）是一种无载波扩谱通信技术，又被称为脉冲无线电（impulse radio），是一种持续时间极短、带宽很宽的短时脉冲。具体定义为，相对带宽（信号带宽与中心频率的比）大于 25% 的信号或者带宽超过 1.5GHz 的信号。UWB 采用超短周期脉冲进行调制，把信号直接按照 0 或 1 发送出去，而不使用载波，这与以前的无线通信截然不同。UWB 具有对信道衰落不敏感、发射信号功率谱密度低、截获率低、系统复杂度低、能提供数厘米的定位精度等优点，非常适用于无线传感网。

UWB 开发了一个具有吉赫级容量和最高空间容量的新无线信道。基于 CDMA 的 UWB 脉冲无线收发信机，在发送端时钟发生器产生一定重复周期的脉冲序列，用户要传输的信息和表示该用户地址的伪随机码，分别或合成后对上述周期脉冲序列进行一定方式的调制，调制后的脉冲序列驱动脉冲产生电路，形成一定脉冲形状和规律的脉冲序列，然后放大到所需功率，再耦合到 UWB 天线发射出去。在接收端，UWB 天线接收的信号经低噪声放大器放大后，送到相关器的一个输入端，相关器的另一个输入端加入一个本地产生的与发端同步的经用户伪随机码调制的脉冲序列，接收端信号和本地同步的伪随机码调制的脉冲序列一起经过相关器中的相乘、积分和取样保持运算，产生一个对用户地址信息分离的信号，其中仅含用户传输信息以及其他干扰，然后对该信号进行解调运算。

UWB 的主要功能包括无线通信和定位功能。进行高速无线通信（速率在 100 Mbit/s 以上）时，传输距离较近，一般在 10 ~ 20m 左右，进行较低速率无线通信和定位时，传输距离可以更远一些。UWB 技术采用无载波脉冲方式时，具有较强的透视功能，可以穿透数层墙壁进行通信、成像或定位。与全球定位系统（GPS）相比，UWB 技术的定位精确度更高，可以达到10～20cm的精度，正是凭借短距离传输范围内的高传输速率及高精度定位这一巨大优势，UWB进入民用市场之初，其应用就定位在了无线局域网（WLAN）和无线个域网（WPAN）上。

UWB技术与现有的其他无线通信技术相比，数据传输速率高、功耗低、安全性好。UWB技术可以实现的速率超过1 Gbit/s，与有线的USB2.0接口相当，远远高于无线局域网IEEE 802.11b的11 Mbit/s，也比下一代无线局域网802.11a/g的54 Mbit/s高出近一个数量级。UWB通信的功耗较低，能较好地满足使用电池的移动设备的要求。另外，UWB信号的功率谱密度非常低，信号难以被检测到，再加上采用跳频、直接序列扩频等扩频多址技术，非授权者很难截获传输的信息，因而安全性非常好。基于以上诸多优点，UWB技术在短距离通信中具有非常广泛的应用前景。

3. 近场通信（NFC）技术

近场通信（near field communication，NFC），又称近距离无线通信，是一种短距离的高频无线通信技术，允许电子设备之间进行非接触式点对点传输数据（在10cm内）和交换数据。

NFC通信工作中心频率为13.56MHz，NFCIP－2标准给出了NFC的可用工作频率范围为13.56MHz±7kHz。在此工作频段上，NFC可以实现0～20cm的无线数据传输。NFC技术提供了两种不同的通信模式：主动通信模式和被动通信模式，所有的NFC设备都支持这两种通信模式。在主动通信模式下，通信双方各自产生射频场传输数据；在被动通信模式下，只需一方产生射频场，另一方通过加载调制来传输数据。NFC技术中，数据传输速率可达106kbit/s、212kbit/s、424kbit/s甚至更高。NFC的传输协议包括协议激活、数据交换、协议关闭。由于NFC是典型的多用户开放式系统，为了防止干扰正在工作的其他NFC电子设备，NFC电子设备在呼叫工作前都要进行射频场检测，当周围射频场小于规定的门限值时（HTHRESHOLD＝0.1875A/m），方可呼叫。

NFC技术由免接触式射频识别（RFID）演变而来，并向下兼容RFID，主要用于手机等手持设备中提供M2M的通信。由于近场通信具有天然的安全性，因此NFC技术在手机支付等领域具有很大的应用前景。目前，基于SIM卡技术的移动非接触近距离支付主要有以下几种实现方式：双界面卡方案、NFC（SWP）方案和RF－SIM 2.4G方案。双界面卡方案是在SIM卡中加入非接触界面（contactless interface），但是该方案的NFC手机不具有阅读器功能，不能满足其他方面的用户要求，目前没有支持的手机厂商。NFC（SWP）方案是将NFC芯片（卡）和天线内嵌于手机中，而非集成在SIM卡上，为了达到电子支付要求的安全性能，还在手机中嵌入了一个安全芯片。目前采用NFC（SWP）技术的方案较成熟，已被ETSI采纳。主要参考标准有：ISO/IEC 14443－2、ISO/IEC 14443－3、ISO/IEC 14443－4、ETSI TS 102 600、ETSI TS 102 613、ETSI TS 102 622。RF－SIM采用2.4G的工作频率，将无线射频（RF）模块集合到SIM卡内，使RF－SIM可以随时和周围的设备进行交互，并且不影响SIM卡的原有功能。

NFC技术的应用可以分为Touch and Go、Touch and Confirm、Touch and Connect以及Touch and Explore 4种类型。Touch and Go类应用包括门禁控制或车票、电影院门票

售卖等，使用者只需携带储存有票证或门控代码的设备靠近读取设备即可。Touch and Confirm 类应用包括手机支付。用户靠近读取设备后，被要求输入密码来确认交易行为并完成服务，通常包括商场大额消费，有时也可直接接受交易，如公交 IC 电子钱包。Touch and Connect 类应用主要为两个内置 NFC 芯片的设备进行点对点的数据传输，如用手机下载电脑上的音乐、数码相机间交换照片、手机间交换通讯录或者名片。Touch and Explore 类应用方便使用者自行探索并开发出设备潜在的功能和服务。

4. 蓝牙技术

蓝牙技术是一种无线数据与数字通信的开放式标准。主要用于通信和信息设备的无线连接。它的工作频率为 2.4GHz，有效范围半径在 10m 内。在此范围内，采用蓝牙技术的多台设备，如手机、微机、激光打印机等能够无线互联，以约 1Mbit/s 的速率相互传递数据，并能方便地接入互联网。随着蓝牙芯片价格和耗电量的不断降低，蓝牙已成为许多高端 PDA 和手机的必备功能。

目前，在 2.4 GHz 频段上的无线局域网技术中，除了蓝牙技术外，还有 IEEE 802.11、Home RF 和红外技术。总的来说，IEEE 802.11 比较适合于办公室无线网络，Home RF 适用于家居环境语音设备等与主机之间的通信，蓝牙技术则可以应用于如语音数据接入、外设互连、个人局域网（PAN）等任何允许无线方式替代线缆的场合。

6.3.3　无线局域网

无线局域网（WLAN）指以无线电波、红外线等无线传输介质来代替目前有线局域网中的传输介质（比如电缆）而构成的网络。WLAN 覆盖半径一般在 100m 左右，可实现十几兆至几十兆的无线接入。在宽带无线接入网络中，常把 WLAN 称为"WMAN（无线城域网）的毛细血管"，用于用户群内部信息交流和网际接入。

1. IEEE 802.11 网络

IEEE 801.11 是 IEEE 于 1997 年发布的一个无线局域网标准，为规范和统一无线局域网的行为，从 20 世纪 90 年代至今 IEEE 又制定了一系列的 IEEE 802.11 协议。IEEE 802.11 标准系列主要从 WLAN 的物理层和 MAC 层两个层面制定了一系列规范：物理层标准规定了无线传输信号等基础标准，如 IEEE 802.11a、IEEE 802.11b、IEEE 802.11d、IEEE 802.11g、IEEE 802.11h；介质访问控制子层标准是在物理层上的一些应用要求标准，如 IEEE 802.11e、IEEE 802.11f、IEEE 802.11i。

IEEE 802.11 协议的差异主要体现在使用频段、调制模式、信道差分等物理层技术。不同 IEEE 802.11 协议物理层的异同见表 6－1。

表 6－1　　　　　　　　　　　　　IEEE 802.11 协议比较

IEEE 802.11 协议	发布时间	频宽（GHz）	最大带宽（Mbit/s）	调制模式
802.11—1997	1997.6	2.4～2.485	2	DSSS
802.11a	1999.9	5.1～5.8	54	OFDM
802.11b	1999.9	2.4～2.485	11	DSSS
802.11g	2003.6	2.4～2.485	54	DSSS 或 OFDM
802.11n	2009.10	2.4～2.485 或 5.1～5.8	100	OFDM

尽管 IEEE 802.11 协议在物理层使用的技术存在很大差异，但其上层架构和链路访问协议是相同的，MAC 层都使用带冲突避免的载波监听多路访问（carrier sense multiple access/collision avoidance，CSMA/CA）技术。CSMA/CA 在发送数据之前先监听信道，如果信道冲突则不发送数据，与传统以太网使用的 CSMA/CD 不同的是，即使侦听到信道为空，为了避免冲突也要等待一小段随机时间后再发送数据帧。IEEE 802.11 协议使用 CSMA/CA 而不使用 CSMA/CD 主要有两个原因：

（1）冲突侦测需要全双工的信道，而建立起能侦测冲突的硬件代价是很高的。

（2）即使无线信道是全双工的，但是由于无线信号衰减特性和隐藏终端问题，硬件还是不能侦听到全部可能的冲突。虽然 CSMA/CA 在一定程度上避免了隐藏终端问题，但并不能完全消除这个问题。因此 IEEE 802.11 介质访问控制协议提供了一种可选的机制来消除隐藏终端问题。该机制允许某个用户使用 RTS（request to send）和 CTS（clear to send）在传输数据帧之前和接入点通信，令接入点只为它保留信道的使用权。由于 RTS 和 CTS 帧的长度非常短，即使 RTS 和 CTS 帧发送过程有冲突发生，代价也很小，而一旦 RTS 和 CTS 帧发送成功，在数据帧和确认帧的发送过程中就不再会有冲突发生。由于对传输时延、信道带宽等参数一定程度上的劣化，RTS 和 CTS 机制往往只被用于冲突发生概率较高的场景中。

如图 6-3 所示是一个典型的基于 IEEE 802.11 的无线局域网组成架构。在该结构中，WLAN 的最小基本构件是基本服务集（basic service set，BSS），由接入点（类似于移动通信中的基站）和无线站点组成，因此也称为基站式架构。一个基本服务集（BSS）所覆盖的地理范围称为一个基本服务区（basic service area，BSA）。在 WLAN 中，一个基本服务区（BSA）的范围可以有几十米的直径。不同的基本服务集可以通过交换机或路由器相连，构成一个覆盖范围更广的扩展服务集（extended service set，ESS）。基本服务集也可以通过互连设备连接到互联网中。

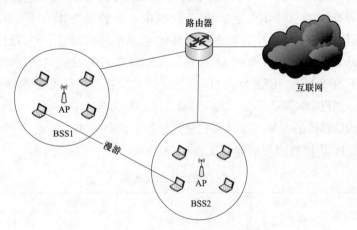

图 6-3　IEEE 802.11 WLAN 组成结构

IEEE 802.11 协议的另一种架构模式是自组织网络，这种模式不需要类似接入点的基础设施，每个无线站点既是数据交互的终端，也是数据传输过程中的路由设备。这种网络架构可结合上述的基站式架构，用于无线站点相对集中且接入点无法覆盖整个区域的情况。

2. Ad Hoc 网络

Ad Hoc 网络是由许多带有无线收发装置的通信终端（也称为节点、站点）构成的一种特殊的对等式无线移动网络。互联网工程任务组（IETF）对 Ad Hoc 网络的定义是：一个移动 Ad Hoc 网络可以看作一个独立的自治系统或者一个对互联网的多跳无线扩展。在 Ad Hoc 网络中，节点间的通信可能要经过多个中间节点的转发，即经过多跳（multihop），这是 Ad Hoc 网络与其他移动网络的根本区别。节点通过分层的网络协议和分布式算法相互协调，实现网络的自组织和运行。因此，它也被称为多跳无线网（multihop wireless network）、自组织网络（self organized network）或无固定设施的网络（infrastructureless network）。

Ad Hoc 网络中的节点不仅要具备普通移动终端的功能，还要具有报文转发的能力，即要具备路由器的功能。因此，就完成的功能而言，将节点分为主机、路由器和电台三部分。其中主机部分完成普通移动终端的功能，包括人机接口、数据处理等应用软件；路由器部分主要负责维护网络的拓扑结构和路由信息，完成报文的转发功能；电台部分为信息传输提供无线信道支持。

Ad Hoc 网络一般有两种结构：平面结构和分级结构。在平面结构中，所有节点的地位平等，所以又称为对等式结构。在分级结构中，网络被划分为簇。每个簇由一个簇头和多个簇成员组成，这些簇头形成高一级的网络，在高一级的网络中，还可以分簇，再次形成更高一级的网络，直至最高级。簇头节点负责簇间数据转发。簇头可以预先指定，也可以由节点通过一定的算法自动选举产生。平面结构的网络比较简单，网络中所有节点是完全对等的，原则上不存在瓶颈，所以比较健壮。但是可扩充性差，每一个节点都需要知道到达其他所有节点的路由，因此需要大量的控制信息维护这些动态变化的路由信息。在分级结构网络中，簇成员的功能比较简单，不需要维护复杂的路由信息。这大大减少了网络中路由控制信息的数量，因此具有很好的可扩充性。由于簇头节点可以随时选举产生，分级结构具有很强的抗毁性，但是维护分级结构需要节点执行簇头选举算法，簇头节点可能会成为网络的瓶颈。因此，当网络的规模较小时，可以采用简单的平面式结构；当网络的规模增大时，应采用分级结构。

6.3.4　无线城域网

当接入网技术迅速发展，尤其提出无线接入问题之后，IEEE 802 委员会成立了用户专门工作组，研究宽带无线网络标准。无线城域网（WMAN）用于解决城域网接入问题，它的覆盖范围为几千米到几十千米，除提供固定的无线接入外，还提供具有移动性的接入能力。IEEE 802.16 就是这样一种宽带无线接入（broadband wireless access）技术，它通过接入核心网向用户提供业务，核心网通常采用基于 TCP/IP 协议的网络。

为了推广基于 IEEE 802.16 和欧洲电信标准组织（ETSI）高性能无线城域网（HiperMAN）协议的宽带无线接入设备，并且确保它们之间的兼容性和互操作性，业界宽带无线接入和芯片制造商，包括 Intel、奥维通、Airspan Networks、诺基亚、Proxim、

Redline and Aperto Networks、AT&T 等 100 多家生产、运营商在 2004 年 4 月成立了一个称为"微波接入的全球互通"的非营利性工业贸易联盟，即 WiMAX 论坛。目的是对以 IEEE 802.16 系列宽带无线接入标准为基础的产品的互通性进行测试和认证，以保证市场上设备的部件是标准化的。

相比于无线局域网的介质访问控制协议，WiMAX 的介质访问控制包含了更多内容。例如全双工信道传输、点对多点传输的可扩展性以及对 QoS 的支持。全双工信道利用 WiMAX 频带较宽的特点，提供更高效的宽带服务；可扩展性指单个 WiMAX 基站应当为众多用户同时提供服务，由此保证 WiMAX 的成本效率；QoS 是针对不同用户的不同需求提供更优质的数据流服务。

WiMAX 网络架构由无线网络用户与 WiMAX 基站组成。大量的无线网络用户通过与核心网络相连的 WiMAX 基站建立关联，获取核心网络提供的服务。这种架构和 WiFi 的基站模式及蜂窝电话网络类似。WiMAX 网络架构中数据传输连接由两部分组成：

（1）基站和用户之间的连接。基站使用视线或非视线点对多点连接为用户提供服务。在城市中，由于建筑物的阻挡，基站与用户之间多使用非视线通信（2～11GHz 厘米波频段）。与 WiFi 不同，多数 IEEE 802.16 协议采用时分双工或频分双工支持全双工传输，并提供服务质量保证，即基站可以根据用户的需求分配上行传输和下行传输各自的信道带宽。

（2）基站和核心网络之间的连接。基站通过光纤、电缆、微波等点对点连接与核心网络互联，这段连接也称为回程（backhaul）。回程需要的是高速、稳定的连接。如果使用无线回传，WiMAX 常采用 10～66GHz 毫米波频段作为回程连接的载波。

WiMAX 技术的典型应用场景包括：面向居住区和小型家庭办公室（SOHO）的高速互联网接入、中小型企业低成本的灵活接入及 WiFi 的热点回程。

6.3.5　无线广域网

无线广域网（WWAN）主要是为了满足超出一个城市范围的信息交流和网际接入需求，让用户与远程公众或私人网络建立无线连接。WWAN 主要用于全球及大范围的覆盖和接入，具有移动、漫游、切换等特征，业务能力主要以移动性为主。在无线广域网中，一般使用蜂窝网络技术，例如全球移动通信系统（GSM）、通用分组无线业务（GPRS）、全球定位系统（GPS）、码分多址（CDMA）和第三代移动通信（third generation，3G）等，来传输数据。

1. 3G 网络

第三代移动通信（3G）是将国际互联网等多媒体通信与无线通信业务结合的新一代移动通信系统。3G 不仅能够提供所有 2G 的信息业务，还能够保证更快的速度，以及更全面的业务内容。3G 网络是全球移动综合业务数字网，它综合了蜂窝、无绳、集群、移动数据、卫星等各种移动通信系统的功能，与固定电信网业务兼容。3G 标准由国际电信联盟（ITU）负责制定，ITU 最初发展 3G 的目标是建立一个全球统一的通信标准，但由于利益分歧，导致了 3G 有欧洲提出的 WCDMA、美国提出的 CDMA2000 和我国提出的 TD-SCDMA 三种标准并存。

（1）WCDMA 技术体制。WCDMA 最先由爱立信公司提出，是一种由 3GPP 具体制定的，基于 GSM MAP 核心网，以 UTRAN（UMTS 陆地无线接入网）为无线接口的第三代移动通信系统，保持了与 GSM/GPRS 网络的兼容性。核心网络可以基于 TDM、ATM（asynchronous transfer mode）和 IP 技术，并向全 IP 的网络结构演进。核心网络逻辑上分为电路域和分组域两部分，以完成电路型业务和分组型业务。UTRAN 基于 ATM 技术，统一处理语音和分组业务，并向 IP 方向发展。MAP 技术和 GPRS 隧道技术是宽带码分多址（WCDMA）体制移动性管理机制的核心。空中接口采用 WCDMA：信号带宽 5 MHz，码片速率 3.84Mchip/s，上行技术参数主要基于欧洲 FMA2 方案，下行技术参数则基于日本的 ARIB WCDMA 方案。AMR 语音编码，支持同步/异步基站运营模式、上下行闭环加外环功率控制方式、开环（STTD、TSTD）和闭环（FBTD）发射分集方式、导频辅助的相干解调方式、卷积码和 Turbo 码的编码方式、上行 BPSK 和下行 QPSK 的调制方式。

（2）CDMA2000 技术体制。CDMA 2000 由美国高通公司提出，是在 IS－95 的标准基础上扩展（完全向下兼容）而提出的第三代移动通信系统（3G）标准，目前其标准化工作由 3GPP2 来完成。CDMA2000 也使用了一段 5MHz 的带宽，但与 GSM 不兼容。电路域继承 2G IS－95 CDMA 网络，引入以 WIN 为基本架构的业务平台；分组域基于 Mobile IP 技术的分组网络，无线接入网以 ATM 交换机为平台，提供丰富的适配层接口。空中接口采用 CDMA 2000 兼容 IS－95：信号带宽为 1.25N MHz（N＝1、3、6、9、12），码片速率为 1.2288N Mchip/s，8K/13K QCELP 或 8K EVRC 语音编码，基站需要 GPS/GLONESS 同步方式运行，上下行闭环加外环功率控制方式，前向采用 OTD 和 STS 发射分集方式，反向采用导频辅助的相干解调方式，编码方式采用卷积码和 Turbo 码，调制方式为上行 BPSK 和下行 QPSK。

（3）TD－SCDMA 技术体制。TD－SCDMA 标准由中国无线通信标准组织 CWTS 提出，目前已经融合到 3GPP 关于 WCDMA－TDD 的相关标准中。核心网络基于 GSM/GPRS 网络演进，保持与 GSM/GPRS 网络的兼容性。核心网络可以基于 TDM、ATM 和 IP 技术，并向全 IP 的网络结构演进。核心网络逻辑上分为电路域和分组域两部分，分别完成电路型业务和分组型业务。UTRAN 基于 ATM 技术，统一处理语音和分组业务，并向 IP 方向发展。MAP 和 GPRS 隧道技术是 WCDMA 体制移动性管理机制的核心。空中接口采用 TD－SCDMA，具有 3S 特点，即智能天线（smart antenna）、同步 CDMA（synchranous CDMA）和软件无线电（software radio）。TD－SCDMA 采用的关键技术有智能天线＋联合检测、多时隙 CDMA＋DS－CDMA、同步 CDMA、信道编译码和交织（与 3GPP 相同）、接力切换等。

2. 移动宽带无线接入网络

由于对移动宽带无线接入（MBWA）技术的需求不断增加，2002 年 11 月，IEEE 正式成立了新的 IEEE 802.20 工作组。该工作组的目标是：规范低于 3.5 GHz 许可频段的移动宽带无线接入（MBWA）系统物理层和 MAC 层的互操作性。此系统基于 IP 技术，单用户峰值数据传输速率超过 1 Mbit/s，系统支持在城域网环境下，终端移动速度高达

250 km/h 的移动通信，并且在频谱效率、用户端持续数据传输速率、用户容量等方面比已有移动系统有明显的优势。

IEEE 802.20 技术标准的特点包括：透明支持实时和非实时业务；始终在线连接；广泛的频率重用；支持在各种不同技术间漫游和切换，如从 MBWA 切换到 WLAN；小区之间、扇区之间的无缝切换；支持空中接口的 QoS 与端到端核心网 QoS 一致；支持基于策略的 QoS 保证；支持多个 MAC 协议状态以及状态之间的快速转移；对上行链路和下行链路的快速资源分配；用户数据速率管理；支持与射频（RF）环境相适应的自动选择最佳用户数据速率；空中接口提供的消息方式用于相互认证；允许与现存蜂窝系统的混合部署；空中接口的任何网络实体之间都为开放接口，从而允许服务提供商和设备制造商分别实现相应功能的实体。

IEEE 802.20 是基于纯 IP 架构的移动系统。在 IEEE 802.20 系统中，移动终端是 IP 主机，而 IP 基站的使用与有线接入网络中的接入路由器类似。IP 基站一方面利用空中接口与移动终端相连接，另一方面通过有线链路与移动核心 IP 网络相连。从有线链路这一侧看，IP 基站与普通的接入路由器没有本质区别。IEEE 802.20 是真正意义上基于 IP 的蜂窝移动通信系统。对移动用户的移动性管理以及认证授权等，通常由 IP 基站本身或由 IP 基站通过移动核心 IP 网络访问核心网络中相关服务器完成。

6.4 海量信息存储技术

6.4.1 数据中心概述

1. 物联网对海量信息存储的需求

网络化存储是存储大规模数据的一种方式，具有高可靠性和经济性。网络存储体系结构主要分为直接附加存储（direct-attached storage，DAS）、网络附加存储（network attached storage，NAS）和存储区域网络（storage area network，SAN）三种。虽然这三种体系结构都随着存储技术的发展而不断调整，但随着物联网技术的蓬勃发展，所有能独立寻址的物理对象都将加入到物联网中，导致网络上的数据在现有基础上再一次呈爆炸式增长，同时物联网相对传统互联网的智能化特性及数据的持续在线可获取特性，都将对数据存储带来新的挑战，因此需要适合物联网特点的海量数据存储技术。而现有的基于本地局域网或私有广域网规模的网络存储只能满足中等规模的商用需求，这直接促使了拥有数十万服务器的网络存储实体——大型数据中心的诞生。大规模数据中心的海量数据存储能力相对其他传统的存储方式更能满足物联网的需求，高度的可靠性和安全性提供及时、持续的数据服务，为物联网应用提供了良好的支持。

2. 数据中心的起源及发展

数据中心起源于计算机工业早期的大型计算机（简称大型机）。随着微型计算机（简称微型机）时代的到来，分布式系统登上了历史舞台。人们开始设计使用层次化的方案对大量的微型机（现在也被称作服务器）进行管理，并将这些微型机部署在一个特别设计的房间内。在这个阶段，"数据中心"作为一个专业术语得到了广泛的认同。

数据中心在"互联网泡沫"中迅速发展，日益增长的大规模在线应用和企业级基础服务（如网页搜索、文件共享、电子邮件、域名解析服务、在线游戏等）需求促使十万级甚至百万级服务器数据中心（mega data center）的诞生。大规模数据中心虽然也部分采用了 NAS 或 SAN 的结构，但其本质上已经超出了计算机存储系统的范畴，是一个大型的系统工程。从 2007 年起，数据中心网络逐渐成为国内外学术界和工业界的热点，关于数据中心网络的成果和产品纷纷涌现。一些专业的组织机构，例如电信产业协会（telecommunication industry association，TIA）提出了数据中心的相关标准文件，对数据中心设计的各项需求进行了详细的说明。

3. 数据中心的相关标准

ANSI/TIA/EIA - 942 是由电信产业协会（TIA）提出，并由美国国家标准学会（ANSI）批准的数据中心标准。该标准完成于 2005 年 4 月，是国际上第一部较为全面的数据中心技术规模标准。该标准借用了 TIA 已有的部分标准，也吸纳了信息技术领域的众多工程师、制造商以及终端用户参与到标准的制定中。TIA - 942 对数据中心的选址与布局、缆线系统、可靠性分级、能源系统和降温系统进行了规范。

6.4.2　Google 数据中心

Google 是世界上最大的搜索引擎，每月大约要处理 30 亿次的搜索查询，每天大约要处理超过 20 PB 的数据、存储数十亿的网页地址和数亿用户的个人资料，截至 2007 年 10 月，Google 站点的可靠性超过了 99.99%。这一切惊人的数据，都必须归功于 Google 数据中心的支持。

Google 数据中心在硬件上通过其具有的专利性服务器内置电池技术，即每台服务器配置一个专用的 12V 电池来替代常规的 UPS，起到提高使用效率、降低成本的目的。另外，Google 通过一些有效的设计使数据中心高温化，从而使部分数据中心的能源使用效率（power usage effectiveness，PUE）达到业界领先的 1.16 倍。除硬件的独特设计外，Google 为数据中心研发的一些软件技术也相当著名，其三大核心要素包括：负责服务器数据存储工作的 Google 文件系统（google file system，GFS）、MapReduce 算法和 Google 大表（bigtable），具体内容在本书第一章中有介绍。

6.4.3　数据中心的研究热点

从 Google 数据中心的相关数字可以看出，建设大规模数据中心耗资巨大。其他如微软、雅虎、eBay 等公司也都投入了巨大数量的资金。如何降低成本、提高现有设备的利用率，成为了研究的热点问题。5 万台服务器规模的数据中心的成本构成大致为基础设施成本约占 25%、服务器成本约占 45%、网络设备成本约占 15%、能源消耗约占 15%。

基础设施部分包括能源系统、降温系统、各种防火设备、安保设备等。降低这一部分成本往往涉及机械设备制造技术和政策优惠等因素，与计算机学科的关联程度相对较低。

尽管服务器占据了总成本的 45%，但系统设计的冗余性、应用需求预测困难等因素仍使服务器的利用效率比较低。为了提高服务器利用率，微软的研究人员提出了单个数据中心内敏捷性的概念，其主要含义是，在动态分配服务时，保持适当的安全性和各个服务性能的独立，从而及时应对需求的动态变化。

网络设备的成本大约占总成本的15%，主要来自于购买交换机、路由器、负载均衡设备的费用，以及数据中心内部和数据中心之间的连接费用。科研人员开始考虑重新设计数据中心的网络结构，并提出了不少新颖的数据中心互联结构。这些网络结构包括以交换机为中心的多层树形结构，以及以服务器为中心的结构。

根据美国APC公司的统计结果，数据中心的能耗中：关键设备的工作负载占36%，电能转化效率带来的损失占11%，照明占3%，降温系统占50%。微软和Google等公司也有类似的统计结果。因此，降低能源成本需要从设备负载、降温系统两个方面进行。

数据中心包含数量巨大的服务器，可调整负载的服务器可以在不需要全负荷运行时处于低功耗状态，从而降低服务器的能耗。目前这种技术已经得到普及，有的家用笔记本电脑都已经可以支持在高性能模式和节电模式间切换。数据中心标准提到的冷通道和热通道的设置，可以提高降温系统的工作效率。近几年来，工程师和学者提出了一些新方法。一种方法是为数据中心设置更高的工作环境温度，减少降温系统的工作时间。然而初期的实验表明设备出错的概率随温度的升高逐渐增加。也有研究人员认为，目前数据中心中的热量分布不均，对降温系统的控制是粗放式的，还不够精细。他们提出，在数据中心中布设无线传感器网络，利用传感器感知数据，对不同位置的温度进行精确的了解，解决工作环境可见性缺失的问题，实现降温系统的精确控制，从而提高降温系统的工作效率。工业界也推出了集装箱式的模块化数据中心产品，多个小型的模块化数据中心可以组合成大型的数据中心。在集装箱式的数据中心中，降温系统的工作效率更高，相对之前出现的典型数据中心而言，其能量效率更高。微软已发表声明称，公司在新建数据中心时将主要依靠这种集装箱式的数据中心。

6.5 数据融合技术

在许多应用场合，由单个传感器所获得的信息通常是不完整、不连续或不精确的。融合多种信息源的数据，能产生一个有关场景的更一致的解释，使不确定性大大降低。数据融合的概念是针对多传感器系统提出的。物联网的建设与发展，为数据融合技术开辟了一个新的应用领域。

6.5.1 数据融合概述

1. 数据融合的概念

数据融合最早由美国国防部在20世纪70年代提出，它是人类模仿自身信息处理能力的结果。单一感知节点只能获得环境特征的部分数据信息，描述对象和环境特征的某个侧面。而融合多个节点的数据信息可以在较短时间内，以较小的代价，得到使用单个感知节点所不可能得到的精确特征。近40年来数据融合技术得到了巨大的发展，同时，随着电子技术、信号检测与处理技术、计算机技术、网络通信技术以及控制技术的飞速发展，数据融合已被应用在多个领域，在现代科学技术中的地位日渐突出。

有关数据融合比较准确的表述为：充分利用不同时间、不同空间的多感知节点数据资源，采用计算机技术对按时序获得的观测数据，在一定准则下自动分析、综合、支配和使用，获得对被测对象的一致性解释与描述，完成所需的决策和估计任务。因此数据融合的实质是，针对多维数据进行关联或综合分析，进而选取适当的融合模式和处理算法，提高数据的质量，为知识提取奠定基础。

在数据融合领域，人们经常提及"数据融合"与"信息融合"两个术语。实际上它们是有差别的，一些人认为信息融合比数据融合的概念更广泛，这主要是由于"信息"这一术语似乎包含"数据"；另外一些人则认为数据融合比信息融合更广泛；而更多的场合则把"数据融合"与"信息融合"等同看待。从技术上讲，数据通常解释为信息的具体化，信息不仅包含了数据，还包含了信号和知识。"信息融合"一词较为广泛、确切、合理，更具有概括性，近年来国际上开始流行 Information Fusion 的说法。尽管如此，在实际应用中，没有必要深入追究它们之间的区别与联系，数据融合一词比较常用。

2. 物联网中的数据融合

在物联网的前端传感网中，为了准确地感知数据，往往需要部署监测范围互相重叠的大量传感器节点，以增强所采集信息的鲁棒性和准确性。对同一对象或事件进行监测的邻近节点所报告的数据，会有一定的空间相关性（冗余度）。把这些冗余的数据不经处理全部上报给汇聚节点，不仅浪费带宽资源，还造成节点不必要的能量消耗，缩短传感网的生命周期。因此在大规模传感网中，各个节点多跳传输感知数据到汇聚节点（sink）前，需要对数据进行融合处理，即利用节点的本地计算能力和存储能力，将多份数据或信息进行处理，组合出更有效、更符合用户需求的数据处理方式。

由于传感网不同于以往网络的特点，物联网具有独特的融合技术要求。考虑到物联网感知节点会由于恶劣环境因素或自身能量耗尽而造成失效等情形，稳健性和自适应性是物联网数据融合实现的基本需求；物联网中的网络节点能量有限，物联网的数据融合要考虑感知节点的能耗与能量的均衡性；物联网中存在大量感知节点，在设计时需要考虑协议的可扩展性。

物联网对数据融合技术的研究，需要重点解决融合点的选择、融合时机的选择和怎样进行数据融合（即融合算法）三个问题。

（1）数据融合节点的选择。融合节点的选择与网络层路由协议有密切关系，需要依靠路由协议建立的路由回路数据，并且使用路由结构中的某些节点作为数据融合的节点。

（2）数据融合时机。物联网与传感网类似，是一种多跳自组织网络，感知节点需要协作进行数据回传。尤其是在周期性监测应用中，需要考虑感知节点周期性回传数据，相邻轮次的数据采集具有一定的相关性，需要历史信息等以减少回传的数据量。当确定了数据回传路径中的数据融合节点后，数据融合的节能效果还与这些数据融合节点进行数据融合前的等待时间密切相关，需要知道等待多长时间、合并哪些节点传来的数据，即需要恰当确定数据融合节点的数据融合时机。在某个数据融合节点，何时及对哪些接收到的数据进行融合并转发，需要结合路由协议中的转发机制考虑。

（3）数据融合算法。在数据回传中，路由需要尽可能多地将数据包传送至网络中的某些节点，并在这些节点进行数据融合。采用什么样的融合算法将直接影响数据融合的效能。数据融合是为适应传感网以数据为中心的应用而产生的，融合算法主要关注如何利用本地感知节点的处理能力，对采集到或接收到的其他感知节点发送的多个数据进行网内融合处理，消除冗余信息，然后再回传处理后的数据，其重点在于减少需要传输的数据。

6.5.2　数据融合技术

1. 传感网中数据融合的层次结构

目前，传感网数据融合研究主要集中在应用层与网络层。在应用层，通过分布式数据库技术，对采集的数据进行初步筛选，达到融合效果。在网络层，结合路由协议实现数据融合，减少数据的传输量。在现有的协议层之外，还研究了独立于应用的数据融合技术，形成了网络层与应用层之间的数据融合层。

（1）应用层中的数据融合。应用层数据融合技术是基于查询模式的数据融合技术，核心思想是把分布式数据库技术用于传感网的数据收集过程，采用类似 SQL 的风格实现应用层接口。在基于分布式数据库的汇聚操作中，用户使用描述性语言向网络发送查询请求，查询请求在网络中以分布式的方式进行处理，查询结果通过多跳路由返回给用户。处理查询请求和返回查询结果的过程，实质上就是进行数据融合的过程。应用层的数据融合实现起来比较容易，可以达到较高的融合度，但也会损失一定的数据收集率。

（2）网络层中的数据融合。网络层中的数据融合即所谓的网内数据融合。感知节点采集的数据在逐次转发过程中，中间节点查看数据包的内容，将接收的入口数据包融合成数目更少的出口报文，转发给下一跳。目前，针对传感网网络层数据融合的路由协议主要是以数据为中心的路由，即节点根据数据内容对来自多个数据源的数据进行融合操作，然后转发数据。这种方法的优点是，在路由过程中实现数据融合，有效地减少了传输时延。但是，网络层中的数据融合，需要跨协议层理解应用层数据的含义，这在一定程度上增加了融合的计算量。

（3）独立的数据融合协议层。在网络层或应用层中实现数据融合，不但会破坏各协议层的完整性，也会导致信息丢失，为此，提出了一个能够适应网络负载变化，独立于应用的数据融合（application independent data aggregation，AIDA）协议层。数据融合协议层指根据下一跳地址，通过适当的算法直接对数据链路层的数据包进行融合，不再关心应用层数据的语义。数据融合协议层通过减少数据封装头部的开销和媒体访问控制（MAC）子层的发送冲突来达到节省能量的目的。此外还增强了数据融合对网络负载状况的适应性，即只有当网络负载较重时才进行较高程度的融合。

2. 数据融合技术与算法

数据融合技术涉及复杂的融合算法、实时图像数据库技术和高速、大吞吐量数据处理等支撑技术。数据融合算法是融合处理的基本内容，它将多维输入数据在不同融合层次上运用不同的数学方法，进行聚类处理。多传感器数据融合虽然还未形成完整的理论体系和有效的融合算法，但不少应用领域根据各自的具体应用背景，已经提出了许多成熟并且有效的融合算法。针对传感网的具体应用，也有许多具有实用价值的数据融合技术与算法。

（1）传感网中的数据融合技术。为解决传统传感网中的数据融合问题，可以从不同的应用角度采用不同的数据融合技术，如与路由相结合的数据融合技术、基于反向组传播树的数据融合技术、基于性能的数据融合技术、基于移动代理的数据融合技术等。

目前，与路由相结合的数据融合技术有查询路由中的数据融合、分层路由中的数据融合，以及链式路由中的数据融合三种。基于反向组传播树的数据融合通常指由多个源节点向一个汇聚节点发送数据的过程。为使网内数据融合更有效，要求数据在网络中传输时有一定时间的延迟，以便即使不是一个时间点达到融合节点的数据也能得到充分的融合。因此也称为基于性能的数据融合。基于移动代理的数据融合指在一定程度上减小网络的带宽需求、降低能耗的一种数据融合方式。

（2）多传感器数据融合算法。融合算法是数据融合的关键。多传感器数据融合的核心问题就是选择使用恰当的融合算法。一般情况下，如果基于非线性的数学方法具有容错性、自适应性、联想记忆和并行处理能力，就可以作为融合算法。目前已有大量的多传感器数据融合算法，基本概括为两大类：一是随机类方法，包括加权平均法、卡尔曼滤波法、贝叶斯估计法、D－S证据推理等；二是人工智能类方法，包括模糊逻辑、神经网络等。不同的方法适用于不同的应用背景。神经网络和人工智能等新概念、新技术在数据融合中将发挥越来越重要的作用。

（3）传感网数据融合路由算法。目前，针对传感网中的数据融合问题，国内外的研究成果，主要集中在数据融合路由协议方面。按照通信网络拓扑结构的不同，比较典型的数据融合路由协议有：基于数据融合树的路由协议、基于分簇的路由协议，以及基于节点链的路由协议。

1）基于融合树的数据融合路由协议。TAG（tiny aggregation）是一种以数据为中心，基于融合树的数据融合路由算法，主要由查询分发和数据收集两个阶段组成。在查询分发阶段，汇聚节点发送查询请求到各感知节点，并通过向邻节点广播数据融合树构造消息，来构造以汇聚节点为根的数据融合树。在数据收集阶段，数据融合树中的各父节点在完成数据融合后，沿着数据融合树将融合数据发往汇聚节点。TAG可以利用数据库查询语言，完成COUNT、MIN、MAX、SUM、AVERAGE等基本的数据融合操作。但当网络拓扑结构频繁变化时，汇聚节点必须周期性地广播树构造消息来维护数据融合树，缩短了传感网的生命周期。

定向扩散（directed diffusion，DD）也是一种典型的以数据为中心的基于融合树的数据融合算法。定向扩散路由融合算法中的数据融合包括兴趣扩散、兴趣梯度建立和数据发送三个阶段。当汇聚节点需要收集数据时，首先向网内的传感器节点广播兴趣消息（interest message），兴趣消息描述了汇聚节点所感兴趣的数据类型以及数据采集方式等信息，节点在接收到兴趣消息后，同样会向邻近节点广播兴趣消息。节点根据接收到的兴趣消息建立兴趣梯度，兴趣梯度的值将根据消息发送节点的能量、通信能力、位置等因素进行调整。兴趣扩散过程结束时，每个节点会根据兴趣梯度值选择一条"增强路径"作为数据传输的路径，并将采集到的与兴趣相匹配的数据沿此路径发送到下一跳节点。下一跳中间节点缓存转发数据信息，当发现收到的数据与保存在缓存中的已转发数据重复时，将不予转发，减少信息冗余。定向扩散算法无需通过泛洪的方式获得整个网络的拓扑信息，仅通过与邻居节点的交互就可以建立起兴趣梯度和用于数据转发的增强路径，提高网络资源利用率。但是定向扩散算法同样需要周期性地更新数据融合树，以适应网络拓扑结构的动态变化。

2）基于分簇的数据融合路由协议。为减少网络数据传输量、平衡簇内节点的数据传输能量消耗，达到延长网络生存周期的目的，Wendi Rabiner Heinzelman 等提出在传感网中使用分簇概念的 LEACH（low energy adaptive clustering hierarchy）算法。LEACH 算法的每一轮数据收集过程由分簇阶段和稳定阶段构成。在分簇阶段，LEACH 算法按照指定的分布式函数，随机选择一个感知节点作为簇头节点，选择完成后，簇头节点向邻居节点发送公告消息。邻近的其他传感器节点根据簇头节点的位置、信号强度等因素选择加入到某个簇中。在稳定阶段，簇内的节点以时分复用的方式将接收到的数据发送给簇头节点，由簇头节点进行融合处理后发给汇聚节点。稳定阶段持续一段时间后，网络再次进入下一轮的分簇阶段，重新选择簇头节点。在分簇阶段，簇头节点是在每一轮中随机选择的，所以保证了数据传输能量损耗能较均衡的分布到各个节点上。

这种基于簇的数据融合路由算法降低了节点发送功率，减少了不必要的链路及节点间的干扰，能够保持网络内部能量消耗的均衡性。该算法的缺点是：分簇的实现以及簇头的选择需要相当一部分开销，且簇内成员多依赖簇头传输数据与处理，使簇头的能量消耗很快，为避免簇头能量耗尽，需频繁选择簇头。同时，簇头与簇内成员为点对多点的一跳通信，可扩展性差，不适用于大规模网络。

3）基于节点链的数据融合路由协议。在 LEACH 算法的基础上，Stephanie Lindsey 等人提出了 PEGASIS（power efficient gathering in sensor information system）算法。PEGASIS 算法是一种基于链状结构的路由协议，传感网中的各个感知节点构成一条节点链。节点链的构造从距离汇聚节点最远的感知节点开始，按照相邻节点距离最短原则，由各节点采用贪婪算法或者由汇聚节点以集中方式将所有节点连接成一条链，并随机选择一个节点作为链头节点。在每轮数据传输过程中，只有链头节点可以向汇聚节点传送数据。当开始采集数据时，链头节点向节点链的两端发送数据收集消息，数据从节点链的两端向链头节点汇聚，中间节点收到邻居节点发送的数据，将其与本节点数据进行融合处理后沿链头节点方向传送，最后由链头节点将数据融合结果发送给汇聚节点。

PEGASIS 算法的优点在于，每轮数据传送都仅有随机选择的一个链首节点和汇聚节点进行直接的数据传送，其余节点只与距离最近的邻居节点进行通信，耗费的传输能量较小。通过随机选择链首节点，将数据传输能耗均匀分布到节点链的各个节点上。很明显，该算法也有许多缺点：一是每个节点都需要获得整个传感网的拓扑状态信息；二是链头节点为瓶颈节点，若它的能量耗尽，则有关路由会失效；三是较长的节点链会造成传输时延。因此，PEGASIS 算法不适用于拓扑结构变化比较频繁的场景。

6.5.3 数据融合技术的发展方向

随着人工智能技术和工业技术的发展，数据融合及管理技术正向智能化、集成化方向发展，主要集中在以下几点：

（1）建立数据融合的基础理论，这包括进一步研究融合技术的数学基础，对于同类信息相融合的数值处理，主要研究其各种最优、次优分散式算法；对于不同类型信息相融合的符号处理方法，引进其他领域的一些新技术，如具备学习功能的新型 AI 技术、进化算法、小波分析技术、进化神经网络等。

（2）开展对兼有稳健性和准确性的融合算法和模型的研究。多传感器数据融合本质上是一个参数估计问题，或者说是一个算法问题。信号处理技术及其软件的实现方法在数据融合中占了相当大的比重。应加强对国内外研究成果的跟踪，借鉴成功经验，着重研究相关处理、融合处理、系统模拟算法和模型，开展对数据融合系统的评估技术和度量标准研究。

（3）分布式处理结构所具有的独特优点（信道容量要求低、系统生命力强、工程易于实现），将使其在检测、估计、跟踪方法中进一步发展。

（4）研究数据融合用的数据库和知识库，高速并行检索和推理机制。利用大型空间数据库中数据和知识进行推理是融合系统过程中的关键任务，但其数据量往往非常庞大，这就有必要深入研究和探讨，用于空间数据库的知识发现机制和处理方法。

（5）人工智能可使系统本身具有较好的柔性和可理解性，同时还能处理复杂的问题，因而在未来的数据融合技术中，利用人工智能的各种方法，以知识为基础，构成多传感器数据融合将继续是其研究趋势之一。

（6）神经网络以其泛化能力强、稳定性高、容错性好、快速有效的优势，在信息融合中的应用日益受到重视。目前，它将模糊数学、神经网络、进化计算、粗集理论、小波变换、专家系统等智能技术有机地结合起来，是一个重要的发展趋势。

6.6　智能决策技术

庞大的物联网离不开先进的感知、通信、计算和存储技术的支持。在此基础上，如何有效地利用海量信息成为物联网应用的关键。本节从数据挖掘这个角度研究物联网中的智能决策技术。数据挖掘通过对物联网中纷繁复杂的现象和信息进行处理，为人们的决策提供直观和强大的支持。

6.6.1　数据挖掘概述

许多人把数据挖掘视为另一个常用术语"数据库中知识发现"或 KDD 的同义词。一个典型的知识发现过程由以下步骤组成：① 数据清理：主要负责清除噪声或不一致数据。② 数据集成：把来自不同途径的多种数据源组合在一起。③ 数据选择：从数据库中提取与分析任务相关的数据。④ 数据变换：通过汇总或聚焦操作将数据变换成适合挖掘的形式。⑤ 数据挖掘：使用智能方法提取数据模式。⑥ 模式评估：根据某种兴趣度度量，识别提供知识的真正有趣模式。⑦ 知识表示：使用可视化或知识表示技术，向用户提供挖掘的知识。

从上述描述可以知道，数据挖掘是知识发现过程的一个基本步骤，也是最重要的一步，因为它发现隐藏的模式。这里我们采用数据挖掘（data mining）的广义观点来定义：数据挖掘是从存放在数据库、数据仓库或其他信息库中的大量数据挖掘有用知识的过程。基于这种观点，典型的数据挖掘系统具有以下主要部分：

（1）数据库、数据仓库或其他信息库。这是一个或一组数据库、数据仓库、表或其他类型的信息库，可以在数据上进行数据清理或集成。

（2）数据库或数据仓库服务器。根据用户的数据挖掘请求，数据库或数据仓库服务器负责提取相关数据。

（3）知识库。这是领域知识，用于指导搜索或评估结果模式的兴趣度。这种知识可能包括概念分层，用于将属性或属性值组织成不同的抽象层。用户确信方面的知识也可以包含在内，可以根据非期望性评估模式的兴趣度使用这种知识。领域知识的其他例子有兴趣度限制或阈值和元数据。

（4）数据挖掘引擎。这是数据挖掘系统的基本部分，由一组功能模块组成，用于特征、关联、分类、聚类分析、演变和偏差分析。

（5）模式评估模块。通常该部分使用兴趣度度量，并与挖掘模块交互，以便将搜索聚焦在有趣的模式上。它可能使用兴趣度阈值过滤发现的模式。模式评估模块也可以与挖掘模块集成在一起，这依赖于所用的数据挖掘方法的实现。对于有效的数据挖掘，应尽可能地将模式评估推进到挖掘过程中，以便将搜索限制在有兴趣的模式上。

（6）图形用户界面。该模块在用户和挖掘系统之间通信，允许用户与系统交互，指定数据挖掘查询或任务，提供信息、帮助搜索聚焦，根据数据挖掘的中间结果进行探索式数据挖掘。此外，该成分还允许用户浏览数据库和数据仓库模式或数据结构，评估挖掘的模式，以不同的形式对模式可视化。

6.6.2　数据挖掘的基本类型和算法

数据挖掘任务可以分为描述和预测两类。描述性挖掘任务刻画数据的特性，而预测性挖掘任务根据数据作出推断和预测。根据所挖掘出的知识差异，数据挖掘的基本类型包括：关联分析、分类与预测、聚类分析、局外者分析和演化分析等。其中分类与预测和演化分析属于预测挖掘，其他类型属于描述挖掘。下面分别对每一种基本类型和对应算法进行简要介绍。

1. 关联分析

关联分析（association analysis）的目标是从给定的数据中发现频繁出现的模式，即关联规则。关联分析被广泛用于市场营销、事务分析等领域。

关联规则通常的表述形式是 $X => Y$，其中 X 和 Y 是对数据的断言或者描述。关联规则 $X => Y$ 解释为"满足条件 X 的数据库元组多半也满足条件 Y"。支持度和置信度是关联规则的两个重要指标，为了求得满足给定支持度和置信度要求的关联规则，首先需要找到数据中频繁出现的模式，即频繁项集。

用于求解频繁项集的一个经典算法称为 Apriori 算法，其基本思想是利用已求出的 k 项集来计算（$k+1$）项集。Apriori 算法的缺点在于它可能要产生大量候选项集，并可能需要重复地扫描数据库。为避免产生大量的候选频繁项集，近年又提出了一种 FP - Growth 算法，利用树状结构保存项集减小了计算频繁项集所需的存储空间。

2. 分类与预测

分类（classification）的目标是找出描述和区分不同数据类或概念的模型或函数，

以便能够使用模型预测数据类或标记未知的对象。分类模型或函数可以通过分类挖掘算法，从训练样本数据（其类别归属已知）中学习获得。

分类挖掘所获的分类模型可以采用多种形式加以描述输出，主要包括分类规则、判定树、数学公式、神经网络等分类方法。分类可以用来预测数据对象属于哪一类，例如根据一个人的日常行为数据，判定其是否属于精神病患者。然而在某些应用中，人们可能希望预测某些未知的数据值，而不是数据归属于哪一类。当被预测的值是数值数据时，通常称为预测（prediction），其主要包括线性多变量和非线性回归等建模方法。

3. 聚类分析

聚类分析（clustering analysis）同样要对一个数据集合进行分析，但与分类最明显的区别在于要划分的类是事先未知的。因此聚类的目的是将数据对象划分为多个类或簇，在同一簇中的对象之间具有较高的相似度，而不同簇中的对象差别较大。对象之间相异度的度量通常由用户指定，并根据数据对象的属性值差异来计算。

现有的聚类算法包括划分法、层次法、密度划分法、网格划分法和模型划分法。划分法的聚类数目是事先给定的，划分法首先创建一个初始划分，然后通过对划分中心点的反复迭代来改进划分。层次法是对给定数据集合进行逐层递归的合并（自底向上）或者分裂（自顶向下），直到达到终止条件为止。密度划分法基于临近区域内的数据点数量进行分类：当临近区域的密度（单位空间内数据点的数目）超过某个阈值，就将该区域的数据进行聚类。基于网格的方法把对象空间量化为具有规则形状的单元格，将每个单元格当作一条数据进行处理。如果事先已知数据是根据潜在的概率分布生成的，基于模型的方法便可为每个聚类构建相关的数据模型，然后寻找数据对给定模型的最佳匹配。

4. 局外者分析

数据集合中可能会包含一些数据对象，它们与其余绝大多数数据的特性或模型不一致，称这些数据对象为局外者（outlier）。大部分数据挖掘方法将离群点视为噪声或错误而丢弃，然而，在一些应用中，如商业欺诈行为的自动检测，小概率发生的事件往往比经常发生的事件更有挖掘价值，因此对局外者的分析和挖掘也具有相当重要的意义。

局外者分析方法大致分为 3 类：基于统计的方法、基于距离的方法和基于偏移的方法。基于统计的方法需要事先已知数据的分布或概率模型，然后根据数据点与该模型的不一致性检验来确定局外者。基于距离的方法不需要数据模型，而是将那些没有足够邻居的数据对象看作是局外者。基于偏移的局外者分析不采用统计检验或基于距离的度量值来确定异常对象。相反，它通过检查数据对象的一组主要特征来确定局外者。偏离事先给出的特征描述的数据对象被认为是局外者。

5. 演化分析

演化分析（evolution analysis）的目的是挖掘随时间变化的数据对象的变化规律和趋势，并对其建模，进而为相关决策提供参考。例如，一个投资者拥有纽约股票交易所过去几年的主要股票市场的数据，并希望调查高科技工业公司的股票，从而做出投资决定。对股票的演化分析可以得出整个股票市场和特定公司的股票变化规律。这种规律可以帮助预测股票市场价格的未来走向，对股票投资决策起到帮助作用。

演化分析中采用的建模方法很多，除了前面提到的关联分析和分类分析等，还包括与时间相关的数据分析方法、序列或周期模式匹配和基于类似性的数据分析。

6.6.3 智能决策与物联网

物联网可以被看作是互联网应用的拓展，它使物理对象（包括智能与非智能物体）能够与互联网无缝连接，从而实现虚拟世界和物理世界的一体化。在物联网中，所有的物理对象均可积极参与业务流程（互动、通信和控制）。那么，数据挖掘技术在物联网应用中到底有怎样的需求呢？为回答这个问题，下面将列举很多不同领域的需求。随着物联网的发展，数据挖掘技术一定能够在各行各业大显身手，使物联网能够为人们的决策提供强有力的支持。

1. 优质服务

电信业已经迅速从单纯地提供市话和长话演变为提供综合电信服务。而且随着许多国家对电信业的开放和新兴计算与通信技术的发展，电信市场正在迅速扩张并愈发竞争激烈。因此，利用数据挖掘技术来帮助理解商业行为、确定电信模式、捕捉盗用行为、更好地利用资源和提高服务质量是非常必要的。通过对电信数据的多维分析，有助于识别和比较数据通信情况、系统负载、资源使用、用户组行为、利润等；通过盗用模式分析和异常模式识别，可以确定潜在的盗用者和他们的非典型使用模式，检测想侵入用户账户的企图；通过多维关联和序列模式分析，可以推动电信服务的发展。

2. 市场营销

随着管理信息系统和 POS（point of sales）系统在商业尤其是零售业内的普遍使用，营销方可以收集到大量关于用户购买情况的数据。物联网的发展将使数据的收集和管理更加方便。对市场营销来说，利用数据挖掘技术通过对用户数据的分析，可以得到关于顾客购物取向和兴趣的信息，从而为商业决策提供可靠的依据。数据挖掘在营销业上的应用可分为数据库营销（database marketing）和货篮分析（basket analysis）两类。

3. 智能家居

在物联网上应用数据挖掘技术可以极大地方便人们的日常生活。以天气预报为例，目前天气预报由气象台发布，人们通过媒体（如互联网和电视）才能得知相关的天气情况，这样在出行之前必须要主动求助于媒体。这经常会为出行带来不便，如有时会忘记带雨伞，途中却开始下雨。而物联网为人们获取天气信息提供了便利：一方面，物联网中的智能设备会随时关注气象信息，并针对雨天发出报警提醒。另一方面，一些智能终端会随时跟踪主人的行踪，并通过数据挖掘方法由主人的历史行动特征数据预测他的去向。一旦预测结果是主人要出门，那么就在合适的时候由相应的智能终端提醒他不要忘记带雨伞。例如，如果主人在门口，就由安装在门上的智能设备向他发出通知；如果在车内，则由车载计算机发出通知。智能化的物联网让人们不必主动关注天气的变化，使人们的生活更加轻松。

4. 金融安全

由于金融投资的风险很大，所以在进行投资决策时，需要通过对各种投资方向的数

138

据进行分析，以选择最佳的投资方向。数据挖掘可以通过对已有数据的处理，找到数据对象间的关系，然后利用学习得到的模式进行合理的预测。此外，金融或商业上经常发生诈骗行为，如信用卡恶性透支等，这些欺诈行为给银行和商业单位带来了巨大的损失。对这类诈骗行为进行预测，即使正确率相对较低，都会减少发生诈骗的机会，从而减少损失。进行诈骗识别主要是通过分析正常行为、诈骗行为的数据和模式，得到诈骗行为的一些特性，这样当某项业务记录符合这样的特征时，识别系统可以向决策人员提出警告。在物联网中，业务数据的来源更加广泛（如来自银行、超市等诸多单位的联合记录），并且数据收集过程的自动化程度更高，因而提高了金融欺诈识别的正确率和效率。

5. 产品制造和质量监控

随着现代技术越来越多地应用于产品制造业，制造业已不是简单的手工劳动，而是集成了多种先进科技的流水作业。在产品的生产制造过程中常常伴随有大量的数据，如产品的各种加工条件或控制参数（如时间、温度等）。通过各种监控仪器收集的这些数据反映了每个生产环节的状态，对生产的顺利进行起着至关重要的作用。通过数据挖掘对数据进行分析，可以得到产品质量与这些参数之间的关系，从而获得针对性很强的建议以提高产品质量，而且有可能发现新的更高效节约的控制模式，为厂家带来丰厚的回报。

除以上列举的几种应用外，数据挖掘在物联网大背景下还有很多需求，在此不一一列举。

6.7 发现和搜索引擎技术

6.7.1 搜索引擎概述

随着互联网的爆炸式发展，每时每刻都有庞大的信息量在网络中交互，传统意义上的信息检索（information retrieval，IR）无论从规模还是形式上都已经不能满足人们对检索信息的要求。Web 搜索引擎的出现正是为解决上述问题，它是一个能够在合理响应时间内，根据用户的查询关键词，返回一个包含相关信息的结果列表（hits list）服务的综合体。

传统的 Web 搜索引擎是基于查询关键词的。它的基本结构由三部分组成：网络爬虫模块、索引模块、搜索模块。网络爬虫模块的主要功能是通过对 Web 页面的解析，根据 Web 页面之间的连接关系抓取这些页面，并储存页面信息交给索引模块处理。索引模块主要完成对抓取数据的预处理并建立关键字索引以便搜索模块输出。搜索模块对用户的关键词输入，根据数据库的索引知识给出合理的搜索结果。搜索的结果通常是一些包含结果的列表，这些结果信息由 Web 页面、图像和其他类型的文件组成。

建立高效而合理的 Web 搜索引擎是一个挑战，必须考虑几个重要问题。① 在数量庞大的查询请求情况下，必须有合理的响应时间，过长的延迟严重影响服务质量和用户体验；② 简单的匹配关键字，并不是总能得到合理的结果，Web 搜索引擎还需要对匹配结果进行进一步筛选；③ 由于一般用户的平均查看返回结果不会超过 2 页，对搜索返回的海量结果列表（对于大型的搜索引擎，搜索返回的结果列表一般会在亿这个数量级），必须根据重要性进行排序。

6.7.2 搜索引擎体系结构

1. 信息采集

信息采集作为 Web 搜索引擎的重要模块，其主要功能是在 Web 上收集页面信息，也就是 Web 机器人（爬虫）程序。网络爬虫程序根据 HTTP 协议发送请求，并通过 TCP 连接接受服务器的应答。Web 搜索引擎需要抓取数以亿计的页面，所以需要建立一个快速分布式的网络爬虫程序，这样才能够满足搜索引擎对性能和服务的要求。现有的搜索引擎主要从网络连接策略、域名系统的缓存策略及网页抓取算法几个方面出发，对信息采集模块进行优化。

HTTP 1.0 中，一个 Socket 连接只能得到下一个页面。如果客户端进程计划从服务器进程连接中得到多个页面，必须串行地建立多个连接。在 HTTP 1.1 中，可以采用"流水线"技术，使用户进程在一个连接中串行的发送多个请求和接受多个应答（通常是两个）。利用 HTTP 1.1 的建立持久性连接的特性，可以减少连接次数，提高采集效率。另外通过多进程并发操作可以提高网络爬虫程序的性能，但必须考虑进程之间信息的同步、页面的重复搜索、服务器过载等问题。

数以亿计的 URL 地址，会使爬虫程序过于频繁的请求域名解析（DNS）服务，造成 DNS 服务不必要的负担，形成类似拒绝服务攻击（DOS）的副作用。采用合适的 DNS 缓存策略，可以显著减少 DNS 服务的负担，同时加快页面的获取。但必须考虑 DNS 缓存的时效性。目前常用的保持 DNS 缓存时效性的算法有：最近最少使用替换（least recently used，LRU）、累计最少使用替换（lease frequently used，LFU）、先进先出（first-in，first-out）等。同时缓存的大小也是一个需要考虑的问题：太大的缓存占用了过多的资源，而太小的缓存又起不到作用。所以使用合理的算法确定缓存的大小是一个技术挑战。

Web 上的海量数据具有动态性。对于一个设计良好的爬虫程序需要保证优先抓取那些重要的页面，以便有比较可靠的响应速度。常用的网页抓取算法包括深度优先算法、广度优先算法、基于内容的网页抓取、超级链接诱导主题搜索（hyper link induced topic search，HITS）算法和 Google 特有的 PageRank 算法。深度优先和广度优先算法分别从超链接的深度和广度出发进行搜索抓取直至结束。基于内容的网页抓取根据关键字、主题文档的相似度和链接文本（linked texts）来估计链路值，并确定相应的搜索策略。HITS 算法使用了两个重要的概念：权威网页（authority）和中心网页（hub）。authority 表示该页面被其他页面所引用的次数，即页面的入度值（in-degree）。hub 表示该页面引用其他页面的次数，即页面的出度值（out-degree）。一个好的中心网页应该指向很多好的权威性网页，而一个好的权威性网页应该被很多好的中心性网页所指向。

PageRank 是一种针对 Web 的引用图给网页排序的技术，它作为 Google 公司 Web 搜索引擎的招牌技术而为大家所知。一个优秀的 Web 搜索引擎会预期按照用户关心程度对结果进行排序，相关度越高的结果排放的位置越靠前。PageRank 就是人们对网页重要程度的客观描述。PageRank 按如下定义为每个 Web 页面生成相应的 Rank 值后，

Google 利用超级链接结构改进搜索结果。

定义 PageRank：假设有 $T_1 \cdots T_n$ 个页面指向页面 A（即引用）。参数 d 是一个阻尼因子，其取值区间为（0，1），通常取值为 0.85。$C(A)$ 定义为指向页面 A 的其他页面的连接数，页面 A 的 PageRank 或 PR（A）值可以通过下面的公式得到：

$$PR(A) = (1-d) + d\left[\frac{PR(T_1)}{C(T_1)} + \cdots + \frac{PR(T_n)}{C(T_n)}\right]$$

PageRank 可以通过递归传递来计算，PR（A）值越大，该 Web 页面的重要性越高。

2. 索引技术

Web 爬虫抓取回来的页面信息，需要放入索引数据库里。索引建立的好坏对搜索引擎有很大的影响，优秀的索引能够显著提高搜索引擎系统运行的效率及检索结果的品质。

建立倒排文件索引是建立索引数据库的核心工作。因为 Web 搜索引擎接受大量用户的查询请求，这就要求引擎必须建立一个高效的索引表，使返回结果尽可能快速。倒排文件模型正是为建立这样的索引表而产生的，也是索引数据库的核心模型。所谓倒排文件（inverted file），是指一个词汇集合 $W = \{w_1, w_2, \cdots, w_n\}$ 和一个文档集合 $D = \{d_1, d_2, \cdots, d_m\}$ 之间对应关系的数据结构。由 D 组成的链表可以简单地认为是倒排表，它记录了词汇出现在文档的位置和其他属性信息。通过 W 可以访问若干倒排表，每个倒排表记录自己的长度和统计分布，根据应用不同，倒排表的其他内容有所不同。

文本分析技术是建立数据索引信息的支撑技术，它包含：关键索引项提出、自动摘要生成、自动分类器、文本聚类等，文本分析的对象包括词汇（不同语言的词的形式是不同的）、HTTP 文本标记和 URL 等。

3. 搜索服务

搜索服务是 Web 搜索引擎工作流程的最后一步，根据用户提交的查询关键字搜索索引数据库，将匹配结果返回给用户。对于自然语句的搜索输入，则首先根据分词结果提取关键字集合，然后生成每个页面对关键字集合的相关度表示，并返回匹配的搜索结果。搜索服务的好坏直接影响 Web 搜索引擎的用户满意程度。

6.7.3 物联网搜索引擎

在物联网时代，大量信息设备互联互通，感知识别无处不在，海量信息生成传输，这些特点对传统 Web 搜索引擎提出了新的挑战。首先感知接入设备的多样化造成了信息生成方式的多样化。如何高效的组织和管理信息是物联网搜索引擎的重中之重。另一方面，用户的查询模式也发生了转变，对搜索引擎的智能有了更高的期待。下面分别从这两方面探讨物联网时代的搜索引擎。

（1）传统 Web 搜索引擎主要是从各种智能设备（例如服务器、计算机等）上抓取人工生成的信息。而在物联网时代，搜索引擎需要和各种物理对象（智能的和非智能的）紧密结合，主动识别物体并提取其有用信息，或者组合相邻的智能和非智能设备，创造更大的信息价值。一种有效的方式是由被动的使用爬虫程序抓取信息，改进为信息设备主动发布有价值的数据。搜索引擎可以与信息提供者紧密合作，通过订阅或者其他类似的模式获取信息，以保证信息的准确性、全面性和及时性。

（2）从用户的角度来看，人们不再满足于坐在办公室里通过计算机使用搜索引擎，而是无论在大街上还是饭馆里，能掏出手机随时随地进行查询。搜索引擎应该利用物联网的优势，结合多模态信息进行查询。例如，用户查询可以和地理信息相结合：当一个人通过手机搜索"宾馆"时，搜索结果不仅仅要考虑和关键字"宾馆"的匹配度，还应该考虑用户的位置，提供用户周边的宾馆信息，这样的查询结果更能反映用户的需求。利用物联网技术可以使搜索引擎的查询结果更精确、更智能、更定制化，满足不同用户的需求，提供更好的用户体验。

6.8　物联网网络管理

6.8.1　物联网网络管理概述

物联网与互联网基础设施在很大程度上是重合的。物联网将各种信息传感设备，如射频识别（RFID）装置、红外感应器、全球定位系统、激光扫描器、家用电器、安防设备等，与互联网结合形成一个巨大网络，让所有物品与网络连接在一起，方便识别、管理和监控，在此基础上实现融合的应用，最终为人们提供无所不在的全方位服务。物联网丰富多彩的业务实现和具体的行业应用离不开，因此现有的多种技术手段以及未来可能出现的新技术都被广泛应用在不同的场景中。对于这样一个庞大而复杂的网络系统，必须有一个可靠、有效、灵活且便利的管理系统作为它正常运行的有力保障。网络管理作为一种共性支撑技术，不仅包括了现有的网络管理功能，还应有物联网特有的管理功能。本文从现有的电信网出发，探讨物联网特有的管理功能。一个可运营、可管理、可控、可信任的物联网网络，它的网络管理至少应包含配置管理功能、故障管理功能、性能管理功能、安全管理功能和计费管理功能。除配置管理、故障管理和安全管理外，其他部分要求比较简单，基本上与传统电信网要求类似。因此我们将详细讨论配置管理功能、故障管理功能和安全管理功能。物联网的终端与传统的用户终端相比，数量众多、功能相对简单、处理能力不高，某些应用中的终端还有节能的要求。面对新的网络和设备特点，现有的网管系统和管理协议需要进行简化，以适应物联网通信的要求。

6.8.2　物联网网络管理功能

1. 物联网配置管理

物联网的配置管理包含了对现有网络（接入网、核心网等）的配置管理，同时根据物联网自身的特点，还有它特有的一些功能需求。物联网的终端数量非常庞大，自身还可以通过不同的方式（预配置、自组织等）灵活的组成很多区域子网，也称作毛细管网。很多个这样的毛细管网通过网关接入到电信网络中，为上层的应用来提供服务。显然，在这样一个分布式的网络中，为每一个物联网终端设备分配一个可管理的地址（例如 IP 地址），让管理平台直接管理到每一个终端并不是解决问题的唯一途径。物联网网关以下的区域子网内部可以有自己的地址识别机制和私有的管理协议，网关作为区域子网的中心控制器自主完成部分网管的功能。管理平台通过对网关的管理，间接的得到整个末梢网络的状态，并对其进行管理。无论采用何种管理方式和管理协议，物联网的配置管理都应该具备以下的一些功能：

（1）生命周期管理。生命周期管理是指管理系统周期性地发送某种协议报文给所有的终端和网关，通过对端的回复来判断被管理对象的状态，例如是否在线、是否激活、是否休眠、是否掉电等。管理系统通过生命周期消息来确认终端和网关的状态。终端和网关也可以定期向管理系统发送生命周期消息，报告自己的状态。

（2）能力信息上报。物联网网络中的终端和网关是多种多样、形态万千的，每个终端和网关根据应用场景的不同，具备的功能和性能也不同。因此，终端和网关向管理系统上报自己的能力信息十分必要。管理系统不仅要能对不同类型的网关设备和终端设备的能力、性能等静态信息进行记录和查询，还应能对不同类型的网关设备和终端设备的位置、状态、可用性等动态信息进行监控和查询，并且将动态信息和被管理对象关联起来。

（3）即插即用。物联网区域子网的网元和网络的末梢设备，应尽可能使用"即插即用"的配置方式获得网络连接，特别是对用户自己动手进行业务安装的设备，这一功能非常实用。"即插即用"使设备能独立地完成网络配置，而不需要借助其他的辅助设备（如个人电脑等）。这一简化网络配置的过程，提高了网络部署的效率，进一步推动了物联网设备的应用。

（4）区域子网的自动配置。区域子网中的传感器节点、控制器节点应具备本地的自测试能力，不需借助外部设备就能够确定通信连通性和自身的运行情况。区域子网中的设备可能散落在不同的地方，位于不同位置的多个设备可能同时在进行初始的安装。自测试的能力保证这些设备在自配置的时候能够无缝地融合成完整的系统，以完成区域子网的自动配置。

（5）区域子网的网络连接。为了增加区域子网的可靠性或性能，可以适当地添加和安置一些节点。当区域子网中有新设备加入或有节点掉电时，网络应具备自动修复连通性的能力。管理系统需要能够定位网络拓扑的变化，物联网系统中的部分节点出现故障时，也不应影响整个网络的正常运行。

（6）时间同步和时钟管理。在物联网系统中，经常会出现多个物联网设备在某一个精确的时间完成某个动作的情况。例如休眠的设备，为了维持有效的网络连接，必须以某个特定的周期发送生命周期消息。因此，在一个足够大的物理区域范围内，物联网系统的时间同步应至少达到毫秒级甚至更高的精度。这就要求管理系统能提供精确的、可靠的时间同步功能。在欧洲电信标准化协会（ETSI）的标准草案中，物联网网络中的所有时钟使用国际协调时间（UTC），并根据 UTC 进行校准。如果需要，事件的时间可以显示为本地时间，但事件的时间顺序必须是唯一确定的。

（7）其他。为了方便物联网应用供应商提供业务，以及运营商对网络有效管理，配置管理还应包含其他一些物联网特有的功能，例如对系统的安全软件和防火墙等功能进行配置、对物联网应用的签约用户信息进行管理、针对具体的物联网应用的管理等。

2. 物联网故障管理

与配置管理相类似，物联网系统的故障管理除了包含对电信网络的性能监测和故障定位外，也应根据物联网的特点和需求，进行优化和扩展。这一部分主要是对物联网区域子网的性能监测和故障诊断，并上报给管理系统。这些故障管理功能包括：

（1）可靠性监测。为预防故障的发生，确保系统能够可靠地运行，物联网的网关、设备以及与网络连接相关的功能实体都应主动进行性能监测，及时地修正错误。

（2）诊断模式。诊断模式是一种非正常工作的调测模式，能够提供系统和网络的附加信息。物联网系统或其中的某些部分配置为诊断模式，能够帮助系统对出现的故障进行诊断。物联网系统也能通过这样的方式来验证物联网业务和应用的机能是否良好。

（3）中心控制器的连通性测试。当某个物联网应用需要运行在更大的物理区域时，管理系统可以提供特定的时隙，对某个或某些中心控制器的连通性进行测试。发起测试的可以是某个应用，也可以是中心控制器，或在部分物联网区域子网的网络连通性不明确的情况下，由某个事件来启动中心控制器的连通性测试。

（4）故障发现和报告。中心控制器的运行状态必须是可监控、可管理的。当异常状况出现时，中心控制器能够在特定的时隙向管理系统报告。

（5）通过远程管理进行故障恢复。物联网设备可能会被放置在野外工作很多年，或是位于一些人迹罕至的地方，或是位于对于人类危险的场所，人很难直接介入到这类设备的运行。由于物联网系统中通常都规划了大量的物联网设备，当这些设备发生了故障时，如果能够对其进行远程管理将延长其服务期。故障可能是多种多样的，例如由于严格的环境导致、系统出现失误、安全入侵等。发生故障的物联网设备通过远程管理的方式来进行某些补救，例如通过连接到一个安全的管理服务器以获得固件的升级和更新，更新结束后，设备可以自动重启，恢复到一个正常的工作状态。因此，当物联网系统中的设备出现故障时，管理系统对设备进行远程的诊断、恢复、复位或隔离等操作是十分必要的。

3. 物联网安全管理

传统的网络中，网络层的安全和业务层的安全是相互独立的，而物联网的特殊安全问题很大一部分是由物联网在现有移动网络基础上集成感知网络和应用平台带来的，这使得物联网除了面对移动通信网络的传统网络安全问题之外，还存在着一些与已有的移动网络安全不同的特殊安全问题，如无人监控场景下的设备安全性、核心网络的传输与信息安全问题、物联网业务的安全问题、RFID系统的安全问题等。移动网络中的大部分机制仍然可以适用于物联网并能够提供一定的安全性，如认证机制、加密机制等，但需要根据物联网的特征对安全机制进行调整和补充。这些安全管理功能包括：

（1）构建和完善信息安全的监管体系。目前监管体系存在执法主体不集中，多重多头管理，对重要程度不同的信息网络的管理要求没有差异、没有标准，缺乏针对性等问题，对应该重点保护的单位和信息系统无从入手实施管控。

（2）物联网中的业务认证机制。传统的认证是区分层次的，网络层的认证只负责网络层的身份鉴别，业务层的认证只负责业务层的身份鉴别，两者独立存在。但是在物联网中，大多数情况下，机器都拥有专门的用途，因此其业务应用与网络通信紧紧地绑在一起。由于网络层的认证是不可缺少的，其业务层的认证机制就不再是必须的，可以根据业务由谁来提供和业务的安全敏感程度来设计：当物联网的业务由运营商提供时，

144

就可以充分利用网络层认证的结果而不需要进行业务层的认证；当物联网的业务由第三方提供，也无法从网络运营商处获得密钥等安全参数时，它就可以发起独立的业务认证而不用考虑网络层的认证；当业务是敏感业务时，如金融类业务，一般业务提供者会不信任网络层的安全级别，而使用更高级别的安全保护，这时就需要做业务层的认证；当业务是普通业务时，如气温采集业务等，业务提供者认为网络认证已经足够，就不再需要业务层的认证。

（3）物联网中的加密机制。传统的网络层加密机制是逐跳加密，即信息在发送过程中，虽然在传输过程中是加密的，但是需要不断地在经过的每个节点上解密和加密，也就是在每个节点上都是明文的。而业务层加密机制则是端到端的，即信息只在发送端和接收端才是明文，在传输的过程和转发节点上都是密文。物联网中网络连接和业务使用紧密结合，就面临着到底使用逐跳加密还是端到端加密的选择。对一些安全要求一般的业务，在网络能够提供逐跳加密保护的前提下，业务层端到端的加密需求就显得并不重要。但是对于高安全需求的业务，端到端的加密仍然是其首选。因而，由于不同物联网业务对安全级别的要求不同，可以将业务层端到端安全作为可选项。

6.8.3 物联网网络管理展望

物联网的管理系统可以看作是在现有电信网络的基础上，为适应加入的末梢网络而进行的优化和扩展。物联网系统的末梢网络多种多样，可以是基于 RFID 的物流系统、基于 ZigBee 的传感器网络，或者是基于近距离通信的其他应用。不同类型的设备，其管理层的协议栈也千差万别。对一个区域子网而言，它的管理协议可以是开放的，也可以是私有的，但对管理系统的功能而言，存在着共同的需求。随着物联网络的进一步发展和逐步成熟，更多的应用会被开发出来，作为重要保障的网管系统，也必将在这一进程中逐步优化、完善，为庞大而复杂的物联网系统提供可靠而灵活便利的支撑。

7 物联网标准

7.1 物联网的标准化发展

目前，物联网全球化标准尚未形成，但各国在各自制定物联网相关标准。针对物联网发展，美国提出了"智慧地球"战略，欧盟制定了《欧盟物联网行动计划》，日本制定了 U – Japan 计划，韩国制定了 IT839 战略和"U – Korea"计划。欧盟以及美国、日本等发达国家纷纷加快研究物联网核心技术和物联网标准。

目前，物联网标准化工作在我国政府和各行业中都得到了高度的重视，并成立了一些物联网相关的标准委员会和标准联盟。国家标准化委员会组织成立的国家物联网基础标准工作组，主要负责研究符合中国国情的物联网技术架构和标准体系，现已提出物联网关键技术和基础通用标准制修订项目建议。各行业成立的标准工作组，负责在已有基础标准的基础上，组织行业应用标准的制修订工作。但总体上我国的物联网发展尚处初创阶段，无论是国标的自主制定，还是核心技术产品的研发和产业化以及规模化应用示范都还处于起步阶段。

7.2 物联网主流标准体系

1. 物联网标准化体系现状

目前，不同标准化组织的研究角度和研究重点不一样，各标准组织自成体系。研究的角度包括机器对机器通信（M2M）、泛在网、互联网、传感网、移动网络、总体架构等，标准的内容覆盖架构、传感、编码、数据处理、应用等。其中，物联网应用标准的制定在各标准化组织中都得到了重视，应用领域的范围包括智能测量、E – Health、城市自动化、汽车应用、消费电子应用等。在这些应用领域中，众多的物联网应用标准得到了研究和制定。主要标准化组织标准化体系现状见表 7 – 1。

表 7 – 1 主要标准化组织标准化体系现状

标准组织	研究角度	研 究 重 点	研 究 成 果
ITU – TSG13	NGN（下一代网络）	基于 NGN 的泛在网络，泛在传感器网络需求及架构研究、支持标签应用的需求和架构研究、身份管理（IDM）相关研究、NGN 对车载通信的支持等方面	Q. 27/16 通信/智能交通系统业务/应用的车载网关平台、Q. 10/17 身份管理架构和机制、H. IRP 测试规范等
IEEE	传感网	传感网传输速率、功耗和支持的服务等方面与不同应用领域的结合，智能传感器的通用接口命令和操作集合	IEEE 802.15 系列标准、IEEE 1451 系列传感器接口标准

标准组织	研究角度	研 究 重 点	研 究 成 果
ETSI M2M Tc 小组	机器对机器通信（M2M）	从端到端的全景角度研究机器对机器通信，并与 ETSI 内 NGN 的研究及 3GPP 已有的研究展开协同工作	M2M 业务及运营需求、架构、智能计量用例、eHealth 用例标准、具体接口和协议标准
EPCglobal	传感网	RFID 技术	EPCglobal 标准体系

此外，在行业应用方面也有众多的标准，如 KNX 的智能建筑通信标准、W - MBUS 计量仪表无线通信标准、HGI 的家庭网关标准、FCC 的智能电网标准、欧盟 CEN/CENELEC 及 ETSI 的智能计量标准等。

2. 美国的 EPCglobal 体系架构

（1）EPCglobal 概况。EPCglobal 由美国统一代码协会（UCC）和国际物品编码协会（EAN）于 2003 年 9 月联合发起成立，属于联盟性的标准化组织，其成员众多包括沃尔玛连锁集团和英国 Tesco 等 100 多家美国和欧洲的流通企业。EPCglobal 负责发布工业标准和 EPCglobal 号码注册管理，其分支机构分布在加拿大、中国、日本等国，分支机构负责本国 EPC 码段的分配与管理、EPC 技术标准的制定、EPC 技术的宣传普及以及推广应用等工作。

EPC 系统是一种基于 EAN/UCC 编码的系统，EAN/UCC 编码具有一整套涵盖贸易流通过程中各种产品的全球唯一标识代码，包括贸易项目、物流单元、服务关系、商品位置和相关资产等标识代码。EAN/UCC 标识代码随着产品或服务的产生在流通源头建立，并伴随着该产品或服务的流动贯穿全过程，其目的是解决供应链的透明性问题，使供应链各环节中所有合作方都能够了解单件物品的相关信息，如位置、生产日期等信息。目前，EPC 系统发展迅速，受到全球的广泛关注。

（2）EPCglobal 标准体系。EPCglobal RFID 体系框架由 EPCglobal 体系架构委员会制定，它是 RFID 典型应用系统的一种抽象模型，包含三种主要活动：

1）EPC 物理对象交换：定义 EPC 物理对象交换标准。

2）EPC 基础设施：定义用来收集和记录 EPC 数据的主要设施部件接口标准。

3）EPC 数据交换：定义 EPC 数据交换标准。

EPC 系统中的标准主要包括标签数据标准、第二代（Gen2）空中接口标准、读写器协议、读写器管理、数据传输协议、应用水平事件（application level event，ALE）功能与控制、电子产品代码信息服务（electronic product code information service，EPCIS）协议、应用接口（API）、安全规范和事件注册等，EPC 标准体系见表 7 - 2。

表 7 - 2　　　　　　　　　　EPC 标 准 体 系

标　准	标准主要内容
标签数据标准	不同编码系统标准在 EPC 标签上的应用
第二代（Gen2）空中接口标准	读写器与标签之间的通信
读写器协议	中间件和读写器之间的通信

标　　准	标准主要内容
读写器管理	多个读写器的协同工作
数据传输协议	标签数据到网络兼容格式的转换
应用水平事件（application level event，ALE）功能与控制	多个读写器采集的 EPC 信息统计汇总
EPCIS（electronic product code information service，电子产品代码信息服务）协议	EPC 信息存储和恢复
应用接口（API）	EPC 代码涉及的信息
安全规范和事件注册	EPC 信息安全

7.3　物联网标准化机构和组织

1. 物联网标准化国际机构和组织

与物联网标准化相关的国际组织主要分为国际标准化组织、国际工业组织和联盟两大类。目前，国际标准化组织有 IEEE、ISO、ETSI、ITU－T、3GPP、3GPP2 等，主要负责制定物联网整体架构、WSN/RFID、智能电网/计量、电信网等标准；国际工业组织和联盟有 W3C、OASIS、IPSO（智能物体中的 IP 协议）联盟、欧洲智能计量产业集团（ESMIG）、KNx 协会和 HGI（家庭网关动议）组织等，主要负责制定互联网、端网/终端标准。物联网标准化国际机构和组织研究方向见表 7－3。

表 7－3　　　　　　　　物联网标准化国际机构和组织研究方向

研究方向	物联网标准化国际机构和组织
物联网整体架构	ITU－T SGl3 负责制定 USN 网络的需求和架构设计标准； ETSI M2M TC 负责制定 M2M 需求和功能架构标准； ISO/IEC JTCl SC6 SGSN 负责起草与传感器网络有关的标准
WSN/RFID	IEEE 802.15 TG4 和 ZigBee 联盟负责制定低速近距离无线通信技术（如 ZigBee）标准； lETF 6LowPAN 工作组负责制定基于 IEEE 802.15.4 的 IPv6 协议标准； IETF ROLL 工作组负责制定低功耗有损路由方面的标准； EPCglobal、AIM、UID 中心和 IP－X 负责制定 RFID 标准
智能电网/计量	IEEE P2030 项目组负责智能电网标准，关注重点是电网信息化与互操作性； IEEE TG4 负责制定智能电网近距离无线标准； CEN/CENELEC/ETSI 负责制定欧洲智能计量标准
电信网	3GPP/3GPP2 组织负责制定 CDMA2000、WCDMA、LTE、M2M 优化需求、网络和无线接入的 M2M 优化技术方面的标准；GSM 协会（GSMA）下的智能卡应用组（SCAG）负责制定智能 SIM 卡方面的标准； 开放移动联盟（OMA）负责 OMA 协议应用
互联网	W3C 负责制定 HTML、HTTP、URI，XML 等标准； 0ASIS 负责推进电子商务标准的发展

研究方向	物联网标准化国际机构和组织
端网/终端	IPSO 联盟负责制定与 IPv6 智能物体硬件和协议有关的标准； ESMIG 负责制定智能计量标准； KNX 协会制定了 KNX 标准； HGI 组织负责制定与家庭网关有关的标准

2. 物联网标准化国内机构和组织

目前，我国的物联网标准研制处于初始阶段。物联网标准化组织主要有中国物联网标准联合工作组、传感器网络标准工作组（WGSN）、电子标签国家标准工作组、中国通信标准化协会（CCSA）。此外，还有一批产业联盟和协会，开展联盟标准的研制工作，推进联盟标准向行业标准、国家标准转化。

物联网标准化国内机构和组织研究方向见表 7 – 4。

表 7 – 4　　　　　　　物联网标准化国内机构和组织研究方向

物联网标准化国际机构和组织	研 究 方 向
中国物联网标准联合工作组	负责物联网国家标准制定的统筹组织，协调标准化的整体工作
传感器网络标准工作组（WGSN）	负责传感器网络层面标准研究
电子标签国家标准工作组	负责 RFID 技术标准体系研究、关键技术、编码标准制定和应用标准制定
中国通信标准化协会（CCSA）	负责泛在网相关标准工作

8 物联网技术及标准展望

物联网给世界经济发展构建了一个美好的蓝图，但从目前的全球状况来看，物联网的发展和普及仍有众多问题需解决。

（1）资金和成本问题。实现物物相联，首先必须在所有物品中嵌入电子标签，并需安装众多读取和识别设备以及庞大的信息处理系统，而这必然导致大量的资金投入。其次电子标签的嵌入也将导致物品成本的上升，在成本尚未降至能普及的前提下，物联网的发展将受到限制。此外，技术和产业化的发展不足导致物联网应用成本很高，从产品、技术、网络到解决方案都缺乏足够的经济性，加之物联网本身所具备的应用跨度大、需求长尾化、产业分散度高、产业链长和技术集成性高的特点，从经济成本到时间成本都难以短时间内大规模启动市场。

（2）技术问题。重点涉及三个方面：① 关于通信距离瓶颈。目前传感器所能连接的距离约在100～1000m范围内，也就是说，超过1000m之后，传感器发射信号将不足以支撑数据的传输。② 关于外部环境指标。目前的传感器对外部环境指标要求比较高，特别是对温度环境的要求，一旦外部环境发生较大变化，其工作效率可能会大打折扣。③ 关于网络安全。由于很多时候是无线传输，因此信号在传输中被窃取的危险系数较高，系统的安全和隐私性难以得到有效保障。

（3）标准问题。从物联网核心架构到各层的技术体制与产品接口大多未实现标准化，物联网行业应用的标准化也处于初级阶段，难以实现低成本的应用普及和规模扩张。物联网的发展必然涉及通信的技术标准，而各类层次通信协议标准的统一则是一个十分漫长的过程。有专家指出："传感网产业的发展涉及产业链中信息采集、信息传输和信息服务等多个厂商，目前不仅缺乏传感网本身的标准，也缺乏传感网和其他网络互联互通的标准，这将成为传感网大规模应用推广的障碍。"我国RFID标准已提及多年，但至今仍未有统一说法，这正是限制我国RFID发展的关键因素之一。

（4）产业化问题。物联网的产业链复杂庞大，其产业化必须需要芯片商、传感设备商、系统解决方案厂商、移动运营商等上下游厂商的通力配合，而在各方利益机制及商业模式尚未统一的背景下，物联网产业发展还有一段很长的路要走。

上述提及的仅涉及物联网发展需要解决的几个核心问题，事实上，云计算、无线网络的扩容和优化等均是物联网普及需解决的问题。所以，尽管物联网的概念已经引起全球关注，但其普及之路可能比预想的时间要长许多。综合考虑物联网的技术发展、应用前景以及存在的问题，我国物联网下一步的发展重心应当落在以下四个方面：

（1）促进开放与合作。借鉴计算机和互联网的发展经验教训，对物联网未来的健康发展相当重要。互联网在其成功发展过程中一直保持极大的开放性，任何计算机或子网络，只要遵循相关标准，就可以很方便地接入互联网，因此互联网在短时间内从小小的 ARPAnet 变成了一个覆盖全球的超大型网络，而且产业链能够齐心合作，共同推动互联网的高速发展。借鉴互联网的成功经验，我国必须坚持开放和合作的原则，在做好物联网的规划、明确总体发展思路的前提下，确保物联网的互联互通，并推进产业链合作，整合研发力量重点攻克技术难题，争取在核心技术上尽快实现突破。

（2）参与国际标准的制定。目前，全世界关于物联网的技术标准主要有：ISO/IEC、EPC、UID、AIM、IP–X 等。借鉴 TD、WIFI 以及 WAPI 等无线技术的发展经验，我国应及早制定物联网技术标准，并全力推动其成为国际标准。目前我国已经与德国、美国、韩国一起，成为物联网国际标准制定的主导国之一，在标准制定方面具有一定的话语权，多项标准成为了国际标准化组织的草案。2009 年 9 月，全国信息技术标准化技术委员会组建了传感器网络标准工作组，启动了传感网标准制定工作。这些都有利于未来产业链的形成和完善。下一步应当在现有基础上，将物联网技术标准的制定作为重要战略予以推动，不断完善物联网技术标准体系，并全力推动其成为国际标准。

（3）加快应用开发。当前，业界人士为物联网描绘出了美妙的应用前景：当司机出现操作失误时汽车会自动报警；进入办公室后头顶上的灯自动打开；如果阳光太过强烈窗帘则自动拉下。更有一个计算方式：中国有 1 亿个家庭，每个家庭花 1 万元，就会有 1 万亿元的市场。但我们必须保持清醒，用户花钱买物联网应用的前提是服务商提供的应用切合他们的需要，且性价比能够接受。因此，掌握技术并不意味着一定盈利，要盈利就必须先开发出好的应用，找到合理的运营模式。我国发展物联网，对于产业界而言，下一步应加快应用开发，做好典型行业或领域的示范应用，促进物联网技术的推广和产业的打造；而对于国家而言，应当在财政、信贷等多方面对物联网进行扶持，大力培育市场对于物联网的需求，帮助物联网渡过发展瓶颈期，但同时又要保持清醒，避免由于概念炒作导致的过度扶持和信贷。

（4）保障信息安全。物联网是一种虚拟网络与现实世界实时交互的新型系统，其无处不在的数据感知、以无线为主的信息传输、智能化的信息处理，一方面带来方便和高效率，另一方面也带来信息安全和隐私保护问题。在未来的物联网中，每个人甚至每件物品都将随时随地连接在这个网络上并被感知。由于物联网在很多场合都需要无线传输，这种暴露在公开场所之中的信号很容易被窃取，也更容易被干扰，这将直接影响到物联网体系的安全。在这种环境中如何确保信息的安全性和隐私性，避免受到病毒攻击和恶意破坏，防止个人信息、业务信息和财产丢失或被他人盗用，都将是物联网下一步推进过程中需要突破的重大难题。这一方面要求技术层面的不断改进，另一方面则要求加快物联网相关法律法规体系的制定与完善，为物联网的推广和应用提供坚实的法律保障。

在全球范围内，物联网将朝着规模化、协同化和智能化方向发展。

（1）规模化发展。随着世界各国对物联网技术、标准和应用的不断推进，物联网在各行业领域中的规模将逐步扩大，尤其是一些政府推动的国家性项目，如美国智能电网、日本 i–Japan、韩国物联网先导应用工程等，将吸引大批有实力的企业进入物联网领域，大大推进物联网应用进程，为扩大物联网产业规模产生巨大作用。

（2）协同化发展。随着产业和标准的不断完善，物联网将朝协同化方向发展，形成不同物体间、不同企业间、不同行业乃至不同地区或国家间的物联网信息的互联互通互操作，应用模式从闭环走向开环，最终形成可服务于不同行业和领域的全球化物联网应用体系。

（3）智能化发展。物联网将从目前简单的物体识别和信息采集，走向真正意义上的物联网，即实时感知、网络交互和应用平台可控可用，实现信息在真实世界和虚拟空间之间的智能化流动。

下篇

应用篇

9 云计算在电力系统中的应用

　　我国的电网是利用先进的信息通信和控制技术，构建以信息化、数字化、自动化、互动化为特征的自主创新、国际领先的智能电网。其特征包括在技术上实现信息化、数字化、自动化和互动化；在管理上实现集团化、集约化、精益化、标准化。它的目的是充分满足用户对电力的需求和优化资源配置，确保电力供应的安全性、可靠性和经济性，满足环保约束，保证电能质量，适应电力市场化发展。要建设这样的电网信息化系统，首先要提高整个电力系统信息网络系统收集、整合、分析、挖掘数据的能力，实现整个电力系统的智能化、信息化互动管理，构建一个低成本的电力系统设备和信息网络；其次，为了对智能电网进行有力的支撑，在发电、输电、变电、配电、用电和调度六个环节建设一系列的智能系统，这些智能系统对可靠性、智能性、计算能力具有很高的要求，因此需要具有极强的高可靠性、自适应性、资源弹性扩充能力和高灵活性的资源平台环境作为支撑。通过大量的理论研究和国内外诸多案例的对比分析得出：云计算具备电网信息系统建设所需要的强大的支撑能力。

　　针对这些构想，将"云计算"引入电力系统，通过建立电力系统云计算平台，充分整合系统内部的计算处理和储存资源，极大提高电网数据处理和交互能力。

　　面向智能电网的电力系统云计算平台，是为实现智能电网的各个模块而将云计算平台作为智能电网信息交互的重要技术，云计算平台将整合计算能力、存储能力等各项资源，同时基于云计算平台实现资源的统一调配和统一管理。依托智能电网云计算平台，可以实现电力调度、运行、监控、保护、输配电、营销等业务的智能化运行，一方面保证了这些业务应用的稳定性、可靠性和安全性，另一方面最大限度挖掘出硬件设施的计算效率，提升各业务应用的整体服务水平。

　　云计算的建设实施将对电网公司的经营模式产生重大影响，在建设实施前必须结合电网公司现有的应用对云计算的应用场景进行深入分析，找出适合电网公司的一套云计算应用模式。本章以国家电网公司为例结合国内外应用现状、国家电网公司信息化现状以及人财物集约化管理、综合管理等业务应用情况，分析云计算建设为电网公司企业经营管理带来的变革和作用，论述电网公司经营管理中的云计算应用场景。

9.1 云计算在电力系统中的应用需求

9.1.1 国家电网公司经营管理应用需求分析

1. 国家电网公司信息化现状

经过 SG186 工程的实施，国家电网公司系统信息化水平大幅提高，信息化已实现由部门级向企业集团级的跨越发展，实现了纵向贯通、横向集成，在公司生产经营管理中发挥了重要作用。一体化信息系统已成为公司日常运转的必要辅助和有力支撑，为集团化运作提供了有力手段。

"十二五"期间，国家电网公司全面建设以特高压电网为骨干网架、各级电网协调发展的坚强电网为基础，以信息化、数字化、自动化、互动化"四化"为特征的自主创新、国际领先的坚强智能电网。在国家电网智能电网计划中，大约有 60% ~ 80% 的投资将用于实现远程控制、交互智能等非传统项目，电网对 IT 支撑需求将非常强烈。智能电网将成为拉动电力行业信息化需求新的增长点。智能电网计划的启动将带动电网生产运行、经营管理、客户服务以及社会能源利用模式的重大变革。

坚强智能电网的建设需要国家电网公司从信息化建设、生产运行、经营管理等方面不断地改进、创新和提升。目前，这些方面存在以下问题：

（1）从信息化建设上来看，应用的一级部署和数据中心系统都需要更多的计算资源，其海量的需求量远远高于 SG186 对计算资源的需求量，需要大量设备的投入以及机房的建设。传统的建设方式下，各个应用范围内的资源相互独立，形成资源孤岛，资源无法进行共享；其次应用对资源的需求本身成周期性变化，时高时低，导致有时候资源不够用，有时候资源大量闲置。在传统的建设方式下，资源平均利用率低，一般不超过5%，致使在计算资源大规模浪费的情况下，新的计算资源建设仍然持续大量的投入，最终使企业信息化建设成本大量增加。

营销系统、ERP 系统核心类应用的运行及维护需要更高的可靠性要求，需要 7 × 24h 不间断性地提供服务。因自然灾害等原因，数据中心可能出现大规模宕机事故，导致营销系统、ERP 系统在较长时间内难以恢复，造成巨大损失。

大集中式的数据中心对设备的需求、采购、安装、投运周期长，涉及相关面复杂，过程很难控制；对运维来说，大量的设备投入需要大量的运维人员，其专业知识的要求限制了运维的发展，传统方式下，一人管几十台机器已经是极限。在智能电网时代，这些智能系统对建设周期的要求，对业务需求响应时间的要求，例如几天之内部署几百台服务器或者几天内对几百台服务器进行版本更新，传统的方式很难或者基本无法满足。

诸如营销系统等具有大规模用户并发处理系统的计算资源需求波动较大的系统，需要一套弹性可伸缩的环境作支撑。如果采用传统的硬件部署方式，在遇到较大峰值的处理时，将造成系统响应时间缓慢，甚至崩溃。传统的集群应用系统，在计算力的扩展上仍然受限制于集群中硬件设备的数量，无法达到无限扩展的效果。

（2）从企业管理和办公上来看，国家电网公司的大部分员工，很大程度上依赖于个人电脑来处理日常事务。一方面，个人办公过程中会在电脑上安装各种操作系统、软件等，单台电脑的维护消耗的人力可能并不大，但整个国家电网系统个人电脑总和是相当大的一个数字，这些电脑的维护工作量也是相当大的。国家电网没有建立统一的个人电脑桌面，不能对大量电脑一起做维护与升级，这就造成了大量人力的浪费。另一方面，企业内部很多工作都需要走各种电子流程，很多文档信息都需要通过信息网络传输，而很多员工由于工作原因经常出差，不能及时地进行相关事务的审核和信息传输，导致该项工作进度停滞不前。由于信息传输机制的制约，很多工作信息不能及时在员工之间进行交流，生产经营管理达不到理想的效果。

（3）从信息安全上来看，国家电网公司已通过安全软件、硬件等建立相应的安全系统和安全保护措施。但是智能电网的建设需要信息系统之间共同协作，应用系统之间不再孤立地存在，相互之间必须存在信息的交互，信息系统很多模块需对外开放相应的权限，这就对企业信息安全提出更高的要求。企业信息和企业信息系统面临泄露、中断、修改和破坏的风险，企业信息和企业信息系统的保密性、完整性、真实性、可用性得不到强有力的保障，在出现安全问题和事故后没有可靠的补救机制，企业的应用运行环境因"不可抗力"的灾难破坏后没有相应的自动恢复机制。这些安全问题都将给企业生产和经营管理带来巨大的安全隐患。

因此，电网应用的建设需要日益迫切地解决这些传统的难题，云计算为智能电网建设提供高可靠性、自适应性、资源弹性扩充能力和高灵活性的平台级支撑，是电网数据中心建设不可缺少的部分。

2. 云计算对企业经营模式的变革

随着市场竞争的日趋激烈，用户需求的多样化和重要性的不断提升，方方面面都在要求通过信息化快速提升生产力水平。这不仅有助于直接将信息资源转化为收益，同时还能让服务业的管理方式从粗放型向精确型转变，提升整体的知识技术水平，强化企业的竞争实力，扩大电力企业的营销范围，加强营销的针对性，以及促进企业的用户关系管理水平。作为信息化的基础特征，节约交易成本、促成产业创新以及提高运营效率，也是目前电力企业不可缺少的。

云计算建设将IT成本从资本支出转变为经营费用，降低数据中心运营成本，提高基础设施利用率并简化资源管理，使数据中心实现更高水平的自动化，同时降低管理成本，按需配置，消除为满足需求而过量配置的情形。利用云计算，可以在极短时间内扩展到巨大容量。开发周期短，无需二次开发，各种插件依靠PaaS平台即可实现。而"免代码"特性允许用户根据公司业务流程自行定制SaaS软件，用最短的时间生成企业专属管理系统。

云计算具有强大的计算能力、高可用性、随需应变的动态资源分配特性、更快的市场响应服务，甚至更绿色环保、节能减排等商业和经济价值。云计算也是一种新的基础架构管理方法，能够把大量的、高度虚拟化的资源管理起来，组成一个庞大的资源池，统一提供服务。对电力企业管理而言，云计算意味着IT与业务相结合的一种创新管理模式，它能将IT转化成生产力，推动企业经营管理模式的创新。在不断增加的复杂系统和网络应用，以及企业日益讲求IT投资回报率和社会责任的竞争环境下，在不断变化的商业环境和调整的产业链中，云计算能够为电力企业发展带来巨大的商机和竞争优势。

相比软件、硬件、服务器、存储、网络等分别投资，在企业发展的不同阶段建立新的系统的传统IT投资和运维模式，云计算模式能够实现企业内部集约化及网络化管理格局，提高运作效率、降低运营成本，尤其在IT与运维人员成本方面能够产生显著的效果；此外，它还会使企业的IT架构更灵活，能够及时解决运营峰值的压力和快速适应市场环境的变化。例如，营销系统通过一级部署后，需要传递海量的信息，为了应对由此产生的峰值，国家电网公司不得不投入巨资，购置具备高计算能力的设备来应对这一巨大压力。但若使用云计算平台，则可以在峰值到来时把一些不重要或闲置的计算资源合理调配，用以支持短信业务，避免诸多不必要的投资。

当然，达到这种IT服务能力，企业需要拥有一个能够智能调配的资源池，减少资源的硬性分配，通过按需分配，对资源进行优化及最大化利用，把相关的各种应用变成一种服务目录，快速灵活地提供给用户。通过运用云计算，电力企业能够对突发的商业需求及市场变化按需调配计算资源，快速应对市场需求。

利用这种模式的云计算，CIO可以将IT部门由一个传统的运营支持、设备维护的后台服务部门和成本中心转型为一个推动企业业务发展的创新中心，并通过IT整合能力做数据挖掘，在正确的时间把正确的数据提供给正确的业务部门/领导作出正确的决策，推出正确的产品到一个正确的市场。

这种先进的经营管理模式不是单纯靠购买软硬件就能实现的。它不只是一个技术问题，还需要与企业的发展战略和业务特点结合在一起，这种创新导向的云服务才是实现提高利润、降低成本、开拓经营目标的关键。

国家电网公司需要确定哪些应用适合做云计算、哪些不适合，规划云平台上的各类应用如何融合，并提出业务创新和技术结合的咨询报告，最终与企业战略经营及IT部门共同设计云计算的未来蓝图，实现落地以及后期维护方案。找到适合电力企业实现云的技术和产品，快速实现商业创新与变革、优化流程、降低成本，形成可持续发展的电力产业链。

9.1.2 电力生产控制运行应用需求分析

随着经济的发展、社会的进步、科技和信息化水平的提高以及全球资源和环境问题的日益突出，电网发展面临着新课题和新挑战。依靠现代信息、通信和控制技术，积极发展智能电网，适应未来可持续发展的要求，已成为国际电力发展的现实选择。

目前，美国、欧洲等国家正在结合各国经济社会发展特点，积极开展智能电网研究和实践工作。在国家战略方面，智能电网建设已成为国家经济和能源政策的重要组成部分，加大基础产业投资，拉动国内需求，推动劳动就业，积极应对国际金融危机。在电网发展基础方面，发达国家的电力需求趋于饱和，电网经过多年的快速发展，网架结构稳定、成熟，具备较为充裕的输配电供应能力，电网新增建设规模有限。在研究驱动力方面，美国主要是对陈旧老化的电力设施进行更新改造或依靠技术手段提高利用效率，欧洲国家主要是促进并满足风能、太阳能和生物质能等可再生能源快速发展的需要。在功能目标方面，利用先进的信息化、数字化技术提升电力工业技术装备水平，提高资源利用效率，积极应对环境挑战，提高供电可靠性和电能质量，完善社会用户的增值服务。在研究重点方面，主要关注可再生能源、分布式电源发展和用户服务，提升用户服务水平和节约用电。在工作进展方面，主要处于研究和实践的起始阶段，概念和内涵还不统一，技术路线也不相同。总的来看，不同国家的国情不同，发展智能电网的方向和重点也不同。

近年来，国家电网公司深入开展了现代化电网建设运行管理的相关研究和实践工作，部分项目已进入试点阶段，大量科研成果已转化并广泛应用到实际工程中，部分电网技术和装备已处于国际领先水平，为建设统一坚强智能电网提供了坚实的技术支撑和设备保障，积累了丰富的工程实践经验。在电网网架方面，我国电网网架结构不断加强和完善，特高压交流试验示范工程成功投运并稳定运行，全面掌握了特高压输变电核心技术，后续交直流特高压工程全面推进，为加快发展坚强电网奠定了坚实基础。在大电网运行控制方面，我国具有"统一调度"的体制优势和深厚的运行技术积累，调度技术装备水平国际一流，自主研发的调度自动化系统和继电保护装置广泛应用；广域相量测量、在线安全稳定分析等新技术开发应用居世界领先地位。在信息平台建设方面，我国建成"三纵四横"的电力通信主干网络，形成了以光纤通信为主，微波、载波等多种通信方式并存的通信网络格局；以"SG186"工程为代表的国家电网信息系统集成开发整合工作已取得阶段性成果，ERP、营销、生产等业务应用系统已完成建设试点并大规模推广。在研究体系方面，我国形成了目前世界上实验能力最强、技术水平最高的特高压试验研究体系，具备了世界上最高参数的高电压、强电流试验条件，实验研究能力达到国际领先水平。在发展智能电网方面，我国坚强智能电网试点工作已逐步开展，一体化的智能调度技术支持系统已完成基础平台开发；大用户负荷管理和低压集中抄表系统已安装使用约 900 万户，用电信息采集系统研究全面开展；启动了高级调度中心、统一信息平台和用户侧智能电网试点建设工作。在大规模可再生能源并网及分散式储能方面，国家电网公司深入开展了光伏发电监控及并网控制等关键技术研究，建立了风电接入电网仿真分析平台，制定了风电场接入电力系统技术规定等相关标准，开展了电化学储能等前沿课题基础性研究工作。在体制方面，国家电网公司业务范围涵盖从输电、变电、配电到用电的各个环节，在统一规划、统一标准、快速推进等方面存在明显的体制优势。

1. 安全接入

为落实国家对信息安全保障工作的要求，提高国家电网公司网络信息系统安全防护能力，保障公司信息化建设的安全稳定运行，强化公司内部信息安全，结合国家信息系统安全等级保护的要求，在进一步加强信息安全管理的同时，已在全公司实施网络与信息系统安全隔离方案，建设电网信息安全三道纵深防线，如图 9-1 所示。

通过技术改造，公司管理信息网划分为信息内网和信息外网，并实施有效的安全隔离。按照"双网双机、分区分域、等级保护、多层防护"的安全策略，通过采用自主研发的信息内外网逻辑强隔离装置，实现信息内外网系统与设备的高强度逻辑隔离，但仅

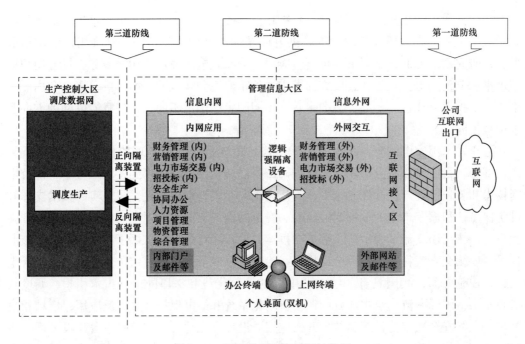

图 9-1 网络纵深防御逻辑结构图

允许内外网间必需的业务数据在可控的数据库通信方式下实现交换，达到数据访问过程可控、交互数据真实可靠，并禁止信息内网主机对互联网的任何访问。在新时期，为充分满足经济社会发展和电力负荷高速持续增长的需求，确保电力供应的安全性和可靠性，提高电力供应的经济性，提高电网接入可再生资源的能力和能源供应的安全性，为用户提供优质电力和增值服务，提高电力企业的运行、管理水平和效益，增强电力企业的竞争力，国家电网公司提出了建设坚强型智能电网的战略目标。2009 年 8 月国家电网公司在发电、输电、变电、配电、用电、调度等环节选择了 9 个项目作为第一批试点工程，启动了智能电网建设，并于 2010 年 1 月，在第一批试点项目基础上，又安排了第二批 12 个试点项目，其中包含了用电信息采集系统、输变电设备状态在线监测系统、电力光纤到户、电动汽车充电管理系统、95598、配电自动化系统以及智能变电站系统等。

随着具有"信息化、自动化、互动化"特征的智能电网的建设，今后电网通信系统、自动化系统、信息系统的结构、部署与运行方式将发生较大变化，加大了信息安全风险，信息安全防护工作将面临新问题、新挑战和新需求。

（1）完善的智能电网信息安全标准规范尚未建立。智能电网的信息安全工作应本着"标准先行"的原则，从建设初期利用规范、标准的方法解决发现的信息安全问题。结合当前的智能电网试点工程的建设，国家电网公司已同步开展了信息安全防护工作，但尚未形成完善的信息安全标准规范体系。根据国家电网公司信息安全防护"三同步"原则，应尽快建立统一的智能电网信息安全标准规范，制定并完善各环节信息安全防护方案，指导智能电网信息安全工作的有序开展。

158

（2）现有的信息安全隔离体系面临新的需求。随着智能电网互动化的发展，信息外网展现的内容越来越丰富。除了传统的各种数据库数据，智能电网光纤到户、95598互动化网站、电子文档、图片和视频等数据以及基于 SAP 等成熟套装软件的各类业务系统数据也将频繁地在信息内外网之间进行交互，这些都给现有的信息安全隔离体系提出了新的需求和挑战。

（3）通信网络环境更加复杂，用户侧安全隐患增加。智能电网通信网络环境将更加复杂，GPRS/CDMA/3G、WIFI、ZigBee、电力线通信（BPL）、智能传感网络等无线通信技术广泛应用，进一步加大了信息安全防护的难度。此外，随着国家电网公司光纤到户和 95598 的建设，网络边界进一步向用户侧延伸，用户侧安全隐患增加，信息安全保障的防护范围和防护能力需要进一步增强，智能电网环境下如何解决基于互联网的安全传输问题也是公司信息安全防护面临的主要问题之一。随着各种智能终端设备的接入，如何保障这些终端的自身安全，防止智能终端自身的敏感数据泄露以及终端被反向控制，也是公司当前信息安全工作面临的主要问题之一。

（4）智能电网业务系统安全隐患越显突出。智能电网信息系统架构更加复杂、集成度更深、系统间的交互更加频繁，业务系统自身安全定性与脆弱性问题更加突出。如何加强智能电网各环节业务系统在设计、开发、上线、运维、下线等全生命周期各阶段的安全管控也是公司面临的主要问题之一。

（5）风险评估和等级保护的要求。智能电网的新特征、新系统的上线以及新技术、新设备的应用，使智能电网在发电、输电、变电、配电、用电、调度中各业务系统对信息安全风险评估技术和等级保护标准提出了新的要求。

先进的通信、信息、控制等应用技术是实现"智能"的基础，标准规范是建设坚强智能电网的制度保障，关键的技术手段是业务系统安全稳定运行的支撑。因此，尽快开展智能电网信息安全标准规范和安全防护关键技术研究，对智能电网业务系统安全稳定运行至关重要。

2. 海量存储

随着智能电网的建设，电网规模越来越大，数字化电网、数字化变电站等研究应用不断深入，系统面对的采集点越来越多。一个中等规模地区的采集量可以达到 2 万~10 万，而一个大型地调未来可能面临 50 万~100 万的数据采集规模，一年的数据存储规模将从目前的吉字节级转向太字节级；此外，随着调度自动化水平的不断提高，提出了实时运行数据不采用周期性采样存储而是按照实际时间序列连续存储的更高的要求，以满足更多的应用需求，这也将导致数据存储规模数十倍的增长。与此同时，历史数据的存储组织策略以及查询检索策略也变得相当复杂。另一方面，PMU 采集装置的普及以及广域动态监测系统 WAMS 的发展，带来了更加突出的海量电力信息数据存储问题。相对 RTU 数据采集而言，PMU 采集的一个突出特点就是采集频率非常高，达到每秒25、50 帧甚至 100 帧，且对所有数据必须完整保存。因此在相同采集点的情况下，其数据存储规模将是稳态数据的数百到上千倍。根据理论测算，对于 25 帧/秒采集频率的PMU 装置，存储 1000 个向量一年所需的存储容量大约为 9.3TB。因此，无论从写入速度还是查询效率上来说，采用常规的关系数据库来存储这些海量信息都将很难满足应用的需求。

伴随智能电网的建设，开展海量电力信息存储技术的研究就非常必要和迫切，主要基于下列原因：① 电网规模不断扩大带来的电网调度自动化系统和广域动态监测系统超大规模数据采集存储的迫切需求；② 电网调度自动化系统和广域动态监测系统本身技术进一步发展的迫切需求；③ 能够突破现有动态信息数据库应用中的局限，更好地适应我国电力系统的特点；④ 打破国外公司对该领域的垄断，形成完全的自主知识产权，能够为国家电网公司节省大量的软件外购费用。

3. 实时监测

国家电网公司"十二五"规划明确要求，在智能电网发电、输电、变电、配电、用电、调度各环节，全面提升对业务操作与管理进行全面、科学的监测分析能力；要支持对各类能源的并网接入分析，满足智能电网环境下的动态运行监测、智能线路巡检、智能设备诊断及状态评估、自动故障定位等业务要求；要能够支持对用户用电能效、电能质量的分析，支撑满足差异化用户需求的电能服务要求；要能够实现对电网各类资源的优化配置分析。

基于上述规划要求及建设现状，未来在电网实时监测领域引入云计算技术，充分利用云计算体系架构提供的计算性能、存储能力及 IT 管理效率，有效解决各类实时监测系统分布异构、计算复杂、使用烦琐、维护困难等实际问题，从而进一步促进电网实时监测的可持续发展，全面支撑实时监测安全、稳定、高效地运行。

4. 智能分析

国家电网公司从 2006 年开始的"SG186"信息化工程是电力企业信息化建设新时期的重要标志，信息化进一步与电力企业生产、管理与经营融合。"SG186"工程建设了一体化企业级信息集成平台、八大应用模块（财物资金、营销管理、安全生产、协同办公、人力资源、物资管理、项目管理、综合管理）与六大保障体系。通过"SG186"工程建设，国家电网公司建立了两级数据中心，在建立公司统一的数据模型方面进行了有益的尝试。在元数据管理方面，目前公司尚未建立统一的元数据管理能力，缺乏贯穿智能电网的六大环节及全面绩效分析与全面风险分析两大领域的全局性元数据定义，对智能决策的数据整合带来了困难。在纵向管控中，总部尚未对各网省公司的元数据管理进行统一要求。在网省公司层面，仅少量单位建立了单位内部的元数据管理体系。同时，元数据管理缺乏专业指导，数据定义不清晰。在数据源管理方面，目前已有部分指标可通过业务应用获取，但仍有大量指标需要手工获取，效率、及时性和准确性有待提升。部分指标存在数据源定义不够清晰的现象。在纵向管控中，由总部制定数据需求，网省公司负责提供数据。同时，目前存在同种数据跨专业口径不一致的问题。在数据加工方面，对业务上已提出分析、模拟和预测模型，业务应用可以较好的支撑，但海量数据加工能力有待加强。在数据存储管理方面，两级数据中心和纵向数据交换通道都已建立，可以支撑结构化和非结构化数据的交换，但实时数据交换能力较弱。生产经营数据中心与调度数据中心存在重复建设的现象。在数据访问与展现方面，目前业务应用中已初步具备了高级分析功能，但分析结果的展现仍不够灵活，难以适应多变的管理需求。同时，数据中心与业务应用间的分析结果展现形式不统一，用户感受较差。

基于上述现状，未来要进一步明确业务应用对分析数据的覆盖范围，增强数据自动获取的能力；研究并应用各项高级分析展现技术，建设一体化的分析展现平台，提高管理可视化的灵活度和友好度，建立分析结果的自动分发机制。建设公司统一的元数据和主数据管理平台；完善业务应用中的预测与模拟计算功能，构建海量实时数据的处理能力；对业务应用内的决策分析功能进行整合，提高数据中心分析指标的实用化水平，建设一体化的国家电网公司决策分析平台；建立决策分析平台与各项业务应用的紧密集成，有效支持决策的闭环管理，不断完善决策分析平台的功能，建设与知识管理平台的集成。

智能分析对数据的处理有很高的要求，因此应向专业化、集约化和服务化的方向发展。专业化有利于培养高级数据分析挖掘团队，提升智能决策水平；集约化使专业人才团队相对集中，提高高级人才资源的使用效率；服务化是在集约化发展的同时，通过未来"云计算"等方式，将专业分析团队的工作成果以服务的形式，满足各地的智能决策需求。在"专业化、集约化、服务化"的智能决策建设思路下，建设三级智能决策体系。以国家电网公司为主干建设的"云"服务，主要负责面向整个系统的分析应用，各地可按需调用相关的智能决策应用服务。以大区域网省公司建立覆盖该地区的智能决策服务中心，主要负责区域范围内的智能决策需求。各公司可根据自身特色建立一定规模的智能决策平台，解决具有地方特点的需求。在三级服务体系中，国家电网公司以及大区域网省公司的智能决策"云"，主要针对战略决策以及经营决策中相关的分析主题，而地方级的智能决策平台主要承担实时及准实时的电网监控和运行决策的任务。

9.2 电力云计算的体系架构设计

9.2.1 总体架构

智能电网云体系架构可描述成从硬件到应用程序的传统层级服务，倾向于提供可分为如下三个类别的服务：基础设施即服务（infrastructure as a service）、平台即服务（platform as a service）以及软件即服务（software as a service），映射到基础设施、资源管理、应用管理三个层次及包括安全、运维在内的多个维度。智能电网云体系架构把各种层级组合在一起，根据云计算的服务模型、关键技术及智能电网信息化需求，提出云计算在智能电网中的应用场景总体架构如图 9 - 2 所示。

9.2.2 基础设施层

基础设施层通过网络作为标准化服务提供基本存储和计算能力。为了满足智能电网建设要求，适应爆炸性增长的电网数据存储处理需求，智能电网云基础设施包含了大量高性能服务器和海量存储设备。智能电网云体系架构中整合了软件方面的国产安全系统，以及硬件方面的 x86 服务器、存储系统、智能表计、移动终端和网络设备，这些设备由多业务系统共用，并可用来处理从应用程序组件到高性能计算应用程序的工作负荷。通过向用户提供硬件计算能力和存储闲置空间，有效使用云硬件资源，提高资源利用率，避免资源闲置和业务局部分布不均，并通过 Iaas 的方式，给用户提供基础硬件设施服务。

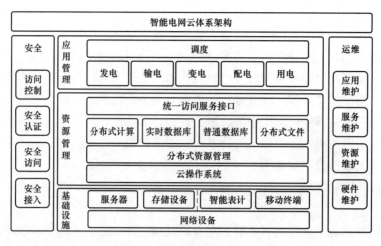

图 9-2　智能电网云体系架构

智能电网云核心机理是将一个业务事务分布到上千台服务器上分别计算，然后统一合成结果。通过 x86 服务器、存储设备及网络设备的无缝集成，架构智能电网云体系的基础硬件平台，解决了松散耦合的计算模式在处理强关联结构化数据（关系型数据库）中的技术障碍，如 memory wall 问题（不同计算节点在处理过程中需要进行大量的协同通信，当计算节点数量达到一定程度后，节点协同造成的性能损耗已经超过添加节点的性能，系统并发能力就难以继续提高）。如何选择并无缝集成硬件平台，也是智能电网云硬件设施搭建的核心。

智能电网云核心功能是计算力的集中和规模性突破，其对外提供的计算类型决定了其硬件基础架构。从用户需求看，智能电网云通常需要规模化的提供以下几种类型的计算力，① 高性能的、稳定可靠的高端计算，主要处理紧耦合计算任务，这类计算不仅包括对外的电力数据数据库、商务智能数据挖掘等关键服务，也包括自身模型、调度、计费等核心系统，通常由 32 颗以上的大型服务器提供；② 面向众多普通应用的通用型计算，用于提供低成本计算解决方案，这种计算对硬件要求较低，一般采用高密度、低成本的超密度集成服务器，以有效降低调度云数据中心的运营成本和终端用户的使用成本；③ 面向电力科学计算、电力潮流计算、电力调度 $N-1$ 计算等业务，提供百万亿、千万亿次计算能力的高性能计算，其硬件基础是高性能服务器集群；④ 海量数据存储、海量实时数据查询在线分析等业务，提供秒级千万级别的海量数据事务处理能力，其硬件基础是海量存储设备。同时，海量实时的大规模数据通信及业务协同，是保证调度云系统正常高效运作的必要条件，其硬件基础是广域网络设备。因此，大型服务、高密度服务器、高性能服务器集群、海量存储设备、广域网络设备构成智能电网云的基础硬件平台。

9.2.3　资源管理

智能电网云计算体系的资源包括存储资源、计算资源、网络资源、基础设施资源等。智能电网云资源系统从逻辑上把这些资源耦合起来作为一个整体的集成资源提供给用户。用户与资源代理进行交互，代理向用户屏蔽了资源使用的复杂性。从智能电网云体系架构的角度看，云体系整合了统一的服务访问接口，屏蔽了下层的分布式计算、实时数据库、普通数据库、分布式文件等功能模块，并配合安全、运维、分布式统一资源管理等控制模块，向用户提供统一的服务接口和平台服务。从服务生产商或消费者的角度看，智能电网云提供一个封装式平台服务，用户通过 API 与该平台互动，而且该平台执行一切必要的操作来管理和扩展其本身，以提供规定的服务水平，为用户创造核心价值。

从功能实现角度来看，智能电网云计算资源管理系统的基本功能是接受来自云计算用户的资源请求，并且把特定的资源分配给资源请求者，合理地调度相应的资源，使请求资源的作业得以运行。一般而言，为实现上述功能，云计算资源管理系统应提供四种基本的服务：资源发现、资源分发、资源存储和资源的调度。资源发现和资源分发提供相互补充的功能。资源分发由资源启动且提供有关机器资源的信息或一个源信息资源的指针，并试图去发现能够利用该资源的合适的应用。而资源发现由网络应用启动并在云计算中发现适于本应用的资源。资源分发和资源发现以及资源存储是资源调度的前提条件，资源调度实施把所需资源分配到相应的请求上去，包括通过不同结点资源的协作分配。

9.2.4 应用管理

应用管理层依据软件即服务的理念，根据需要提供面向服务的一整套应用程序。该软件的单个实例运行于智能电网云上，并为多个最终用户或客户机构提供服务。在整个云体系架构中，通过整合智能电网六大环节应用，向用户提供统一的业务访问平台，让用户感觉到业务不是分隔的，而是整体的智能电网业务解决方案，同时引入面向服务的架构（SOA），把软件作为服务来提供。

智能电网云计算应用管理研究在智能电网支持系统的已有成果基础上，进行了探索性的研究和分析。结合云计算的理念并充分借鉴了 IT 业界在云计算方面的研究成果，从 IT 角度构建了生产、管理、控制中心层面的智能电网云体系架构。同时从公司层面对云计算的部署形式及所提供的按需服务进行了探索性的研究和分析，形成了资源和管理适度集中的云部署方案，充分发挥了云计算作为智能电网运行控制和生产管理重要技术支撑手段的作用。

9.2.5 安全管理

信息安全防护是智能电网云计算实用化的前提条件，主要包括云计算平台以及云计算环境下各应用模块的安全防护机制。首先在各云设施之间建立良好的访问控制和认证授权机制，保证内部资源的全面共享及权限控制。在此基础上，研究云计算环境下各应用模块的等级保护措施，包括安全域划分、安全保护级别的确定和等级管理、等级化安全体系设计、定级后的安全运维、等保测评等。关键技术详述如下：

（1）访问控制。不同数据访问权限的用户所看到的或可修改的数据范围不同。目前的主流技术是基于身份的访问控制。用户身份管理和权限管理相分离，可以大大减少系统需维护的用户账号和密码数量，并且可以实现大范围的集中式网络安全管理。提供基于身份的分布式安全存储架构，由第三方可信中心 TA 标识和维护用户身份，可以与企业人力资源管理中心结合，也可以与互联网认证基础设施兼容，以到达分布式用户身份认证的高效性。数据中心只关心身份的权限，在接受访问时只需验证用户身份，依据用户身份以及本地存储的访问控制列表进行访问控制。

（2）安全认证。它包括存储和传输两方面。为保障数据存储安全，系统的数据加密密钥由个人产生，采用证书体系保护，并将保护后的加密密钥进行备份。为保障数据传输安全，写数据时在客户端采用个人加密密钥加密，然后传递到云存储系统中，读取数据时在客户端解密，实现数据的安全传输过程。

（3）安全访问。基于虚拟化提供操作系统加固功能。采用强制访问控制策略，对虚拟主机中的所有应用程序进行安全控制，使虚拟主机上不能任意安装应用程序，从而杜绝了感染病毒木马的可能性。通过对程序执行安全控制及文件一致性校验，实现了只有在程序白名单中、且通过一致性校验的程序能在系统上运行；程序执行后只能访问该程序授权访问的数据文件，使病毒不会获得执行的机会，从根本上防止了病毒、恶意代码和流氓软件。

（4）安全接入。各云计算节点、云存储节点、云客户端之间通信协商传输会话密钥，用会话密钥保护传输过程中的控制指令、传输的业务数据，并进行完整性保护，实现数据的安全隔离。

9.2.6 运维管理

现代 IT 运维的特点包括：资源高度集成，随需应变满足业务发展，以技术创新推动管理创新；管理系统高度集中，统一管控，分级维护；高度重视信息安全，提高运维效率。在智能电网云环境下，建立一体化的运维技术平台，实现全面覆盖应用生命周期的资源管理调度。主要运维功能详述如下：

（1）硬件维护。它包括运维流程、硬件配置管理和运维文档库三大模块。运维流程覆盖服务台、服务请求、事件管理、变更管理、问题管理、发布管理等硬件运维全过程，通过一个单一的职能流程来控制和管理整个云计算环境中的硬件变更，并和资源管理建立接口。

（2）资源维护。根据当前计算/存储资源的使用情况，对所有资源进行统一调度。资源调度模块在多个管理节点上以对等模式部署，提供不间断的资源调度管理功能，支持多种资源分配策略，并区分全局性策略和实例级策略。全局性策略适用于所有资源的分配，实例级策略只对单台虚拟机发挥作用。

（3）服务维护。在服务需求表达基础上，提出按需服务模型，指导对虚拟化资源进行优化和服务质量管控。综合考虑服务特征、用户需求和应用特征，结合数据在大规模云平台上的布局和组织，建立包括空间代价和时间代价在内的代价模型，并根据用户服务需求建立优化模型，指导云平台的优化调整。并能对云平台及其服务运行情况进行实时监测，使运维人员能对运行中的非正常现象进行及时处理。

（4）应用维护。可建立准生产环境，并针对应用进行云计算虚拟环境的功能验证测试、性能验证测试、可靠性测试、可恢复性测试等，以确保及时快速地满足应用需求。基于各种应用对服务的要求不同，提供近似真实条件下的准生产环境（如数据规模、网络通道等），为应用部署、验证提供基础条件。

9.3 电力云计算的应用模式

9.3.1 云计算在国家电网公司经营管理中的应用场景

云计算能够把 IT 基础资源、应用平台、软件应用作为服务通过网络提供给用户。与传统的 IT 投资和运维模式相比，云计算模式能够实现电力企业内部集约化和精细化管理，从而提高运作效率、降低运营成本。下面从 IT 资源整合、IT 资源运维、信息系统建设、信息化办公几个方面来分析云计算在企业经营管理中的应用，如图 9-3 所示。

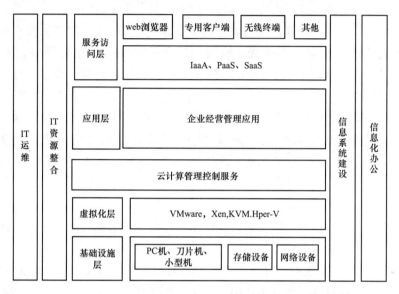

图 9-3　云计算在国家电网公司经营管理应用整体结构

1. IT 资源整合

IT 资源整合适应了国家电网公司集约化管理的需求。电网信息平台的基础设施规模庞大、数量众多且分布在不同地点，同时运行着多种应用。国家电网公司的信息化平台在公司总部与各个网省公司建立 2 级数据中心，实现公司总部、网省公司、地市县公司的 3 层应用。如何有效管理这些基础设施、减少数据中心的运营成本是一个巨大的挑战。资源整合前后对比见表 9-1。

表 9-1　资源整合前后对比

指标名称	整 合 前	整 合 后
资源利用率	<10%	>60%
项目设备准备周期	10～30 天	1～5h
IT 硬件投资成本	一个一级数据中心 500 台 PC server，单价 6 万元计算，总成本为 3000 万元	通过云计算整合后资源利用率超过 60%，即只需以整合前 1/6 的成本：500 万元
IT 设备能耗	50 台 pcServer 每年耗电：21 万 kWh	5 台 pcServer 每年耗电：2 万 kWh

通过云计算对 IT 资源进行构建后，应用的计算能力可通过云平台进行灵活按需分配。传统的数据中心通过物理服务器支撑应用运行，据统计这种模式下各网省的基础资源利用率不到 10%，使得大量的资源空闲浪费。而通过 IaaS 云计算构建后，资源利用率可以达到 60% 以上。按此推算，IaaS 构建的数据中心要比传统方式构建的数据中心在硬件成本上节约 60% 以上。

新的应用建设过程中一般需要对硬件进行采购，采购流程复杂而且周期较长，耗费的人力物力较大，有的甚至会影响项目进度。云计算数据中心构建后，新应用上线所需的基础资源可以通过填写申请单，相关部门审批后在一小时内就可以把应用环境准备好。从这个角度看，即节省了人力、物力、成本，又节省了时间。

通过对环境集中统一配置，应用统一创建部署等方式可对用户资源需求进行整体统计分析，得出资源整体需求的报表。通过对资源从细粒度上进行拆分，如需要多少 CPU、内存、存储空间、网卡等，可以对资源成本进行快速精确的管理，对资源规划决策等提供理论依据。

国家电网公司拥有成千上万台物理服务器，这些服务器的能耗加在一起将是一个非常大的数字。以传统方式构建应用，不管应用负载情况如何，所有物理服务器都将 $7 \times 24h$ 运行。假设北京容灾中心所有服务器启动一天需要 5 万度电，一年就是 2000 万度左右。如果以弹性集群方式构建数据中心，至少节约一半以上的能耗，即每个数据中心每年节约 1000 万度电。

以营销系统为例。目前国网营销系统采用两级部署，各网省营销系统通过辅助决策系统向总部营销系统推送数据，这几十套系统至少需要 50 台左右的 PC Server 来支撑。按每个 PC Server 功率为 500W 计算，每年耗电 $0.5 \times 50 \times 24 \times 30 \times 12 = 216\,000$ 度电。如果通过云计算弹性集群支撑营销系统，整个营销系统则可采用一级部署方式，一级部署营销系统的弹性集群在一般情况下需要 20 个左右的虚拟节点来支撑，而在晚上、周末、其他假日等可能 5 个虚拟节点就可以支撑，在系统使用高峰期自动扩展到上百个节点甚至更多来支撑。各虚拟节点可以分布在云环境中任何一个位置。虚拟节点可以占用负载较低的物理节点来支撑，对不使用的物理节点可以关闭以节约能耗。按一个物理节点支撑 10 个虚拟节点计算，这样的营销系统平均只需要小于 5 台的物理 PC Server 来支撑。那么云计算数据中心一级部署营销系统一年可节约电能为 $216\,000 \times (50 - 5)/50 = 194\,400$ 度电。

一个营销系统一年就可以节约 194 400 度电，那么全网系统都以这种模式复制的话一年节约的电能将是非常巨大的。

云计算主要以数据中心的形式提供底层资源的使用。云计算从一开始就支持广泛企业计算，普适性更强。因此，云计算更能满足智能电网信息平台数据中心建设的需要。目前，各省或地区供电公司闲置着许多未充分利用的计算与存储资源，通过虚拟化技术对物理主机进行虚拟化，使它们具有良好的伸缩性和灵活性。可以直接利用闲置的 x86 架构的服务器搭建，不要求服务器类型相同。

基于云计算的 IT 资源整合应该从总部开始，首先通过一级数据中心进行试点建设。

可选择北京容灾数据中心进行试点。一级数据中心基础设施数量较大，设备类型及网络相对较复杂。首先应该对数据中心的网络环境、设备类型、物理架构等做详细的调研。通过调研对数据中心设备进行分类统计，确定哪些部分要进行虚拟化，哪些部分不适合虚拟化。其次，对一级部署应用机群进行统一整合，可按业务分类进行整合。

各网省公司分别按数据中心、网省外围机群、个人电脑及终端设备进行整合。网省公司数据中心通过专有网络与总部进行交互，网省数据中心之间通过高速的专有网络进行跨云交互，建议通过光纤传输。各网省的外围系统应用都有各自的特殊性，不适合建设在数据中心，可单独进行整合。

八大应用系统都基于数据中心二级部署，地市公司通过个人电脑及其他终端通过专有网络与网省数据中心进行交互。地市自身的应用环境相对较小，可通过小规模的资源整合建立相对简单的云环境。另外也可以通过网省统一整合各地市公司外围设备，统一建立专有云环境，通过租赁方式向各地市公司提供基础资源服务、开发平台、网省公有应用服务等。

从业务应用及组织机构的划分上来看，可以按业务进行分类，建立不同的资源区。同一资源区按同一类型且相互兼容的物理环境进行配置，以保证不同业务之间互不影响，同类业务应用可在同一资源区内动态迁移。从应用的安全和服务级别上对业务应用进行分类，定制多种重要和安全级别。对可靠性要求不高，但数据流量较大的应用定制在本地物理机上。这类应用宕机恢复时间可能要长一些，但它在本地运行不会去抢占存储网络的带宽。对于重要级别较高的应用可以定制在共享网络存储上，所有在共享存储上的应用的启动、迁移、备份等操作都共享存储网络带宽，这类应用对带宽的要求就非常的高，要满足这种带宽网络要求，网络建设的成本则相应提高很多。因此建议存储网络都采用光纤介质传输。

国家电网公司 IT 基础设施整合结构与分布如图 9 - 4 所示。

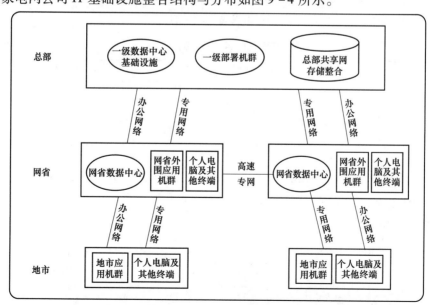

图 9 - 4　国家电网公司 IT 基础设施整合结构与分布

2. IT 资源运维

云计算模式能够实现企业内部集约化及网络化管理格局，它能提高运作效率、降低运营成本，尤其是在 IT 与运维人员成本方面能够产生显著的效果。以组织和企业内部的桌面系统举例，在私有模式之下，云计算可以把成千上万台电脑简化成显示器、键盘和鼠标，所有的计算能力、系统和文件都会放入后台云上。

传统的 IT 资源都按职能和所属领域的不同分布在不同的物理位置，这使得 IT 资源得不到统一的管理运维。传统的应用搭建过程是这样的，首先需要专业的实施人员对物理环境进行安装，然后为每一台物理服务器安装操作系统、数据库、应用中间件、运行环境软件及其他支撑应用的应用软件，然后再把应用部署文件拷贝到物理服务器上进行配置调试。就单台物理服务器来说，可能花费一个专业实施人员一天至两天时间，如果是搭建集群系统，时间将更长。应用搭建好后，还得配备专门的人员对应用系统进行运维升级等。在 IaaS 构建的数据中心，云平台对应用进行统一管理，1000 个应用的搭建也只需要几个专业人员 2~3 天就可以完成，而且系统可进行统一升级。在云计算环境下，通过系统自动安装、应用自动发布等手段，对所有应用进行批量创建，只需几个专业人员花费几个小时的时间就能完成。从这个角度看，节省了大量的人力物力。

在使用传统桌面的整体成本中，管理维护成本在其整个生命周期中占很大的一部分。管理成本包括操作系统安装配置、升级、修复的成本，硬件安装配置、升级、维修的成本，数据恢复、备份的成本，各种应用程序安装配置、升级、维修的成本。在传统桌面应用中，这些工作基本上都需要在每个桌面上做一次，工作量非常大。

虽然桌面云具有各种优点，但是现在阻碍其发展的一个重要的因素是初期投资问题。虽然桌面云的总体成本比传统桌面要低，但是桌面云初期需要购买服务器、网络、存储等，所以初期投资相对传统桌面而言还是比较高的。

云计算建设前后 IT 资源运维对比如表 9-2 所示。

表 9-2　　　　　　　　云计算建设前后 IT 资源运维对比

指标名称	传统运维方式（人天）	基于云平台运维（人天）
1000 个服务器安装	600~1000	3~5
1000 个应用部署	1000~3000	3~5
1000 个服务器系统升级	20	只需一个维护人员简单配置后 2h 内完成

云计算环境中，物理机裸机只需要接入网络，控制服务节点可以自动发现，并通过 PXE（preboot execute environment）技术远程对物理裸机进行网络安装。

物理机接入流程如图 9-5 所示。

图 9-5　物理机自动加入流程图

用户通过云管理平台向信息部门提出应用部署或升级的申请，由信息部门相关专责审核通过后，为用户选择所需计算容量的弹性池，审批通过后，用户成功收到信息专责反馈后将应用上传至应用软件中心，然后通过云管理平台发送应用部署相关命令完成应用部署。

云计算管理服务收到部署命令后，首先明确弹性池中中间件管理节点所在虚拟机位置，管理服务生成从矩阵中取得的执行 JOB，以及部署安装脚本模板，将携带部署参数发送给虚拟机 Agent，虚拟机的 Agent 接收到该脚本后将载入 JOB，并由 JOB 调用在虚拟机本地执行部署的安装脚本，下载指定的应用，执行安装操作。

基于云平台的部署升级流程如图 9 - 6 所示。

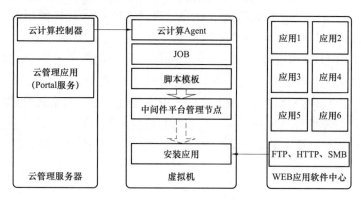

图 9 - 6　基于云平台的部署升级流程

3. 信息系统建设

传统的 IT 投资模式是软件、硬件、服务器、存储、网络等分别投资，在企业发展的不同阶段建立新的系统，导致许多 IT 资源重复投资、IT 成本不断增加。很多相关业务的应用不能有效互通，造成数据孤岛、资源浪费、不能及时高效地为用户提供信息，也无法做到全面的数据挖掘和业务分析为市场开发与运营管理提供科学的决策依据。而长期积累的庞大数据却响应迟滞的系统，致使企业很难快速实现战略部署以应对市场变化。

电力企业传统的信息系统建设流程采用规划、设计、试点、实施的模式进行。这种模式的信息系统建设周期长，人力及硬件投入都相对较大，需要各个部门相互配合完成，流程中的任何一个环节出了问题都会影响到项目的进度。另外，任何一个细节的疏忽都可能引起生产事故。因此，智能电网的信息化建设需要脱离传统的模式，建立一套快速、安全、有效的信息系统建设流程。仅通过云计算资源整合并不能完全满足信息化建设的需求。因此，云计算的构建还需要提供平台级的服务，为企业应用提供开发、测试、部署一体化管理。

传统的应用系统建设都是由各电力企业统一规划的，例如某个领导有一个关于信息系统建设很好的想法，但却不能立即通过简单的开发实施进行验证。而建立云计算平台后，只需要通过登录云计算管理平台简单地填写申请，经审批通过后，应用服务器、开发环境、测试环境、数据库、中间件服务等全部都可以在一小时内快速到位。按传统的流程需要先对系统建设相关材料进行上报、审核、软件硬件采购或协调等，一般来说时间需要一个月左右。

目前，电力企业信息系统都进行了统一规划，企业内各应用系统之间往往需要进行数据交互。在传统的建设模式下，应用系统建设如果需要与其他应用进行数据交互，都需要协调相关部门及人员的配合对相关接口进行需求调研，然后再设计、开发、测试。这些系统之间数据的交互存在任何一点错误都可能引发一连串应用系统故障。而目前对这种系统交互接口的定义设计都没有统一的标准，使得各个应用系统之间的衔接变得混乱，而且产生重复的工作量，浪费大量的人力物力。应用之间统一在云平台发布外部接口，同一数据中心下应用接口统一在云平台中注册，建立统一的标准及安全机制，并在数据中心内共享，应用只需要通过云平台的用户认证就可以直接使用另一个应用的接口，使得应用之间可以更安全、轻松的交互。

通过云计算对 IT 资源进行整合后，信息系统建设与传统的方式相比发生了重大转变。信息系统所需资源全部从云端获取，信息系统的开发、测试、部署都通过云计算管理平台进行。电力公司企业内部建设专有的云资源管理中心，云资源管理中心负责企业内云平台的建设与资源管理维护工作。企业所有信息系统的建设都需要上报给云资源管理中心，由云资源管理中心审核后统一分配信息系统建设相关资源。这正是云计算的 PaaS 服务模式。基于云环境的企业信息系统建设流程如图 9-7 所示。

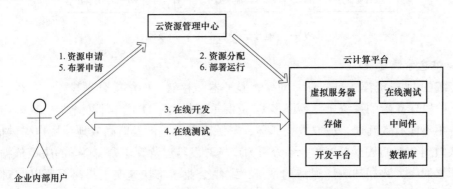

图 9-7　基于云环境的企业信息系统建设流程

目前国内云计算相关案例中大多都以基础资源服务及软件服务为主，PaaS 服务需要整合各种开发环境（如：Eclipse、netBean、各数据库客户端等）到云平台。我国电力企业应用系统的开发一般采用 Java、.NET、Sap 等技术，数据库和中间件也参差不齐。

（1）开发环境。开发环境与传统方式不同，在使用 PaaS 开发时，开发人员使用由平台提供的免费编程工具来开发应用，并把它们部署到云环境中。而底层基础设施由云计算 IaaS（基础架构即服务）提供，并根据 CPU 使用情况或网页观看数等使用指标合理调整底层基础架构的配备。

使用 PaaS 开发，开发人员可以积聚生产力。他们不必为定义可伸缩性要求而操心，也不必编写部署说明，这些工作全部由整个高性能并行计算平台来处理。即整个平台为研发人员提供了他们需要的构建和部署 Web 应用程序的所有工具。

同样，整个开发环境应该配备完善的调试机制、测试机制和代码版本控制机制。和传统应用的调试、测试、版本控制机制不同，云计算开发环境中需要考虑到所需部署应用的协调一致性，从而进行统一管理。就智能电网目前的发展现状而言，云开发环境应该使用统一 IDE 集成开发环境。这个开发环境应该考虑到云计算各方面的特性，并针对其与传统应用开发之间存在的异同进行开发环境优化。另外，云计算开发环境中的调试和测试机制，则应该遵循整个平台的开发标准来进行制定。简言之，云计算开发环境下的调试和测试机制应该在高性能并发计算的前提下进行考虑和定义。至于云计算开发环境中的版本控制，应该由平台本身进行提供，其定义条件应该针对智能电网现有业务系统和未来需求进行统一规范，而版本控制系统本身应该包括版本和 tag、比较、回退等功能。另外，整个云计算开发环境可根据业务需求直接将平台本身映射为虚拟资源，在文件系统上开发，利用 svn/cvs 等现有版本管理工具的原理进行进一步优化和改造。

（2）中间件管理。中间件管理服务是将中间件平台资源进行整合，从而为用户提供中间件服务。中间件管理服务涉及整个应用申请、发布、迁移、备份、监控等整个的生命周期。

（3）中间件服务流程。用户通过云管理平台向信息部门提出应用部署申请，由信息部门相关专责审核通过后，为用户选择所需计算容量的弹性池，审批通过后，用户成功收到信息专责反馈后将应用上传至应用软件中心，然后通过云管理平台发送应用部署相关命令完成应用部署。

（4）数据库平台即服务。云计算将多个数据库服务器（虚拟机）组成一个弹性扩充资源池，同一资源池里中间件服务器形成集群，如同一个虚拟的数据库服务器节点。云计算将实时监控资源池的所有数据库服务的 CPU 和网络 IO 情况，如果 CPU 和网络 IO 负载过高，超过一定额度时，云计算将按照策略投入更多的虚拟机加入到计算中（这些虚拟机分布在各个物理资源上），这样使负载趋于正常。同样，如果 CPU 和网络 IO 负载过低时，弹性扩充调度服务会自动的按照策略停止资源池中的虚拟机的投入，降低系统的资源消耗。

云计算数据库平台管理服务类似中间件管理服务的管理过程，在用户审批通过后，将在虚拟数据库平台上创建实例且授权该用户，并赋予该用户虚拟数据库 ip，以及相应的数据库用户名密码等信息，用户可采用传统的方式访问该数据库。

4. 信息化办公

国家电网公司有相当多的员工日常办公都会使用个人电脑。对用户来说，他们希望用更简单、更快捷、更轻松的方式来工作。目前国家电网公司数万计的员工会使用计算机来辅助日常工作。如果为每位员工配备一台计算机，这将会是很大一笔开支。每台计算机需要安装操作系统，需要安装各种应用软件，这些软件也需要不断的维护与升级。而且，这些计算机的管理者和使用者的专业知识水平都各不一样，对如此多的计算机管理维护将是件麻烦又很耗人力物力的事。假如一个网省公司有一万台计算机需要管理，那么每个计算机都需要做这样的工作（安装操作系统、安装驱动、安装应用程序、系统及应用软件的升级等，面临病毒侵袭、数据丢失等风险），就算一个专业的人员来做这些事，一台计算机一年可能也得花费一周甚至更多的时间，一万台计算机将耗费 70 000 人天的人工成本。其实，这么多烦琐的事完全可以放在云端去做，由云计算后端服务统一定制各种用户的各不相同的应用程序、操作系统、开发测试平台等，统一对服务进行升级。这种用户使用模式的改变需要桌面云来完成。

国家电网公司总部和网省公司应用在数据中心部署后，用户该通过哪种方式来对应用进行访问管理。国家电网公司有几十个网省，每个网省都有很多应用系统，如生产、营销、ERP、调度、OA 等。当数据中心以云平台构建后，用户仍然可以通过自己的电脑进行访问。但这样的方式不足以体现云计算平台的优势，从用户角度看，云构建与非云构建的数据中心应用在直观体验上并没有什么区别。

将客户端的所有桌面集中管理，即通常意义上的桌面虚拟化。桌面与应用的区别在于每个用户都拥有独特的桌面配置，更为个性化和人性化，其使用体验与在本地操作完全相同。在此阶段的 IT 系统架构中，操作系统、应用、用户数据都集中到后台统一管理，通过远程通信将用户桌面传输到用户终端设备上。只需要一个瘦客户端设备，或者其他任何可以连接网络的设备，通过专用程序或者浏览器，就可以访问驻留在服务器端的个人桌面以及各种应用，并且用户体验和我们使用的传统个人电脑是一样的。

有一些特定的应用场景，例如 95598 系统的操作员，一般都是使用同一种标准桌面和标准应用，基本上不需要修改。在这种场景下，云桌面架构提供了共享服务的方式来提供桌面和应用。这样可以在特定的服务器上提供更多的服务。

桌面云方案满足了企业对桌面管理的要求，它可以保证企业在安全和遵循法律法规的要求下，降低了总体拥有成本，而且绿色环保。不同的用户群对桌面使用的要求是不同的，这些不同既有计算资源要求的不同，也有所使用的应用要求的不同，还有对外设的要求的不同。这些不同点的存在要求桌面云部署要考虑到用户群的特点，以不同的部署方案来满足不同用户的要求。

无论后端对应的是公有云还是私有云，桌面云始终是用户使用云的终端界面和接口。通过云的方式把应用集中到后台，实现应用虚拟化。首先应了解哪些应用需要监管和集中管理，或分享给私有云中的用户。原先客户端需要安装所有应用，给网管员带来了大量的维护工作，而且存在相当多的安全隐患。一旦用户换了电脑，就需要重新安装所有应用，更无法考虑采用手机等其他设备去访问。桌面云部署的第一阶段是将应用集中部署到后台，使其成为私有云上托管的应用。所有私有云内的用户只要登录即可访问所需要的应用。

通过桌面云的部署，至少可以省去一半以上的办公用计算机，计算机的维护成本也不到原来的十分之一，能耗成本也将大大降低，用户使用将更快、更安全、更方便。

桌面云改变了过去分散、独立的桌面系统环境，通过集中部署，IT 人员在数据中心就可以完成所有的管理维护工作。同时通过自动化管理流程，80% 的维护工作将自动完成，包括软件下发、升级补丁、安全更新等，不但减少了大量的维护工作量，还提供了迅捷的故障处理能力，全面提升 IT 人员对于企业桌面的维护支持服务水平。

在一些特殊工作中，需要员工同时使用多个桌面系统来完成。这样的情况下，摆放多个 PC 会占据更多工作空间，同时也增加了企业投资。桌面云提供的托管桌面系统可以让用户在一个浏览器界面中，同时访问不同的后台桌面系统，并可以在不同系统间灵活切换。这样的特殊设计，既满足了员工处理多个不同业务的需要，也有效地提升了员工工作效率，减少了空间占用，节约了投资。

利用桌面云计算平台，在业务拓展时，企业可以迅速地为分支机构提供办公条件，不再需要花费很长的周期去准备 IT 基础设施，有力地支持了企业的业务拓展。所有的桌面数据都是集中存储在企业数据中心，因此，企业就能够轻松地实现不同应用的数据复制，让桌面系统融入电力容灾体系中，构成一个完整的容灾体系。当灾难发生时，可以迅速恢复所有托管桌面，保证完全恢复业务的处理能力。

利用桌面云，可以通过 PC、工作站、笔记本、上网本、智能手机、PDA 等任何与网络相连的设备来访问跨平台的应用程序，以及整个用户桌面。除了以上优势，桌面云的建设可以让企业全面实现移动办公。例如：机房管理员在上班路上、周末等离岗状态下仍然可以通过手机看到机房服务器的运行情况，通过服务器监控预测提前通知相关人员远程处理或及时到场处理问题，避免重大事故的发生。企业人员出差在外仍然可以审批企业工作相关流程。

9.3.2 云计算在电力生产控制运行中的应用场景

1. 云计算在风电场监控自动化系统中的应用分析

（1）风电场系统介绍。随着全球气候问题以及能源危机的出现，人类对可再生能源的依赖性愈显突出。风电作为一种可再生清洁能源的代表，有着广泛的发展前景，但同时也给电网带来了负面影响。早期风电场的装机规模比较小，风电场直接与配电网相连，风电主要对地区电网的电能质量有影响，如谐波污染、电压波动及电压闪变等。随着风电场规模的逐步扩大，大量风电场直接并入输电网，风电同常规机组一样承担着电网的有功、无功调节，风电对系统的影响也越来越明显，如风电并入系统后的稳定问题、无功调节问题等。以上问题的有效解决涉及多个层面，需要研究并采用多种技术手段，如风功率预测、风电场单元设备控制技术、风机与变电站自动监控技术等。

风电场综合监控系统是风电场管理中不可缺少的重要组成部分。该系统能满足对风电机组运行情况的监视，如瞬时功率、发电量、电机的转速和风速、风向等，能对风电机组实现远程集中控制，能实现对风电场和变电站运行状况的历史记录查看，为电能质量评估、风力发电模型、风能预测、电网调度提供了数据和技术支撑。目前，国内外在风电场监控技术这方面没有现行可依据的规范标准，不同厂商的监控系统互不兼容的现象普遍存在，但在综合参考各家监控特点的基础上，已提出通用的风电场综合监控系统的体系架构，并在国内多个风电场成功投入运营。

间隔层通信控制单元负责接收各风机和厂站以及用户的实时数据，进行相应的规约转化和预处理，通过网络传输给后台系统，同时对各厂站发送相应的控制命令。站控层提供了数据采集与监控（SCADA）、五防操作、保护管理、生产管理、风力预报等功能。数据采集与监控系统（SCADA）服务器负责整个系统的协调与管理，保持实时数据库的最新、最完整的备份，负责组织各种历史数据并将其保存在历史数据库服务器。操作员工作站完成对风电场和变电站的实时监控和操作功能，显示各种图形和数据，并进行人机交互。五防工作站主要提供操作员对风电场和变电站内的五防操作进行管理。保护工程师工作站主要提供保护工程师对变电站内的保护装置及其故障信息进行管理维护的工具。管理工作站根据用户制定的生产管理、运行管理、设备管理的要求，设备管理功能对系统中的电力设备进行监管，如根据断路器的跳闸次数提出检修要求、根据主变的运行情况制定检修计划，并自动将这些要求通知用户。风力预报工作站根据气象部门提供的天气资料以及存放在 SCADA 服务器的风力历史数据和当前数据，利用专家系统、神经网络等智能技术预测未来某一段时间的风力以及风电场可用容量，并将预报数据以图形化的方式显示出来，同时通过通信控制单元发送到远程能量管理系统（EMS），为电力系统运行调度提供决策参考。

（2）风电场监控自动化系统应用分析。近年来风力发电的建设得到快速的发展，目前国内风电场的建设已从单一、小规模的风电场，向大规模风电场群的建设转变，从而需要建设相应的大规模风电场群的测控自动化等系统。随着智能电网的大力推进，未来风电场和风电场群的规模势必迅速扩大，风力发电在海量数据存储和大并发、复杂计算的处理方面的要求也更高。

首先，由于风电场所处地理位置、风机类型以及接入电网的方式和规模各有不同，风电场所积累的运行数据对构建和完善风电场发电模型具有重要作用。风电场中分布的众多风机，需要采集大量的电力数据，如电流、电压、频率、转速、温度等，还需要采集大量的环境信息，如风向、风速以及视频监视信息等。以上数据需要的存储空间随着时间和风电场规模呈几何曲线性增长。采用以上技术架构，数据量的增长势必要投入更多的硬件设备，同时增加了运行维护成本和人力成本。例如，系统扩容时需准备各种应急预案，乃至请厂家现场保驾护航，如果升级不顺会浪费更多人力、财力。

其次，风电场的运行控制建立在发电模型和风能预测的基础上，包括单台风机控制和风电场整体控制，需要通过对海量的数据进行计算后实现发电模型构建、风能预测及所有风机的转向、速度等操控。风电场群监控系统则在更高层面控制多个风电场协同发电。可以将控制计算分为 3 层：风电场群控制计算、分布式风电场控制计算、分布式风机控制计算。采用以上技术架构，面对不断增长的数据计算、分析需求，只有不断增加硬件、软件，无法在统一的环境下自由弹性的扩展。

最后，随着风电场的发展，其管理模式也有可能发生较大改变，如多个风电场组成风电场群，监控自动化系统的部署位置和模式也有可能随之改变。以上技术架构会对风电场的各监控自动化系统的软硬件资源整合带来困难。

综上所述，采用以往的技术手段，很难便捷地实现风电数据存储的弹性扩展和高可用，也很难实现风机控制计算的高效和高可靠。云计算技术则为存储密集型和计算密集型的风电场群监控系统提供了可行的技术方案。

（3）基于云计算的风电场监控系统。在智能电网云体系架构下，风电场监控系统架构如图 9-8 所示。

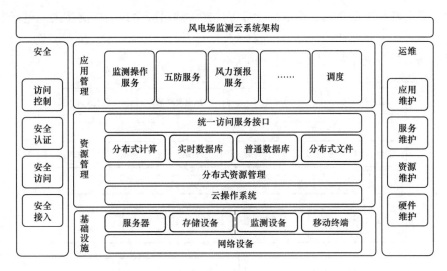

图 9 - 8　风电场监测云系统架构

风电场监测云系统架构是智能电网云计算应用体系架构在风电场监控场景中的具体实现。

（1）基础设施层将风电场的各类硬件纳入管理范畴，PC 服务器、x86 服务器、存储、网络、监测装置、移动终端等，通过虚拟化技术形成各类硬件资源池。一方面提供了服务器和存储设备的弹性扩展能力，能便捷地提升计算能力和存储空间，从硬件方面确保满足风电场规模扩大相应的硬件性能升级需求，同时不必更替旧的硬件设备，保护原有的硬件投资，节约建设成本。另一方面提供了便捷的硬件按需接入方式，移动终端、监测装置通过网络接入后能快速投入运行。

（2）资源管理层实现基于硬件资源池的操作系统环境构建、数据统一存储、计算及提供对外的统一访问服务。其中分布式文件为风电场群提供各类数据库的构建基础以及视频监测、业务文档等非结构化数据的存储，分布式数据库、实时数据库、普通数据库等，为风电场群提供实时、历史运行数据的存储，分布式计算、并行计算与风电场群的分布式、并行式的控制方式与数据处理模式适配度较高，为风能预测、分布式控制等提供高效快捷的平台服务。为此，生产运行控制过程中由于各种原因造成的监测数据缺失、模型建立失败等问题，都可以迅速通过模型相近换算、数据替代等处理机制，以分布、并行的方式得以解决，提高了风电场群控制的可靠性。

（3）应用管理层实现统一访问服务上的各类业务软件的应用，如实时监测功能、历史数据查询、风力预测等。由于云计算技术的按需自助服务和弹性扩展特性，各业务应用软件可以随时根据用户需要进行提供，并根据软件运行要求提供相应的资源支撑。

（4）运维管理层和安全层参照体系架构实现相应功能，为风电场监控提供硬件、资源池、服务和应用软件的运行维护，以及安全访问、接入等安全防护措施。

风电场监控系统是智能电网中的一部分，因此风电场监控系统架构是融合于智能电网体系架构的，是智能电网大云中的小云。调度可以通过资源管理层提供的统一访问服务使用所需的各种数据获取、搜索、计算等功能，通过安全访问机制使用风电场监控的各类应用。

风电场监控系统部署架构如图 9-9 所示。

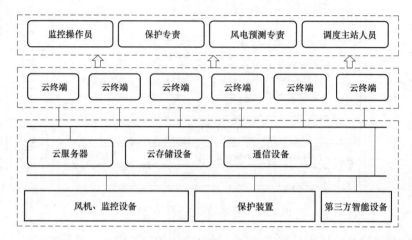

图 9-9 风电场监测云系统部署架构

该部署架构通过网络将风电场内的风机、监控设备、保护装置、第三方智能设备、服务器、存储设备连接，通过虚拟化技术形成统一的资源池，可进一步将多个风电场内的资源池连接为更大的资源池。此部署架构下，风电场的各监视设备、保护装置等设备通过网络将采集的运行信息、视频信息传给相应的服务器和存储设备进行计算和存储。各类用户，如风电场的监控操作人员、保护专责、风电场群的监控操作人员、调度主站调度员等，都可以通过风电场监控系统提供的虚拟桌面终端直接访问相关数据和业务信息。

风电场监控自动化系统云计算部署实施的演进路线如图 9-10 所示，自下而上分为基础设施层建设、平台服务层建设、业务服务层建设和服务访问层建设四个阶段，安全和运维管理同步开展并根据各层的具体实施内容进行分解。

基于风电场监控系统的云计算思路和云计算业务及技术应用发展趋势分析，制定从现有的应用系统、平台、基础设施到云计算的演进方式和实现步骤，根据需求迫切程度以及实施条件，规划应用系统、平台、基础设施到云计算的迁移和建设项目并进行优先级排序，形成监控系统的云计算实施总体路线图。主要工作包括：① 云计算层级分析，内容包括各基础设施、平台、服务、访问等各个层次的复杂度、优先级以及相关性，在此基础上确定云计算部署的关键问题；② 根据云计算研究的关键问题，结合智能电网环境下风电场的监控自动化需求，提出解决方案和制定研究计划；③ 依据各层级技术演进的研究计划，结合项目总体架构，分解各个层级配套的安全、运维管控措施；④ 引进云计算标准体系，提出面向业务的服务标准完善建议。

云计算除了在风力发电的监控系统中发挥其技术优势外，在太阳能发电、常规能源发电等发电环节一样可以为存储密集型和计算密集型应用系统提供相应的解决方案。

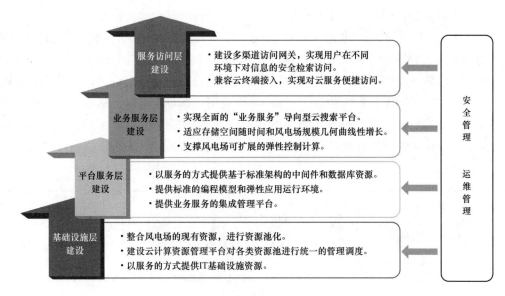

图 9 – 10　基于云计算的风电场监控系统演进路线

2. 云计算在输变电移动作业中的应用分析

传统电网生产现场作业主要采用纸质作业卡现场手动填写方式，该方式存在诸多弊端：① 现场工作量大。巡视人员或检修人员现场作业需要手工填写各类工作记录。现场作业完毕以后，工作人员还需要手动将现场记录逐一录入到业务系统；② 数据准确性低。通常，纯手工作业存在人为误差，该方式在现场记录填写与数据录入环节容易导致人为误差的产生，从而影响后期设备评估结果的准确性。为了解决传统现场作业方式带来的诸多问题，基于移动终端的现场作业方式逐渐成为了主流。目前，该方式借助无线互联技术实现移动终端对业务系统的访问，将业务系统的前端扩展到生产管理业务的作业现场，实现作业现场与后台应用之间交互及时畅通、流程无缝集成，从而提高业务管理效率，实现电力现场工作全过程的规范化、标准化和精细化管理目标。

但是，目前电网生产移动作业采用离线作业方式，即现场作业人员将相关任务、巡视 \ 检修作业卡（或书）、设备台账数据等电网数据下载到移动终端，然后带至现场进行现场作业。从安全角度来看，这种方式存在比较大的安全风险：一方面，一旦电网生产移动作业终端设备丢失，落入不法分子手中，将对整个电网造成无法挽回的损失；另一方面，如果电网生产移动作业终端设备损坏，将带来重复工作的结果。从用户体验角度来看，这种方式采用离线工作模式，用户现场作业过程中，脱离了后台服务器的支持，这就使得用户不能及时更新移动终端上的工作内容，在工作自由度上，受到一定的限制。

桌面虚拟化技术可以将移动终端设备的桌面进行虚拟化，电网生产移动作业人员可以在任何设备、任何地点、任何时间访问网络上的属于个人的桌面系统，将现场作业数据集中存储在后台数据中心中。因而，电网生产移动作业人员无需担心移动作业终端安全问题，同时，电网生产移动作业人员也可以随时随地通过有线或者无线连接后台服务，实现数据存储、读取、计算等操作。

（1）基于云计算的输变电移动作业系统。借鉴典型桌面虚拟化产品（包括：IBM智能商务桌面、VMware View、思杰 XenDesktop 等）参考架构，结合 IT 技术特征与输变电移动作业的业务应用特征，将桌面虚拟化功能进行分层设计，实现设备（计算机软硬件）、管理（虚拟资源管理）与应用（统一桌面应用）解耦合处理，从而提高桌面虚拟化整体系统架构的灵活性，以满足输变电移动作业对虚拟桌面的特殊需求。整体上来讲，桌面虚拟化系统架构分为以下几层：基础设施层、虚拟层、平台层、通信层和用户层，如图 9-11 所示。

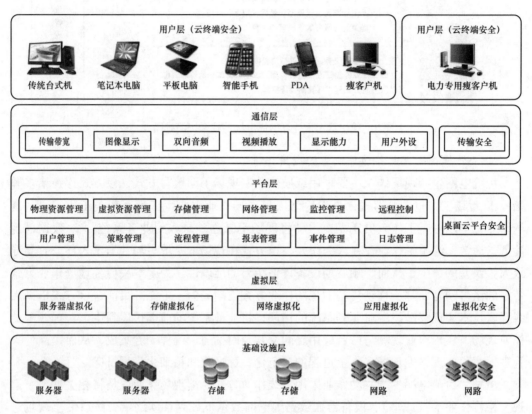

图 9-11　桌面虚拟化功能架构

1）基础设施层：主要包括服务器、存储、网络等物理资源，是输变电移动作业现场移动作业终端（PDA）远程访问虚拟桌面的基础。

2）虚拟层：基于基础设施层，通过虚拟化技术（服务器虚拟化、存储虚拟化、网络虚拟化等），建立一个虚拟化中心，形成统一的虚拟资源池。另外，结合云安全技术，虚拟层要考虑虚拟化安全问题。

3）平台层：基于统一虚拟资源池，建立虚拟桌面镜像管理平台，实现资源管理（物理资源管理和虚拟桌面镜像管理），实现虚拟桌面镜像动态调度与监控管理，实现终端设备安全接入与远程控制管理，实现用户安全及桌面策略管理等功能。

4）通信层：借鉴主流虚拟桌面通信协议（如 PCoIP、ICA、SPICE、RDP 等），从传输带宽、图像显示、双向音频、视频播放、显示能力、用户外设以及传输安全等方面进行考虑，综合输变电移动作业实际需求，形成符合国家电网公司安全传输要求的虚拟桌面远程通信协议。

5）用户层：提供云终端安全接入功能，满足输变电移动作业现场客户终端（包括笔记本、PDA、智能手机等）快速、安全的接入要求。

输变电移动作业虚拟桌面应用，从系统部署角度，可以分为以下几个部分：① 服务器资源，通常就是指 x86 服务器（可以是"刀片"或 PC 服务器）；② 存储资源，主要用于用户虚拟桌面数据的存储、备份与恢复；③ 网络资源，包括 SAN 交换机、网络交换机等；④ 虚拟桌面管理服务器，主要包括虚拟桌面发布服务器、身份认证服务器、用户目录服务器等；⑤ 云终端，输变电移动作业终端目前主要包括：笔记本、PDA、平板电脑等。输变电移动作业桌面虚拟化部署架构，如图 9 – 12 所示。

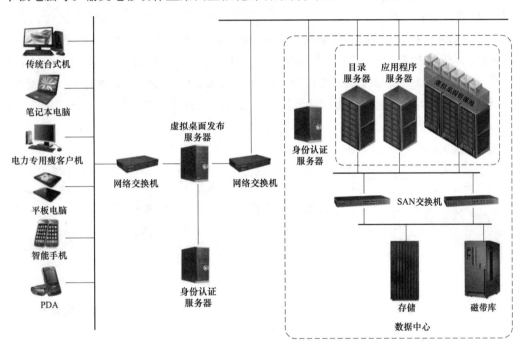

图 9 – 12　桌面虚拟化部署架构

（2）移动作业虚拟桌面技术分析。

1）虚拟桌面通信协议。传统的 PC 桌面是硬件、OS、应用以紧耦合的方式组成在一起的，层级间有紧密的关联性，设备形成独立的控制节点，锁定了用户的使用。在云计算的架构中，虚拟桌面就是要把这种紧耦合的 PC 桌面模式打破，分离各层级间的关联性，把每一层都以云计算的模式发布到云端，从而实现层层解锁的模式。为实现这种应用模式，并且使终端用户获得完美的桌面体验效果，就需要结合电力应用特征，提出一种面向电力应用的高效通信协议，以此来解决桌面云环境中服务端与云终端（包括：PC、笔记本、平板电脑、智能手机、瘦客户机等）的连接会话问题。

在虚拟桌面领域，目前主流的通信协议包括：VMware 公司的 PCoIP 协议、Red Hat

公司的 SPICE 协议、思杰公司的 ICA 协议等。

PCoIP（PC – over – IP）是一种高性能显示协议，由 VMware 与 Teradici 共同开发，专为交付虚拟桌面而构建，无论最终用户具有什么任务或处于何位置，均可为其提供内容极其丰富的最佳桌面体验。与传统显示协议不同，PCoIP 是为了进行桌面交付全新构建的显示协议，而传统显示协议则是专为交付应用程序而构建的。PCoIP 采用自适应技术进行了高度优化，可确保无论最终用户在局域网或广域网上的位置如何，均可获得最佳的用户体验。

SPICE（smart protocol for internet cellular exchange）由 Qumranet 研发，后被 Red Hat 收购。Red Hat 通过标准的连接协议，专为 VDI 用户提供增强的性能体验。SPICE 可提供非常高性能的图形显示，其视频显示高达 30 帧每秒以上。另外，通过双向语音技术可支持软件拨号和 IP 电话，双向视频技术可提供可视电话和视频会议支持，而且不需要特殊的硬件设备支持。

ICA（independent computing architecture）是一种不依赖特定平台的、成熟度较高的虚拟化桌面显示协议，它由 Citrix 公司研发，并且 Citrix 为 Windows、Mac、Unix、Linux 以及一些智能手机平台都提供了各种版本的 ICA 协议。ICA 协议具有独特的压缩能力，以及提供启用胖客户端选项，可把部分进程从远程服务器分流到本地 PC。

虚拟桌面远程传输过程，如图 9 – 13 所示。

图 9 – 13　虚拟桌面远程传输过程

2）资源管理及权限管理。资源管理包括对后台数据资源、桌面系统虚拟化资源等进行管理、分配和回收，为输变电移动作业系统的桌面应用提供统一的资源调度接口和相应的资源支撑，并监控各应用中资源的使用情况，动态地协调资源分配。

当前学术界和产业界关于资源管理的研究成果有：美国存储网络工业协会（SNIA）提出的《Managing Private and Hybrid Clouds for Data Storage》报告，主要侧重于数据存储中的私有云和混合云管理；分布式管理任务组（DMTF）的 2 份技术白皮书《Architectures for Managing Clouds》、《Use Cases and Interactions for Managing Clouds》，分别阐述了云计算管理的架构、用例及交互问题；国际电信联盟（ITU）的《Overview of SDOs involved in cloud computing》，对云计算涉及的服务描述对象（SDO）进行了概述；而结构化信息标准促进组织（OASIS）对症状自动化框架（symptoms automation framework）进行了研究，给出了相应技术规范和白皮书。

针对输变电移动作业系统中的资源使用，权限管理也应当相适应且确保其高效性。系统在移动终端上部署用户模式下的虚拟化应用程序供用户使用，该应用程序的部署无需管理权限，因为虚拟资源的权限管理均在后台服务器端完成。用户不需要另外安装软件或设备驱动程序，也不需要拥有对这些硬件资源的管理权限，可以直接运行应用程序，在任何一台移动终端上进行他们具有访问权限的、可靠而灵活的数据和桌面资源访问。

具体的权限管理安全策略归纳如下：① 基于目录的资源认证：建立基于目录的认证，云资源的访问都需要通过目录进行身份认证以及授权。② 基于目录的身份认证：系统中的用户直接关联到目录，系统通过关联目录进行验证，根据目录自身访问控制权限（ACL）来管理系统用户权限。通过目录系统的高安全性，实现系统的高安全性管理。③ 全方面的审计机制：建立云资源的管理、调度等日志审计体制，做到在云计算下的任何动作都留下痕迹。④ 基于证书可信资源管理：任何物理资源加入到云计算，必须先用所颁发的电子证书进行认证。⑤ 安全远程访问机制：虚拟机动态生成 VNC（virtual network computing）端口，通过中间服务器为各虚拟机开放 SSH 通道与虚拟机建立连接。⑥ 安全组方案：系统采用安全组方式对业务应用进行网段式隔离，通过基于 VLAN 的安全组策略，有效防止网络攻击。

（3）系统设计的演进路线。桌面云在输变电移动作业中的应用演进路线，如图 9 – 14 所示。

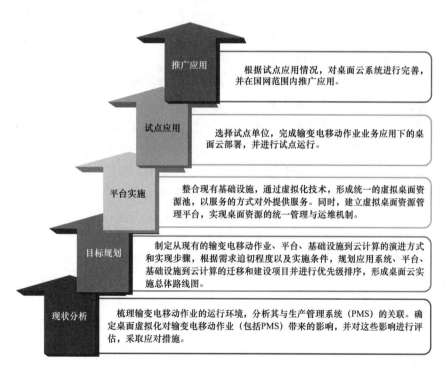

图 9 – 14　桌面云在输变电移动作业中的应用演进路线

1）梳理输变电移动作业的运行环境，分析其与生产管理系统（PMS）的关联，确定桌面虚拟化对输变电移动作业（包括 PMS）带来的影响，并对这些影响进行评估，采取应对措施。

2）制定从现有的输变电移动作业、平台、基础设施到云计算的演进方式和实现步骤，根据需求迫切程度以及实施条件，规划应用系统、平台、基础设施到云计算的迁移和建设项目并进行优先级排序，形成桌面云实施总体路线图。

3）整合现有基础设施，通过虚拟化技术，形成统一的虚拟桌面资源池，以服务的方式对外提供服务。同时，建立虚拟桌面资源管理平台，实现桌面资源的统一管理与运维机制。

4）选择试点单位，完成输变电移动作业业务应用下的桌面云部署，并进行试点运行。

5）根据试点应用情况，对桌面云系统进行完善，并在国网公司范围内推广应用。

3. 云计算在输变电设备可靠性评估中的应用分析

输变电设备可靠性评估在长期累积的可靠性评估模型的基础上，综合分析当前设备的运行状态，给出设备的可靠性评价。随着电网规模的扩大，输变电设备运行信息海量剧增，对数据的存储和计算提出了更高的处理要求，目前采用的关系型数据库已不是最适合的数据存储和计算方式。应用云计算技术，可为输变电设备可靠性评估提供分布式数据存储和计算的平台服务，方便数据存储和计算能力的扩展，同时提升处理性能。

在资源管理层，采用分布式数据库，按设备类型、区域、电压等级等存储输变电设备的不断快速增长的所有状态数据，如温度、压力、振幅等结构化数据以及视频信息的非结构化数据，同时，采用并行计算、分布式计算技术，依据可靠性评估模型对输变电设备进行评估，将较大提升处理效率。

总体来说，输变电设备可靠性评估可参考风电场监控系统的系统架构，针对海量存储和密集计算应用相应的云计算技术。

4. 云计算在配电 GIS 平台中的应用分析

电力系统的配网管理涉及电网空间分布和设备运行状态变化的复杂问题，以地理信息系统（GIS）为平台，实现地理空间信息和电力生产信息相互集成的综合应用系统是支持配网管理的基本手段。配电 GIS 平台能够有效描述二维/三维空间信息，将地图信息、文字、图形、图像、图表信息集于一体，把设备属性信息、电网接线图信息、工程图信息等紧密结合起来，有效扩展配网生产管理的描述能力和表现形式。

配电 GIS 需存储海量的信息及生成 GIS 图形所需的大量计算。随着城市规模、配网规模的不断迅猛扩大，云计算技术应用于配网 GIS 平台能很好地解决海量数据存储和计算带来的技术难点和性能瓶颈。

在资源管理层，将 GIS 平台中的海量数据按层按区等特性进行分布式存储，利用并行计算、分布式计算等服务按层按区拼接形成一份完整的 GIS 图形，为业务系统提供快捷方便的平台服务。

相应的，云计算还可以为其他环节的 GIS 平台提供同样的技术支撑。

5. 云计算在智能交互终端中的应用分析

智能电网在用户端部署有大量的交互终端，用以提升电网与用户的互动性，是电网智能特性的信息支持和重要体现。智能交互终端需由软硬件两部分共同组成，如采用通用的技术手段，相应的升级、维护等工作都将非常烦琐，而云计算的桌面虚拟化技术提供了一种非常便捷的方式。

智能交互终端的硬件只需具备网络、统一的桌面协议解释以及输入功能即可，不需随着交互功能的提高而满足不断提高的性能要求；数据和软件服务由服务端统一提供，用户无需关心软件的升级维护，只需在云端利用桌面虚拟化技术使用相应功能。采用云计算技术，将极大地降低智能交互终端的投资成本和运维成本，并提升用户满意度。

6. 云计算在调度潮流计算中的应用分析

电力系统运行方式和规划方案的研究，都需要进行潮流计算，以比较运行方式或规划供电方案的可行性、可靠性和经济性。同时，为实时监控电力系统的运行状态，也需要进行大量而快速的潮流计算。因此，潮流计算是电力系统中应用最广泛、最基本和最重要的一种电气运算。在系统规划设计和安排系统的运行方式时，采用离线潮流计算；在电力系统运行状态的实时监控中，则采用在线潮流计算。

由于电力系统规模的不断扩大以及特高压建设，电网联系更紧密，对潮流计算的速度要求不断提高，云计算技术是满足该要求的较好选择，也因此成为重要的研究领域。

在资源管理层，提供分布式文件、分布式数据库、实时数据库等平台服务实现电网模型和运行数据的存储，通过并行计算、分布式计算等平台服务，将分布的电网模型和运行数据等计算加工，为电网规范、调度提供快速可靠的平台服务。

同样，云计算还可以应用于网损计算、安全分析、稳定计算等。

9.3.3　电力云计算应用的策略和方法

首先，需要对国家电网公司各种资源现状进行分析评估，并结合国内外先进云计算技术和成功案例，提出一套适合国家电网公司特色的云计算体系结构。

其次，从基础架构层出发，对各种资源进行整合，实现资源的统一管理、统一调配，提升资源的利用率；建立对资源的智能分析，实现对资源的优化调度；建立基于云计算平台的基础架构服务。

再次，从应用中间件平台出发，实现对云计算中间件平台的智能监控、智能分析、智能部署和智能调度。

最后，从高性能计算平台出发，通过云计算平台对国家电网公司高性能计算提供平台级支持。

基于以上原因，我们可以通过 IaaS 云计算的方式对数据中心进行构建。通过按需可扩展的管理服务向用户提供计算资源。通过 HA 机制对宕机应用进行快速恢复。对所有物理主机、虚拟机、存储进行实时监控，并根据需要进行合理调度和预警。

云计算平台的研究和建设，存在一个设计和完善过程。在设计过程中，通过建设云计算中心测试云系统来验证和完善设计中的关键点，被验证过的内容可以为国家电网公司云计算标准提供依据。此外，还可在国网公司各网省选取试点单位，通过云计算试点建设，不断完善国家电网公司云计算标准，并总结出一套适合国家电网公司的云计算建设标准。

云计算平台的建设实施，可遵循以下策略：

（1）渐进策略。完成云计算平台建设后，首先选择合适应用迁移到云计算中运行，再逐渐分批将所有智能电网应用迁移到"云"中；同时在建设过程中，先选择典型单位进行试点建设，然后再分批次向其他单位进行推广。

（2）速效策略。在试点建设中确定智能电网云计算平台推广建设的范围，保证后续单位推广建设的速度，确保云计算平台建设迅速显效。

（3）"一对多"策略。为了加快建设进度，势必加大资源投入，达到并行开工的目的，因此将实施队伍分成几个逻辑工作组，"一对多"地执行实施任务。

（4）专业化分工、流水化作业策略。将实施队伍分成不同的工作组，分别展开工作实现流水化的作业。

智能电网云计算平台的建设，将是一个长期而持久的工程，要合理完成建设并对智能电网形成稳定而坚强的支撑，在建设过程中需要逐步深入、逐步落实。

首先需要对各资源进行分析评估，从软件基础架构层出发，对各资源进行整合，实现各资源的统一管理、统一调配，提升资源整合率与利用率；建立对资源的智能分析，实现对资源的优化调度；建立基于云计算平台的智能电网应用环境。

智能电网云计算平台的建设，存在一个建设和完善过程，国网公司、国网下属单位、总集成商、分开发商等应该通力沟通协商，对建设中存在的问题及其修改进行统一控制，防止出现系统功能混乱现象。建设过程中可采用渐进模式，形成典型设计并规范建设标准、接入标准；先进行试点建设，再进行推广应用；从易到难，从简到繁，逐步深入，逐步落实。

对于智能电网云的建设实施，为提高效率，缩短建设周期，建议分系统典型设计与试点实施阶段和推广实施阶段两个阶段进行。

系统典型设计方案可在试点的实际环境中得到验证和修正。试点建成后，各网省公司可以明确对项目的建设需求，并在典型设计方案基础上进一步进行需求反馈，充实设计方案。在网省公司有明确具体需求的基础上，在保证最低调研次数的基础上进行充分有效的调研。

全面推广前，一方面有可操作性的典型设计方案从理论进行指导，另一方面有试点作为实施实例从实际进行参考，全面保证全国推广的高效性、可行性。

项目建设将按照"统一领导、统一规划、统一标准、统一组织建设"的原则，有效整合资源，突出重点，在完成研究云计算平台建设的同时，逐步将云计算平台覆盖至下级单位，在项目建设"保质有序"的同时，完成云计算平台建设要求。

10 物联网在电力系统中的应用

10.1 电力物联网应用需求与总体框架

感知、传输、处理在智能电网中无处不在。智能电网通过在物理电网中引入先进的传感技术、通信技术、计算机技术、自动控制技术和其他信息技术，将发电厂、高压输电网、中低压配电网、用户等传统电网中层级清晰的个体，无缝地整合在一起。使用新一代的智能控制系统和决策支持系统，实现电力流、信息流的受控双向流动，使用户之间、用户与电网公司之间实时交换数据，这将大大提升电网运行可靠性和综合效率，可以极大地提升电网的信息感知、信息互联和智能控制能力。

面向智能电网应用的物联网结构主要分为感知层、网络层和应用层。感知层主要通过各种电力系统状态传感器，如电压、电流、风偏、振动等传感器及其组建的无线传感网络等技术，采集发电、输电、变电、配电及用电侧的各类设备上的运行状态信息。网络层以电力光纤网为主，辅以电力线载波通信网、无线宽带网、短距离传输网，实现感知层各类电力系统信息的广域或局部范围内的信息传输。应用层主要采用智能计算、模式识别等技术，实现电网信息的综合分析和处理，实现智能化的决策、控制，并提供智能化服务，有效整合通信基础设施资源和电力系统基础设施资源，使信息通信基础设施资源服务于电力系统运行，提高电力系统的信息化水平，改善现有电力系统基础设施的利用效率。

智能电网建设将融合物联网技术。国家电网公司发布的《智能电网技术》一书展望了智能电网未来的应用，其中提到"物联网技术的应用和智能城市的发展将给智能电网建设带来不可忽视的影响"，认为物联网技术可以应用在电力设备状态检测、电力生产管理、电力资产全寿命周期管理、智能用电等方面。

智能电网和物联网都以确实的信息可靠收集与传输为基础，以海量信息的智能处理为手段，以终端设备实时控制响应为初期目标。在电网数据实时采集、监测、处理与控制等方面，物联网能为智能电网提供技术支撑，智能电网与物联网间的联系如表 10 – 1 所示。

表 10 – 1　　　　　　　　　　智能电网与物联网的联系

智能电网应用	物联网支撑
通过传感测量收集高低压电能量数据，并通过高速双向通信网络传输	实体信息智能收集、识别、定位于跟踪，并可靠传输
以实时数据整合为基础，重在信息集成处理控制，实现各类应用	具备分布式、自学习的协同处理能力，智能信息化服务
实现电能交互、设备控制管理，实现电网智能调度、可靠自愈	实现任意实体信息互联互通及交互控制

智能电网应用	物联网支撑
以参考量测技术、传感器技术、分布式接入技术、通信技术、实时处理及控制论为支撑	以 RFID 技术、传感器测量技术，通信组网技术、信息论为支撑

可见，电网智能化将是物联网的重要应用区域。电网智能化将成为拉动物联网产业甚至整个信息通信产业发展的强大驱动力，并将深刻影响和有力推动其他行业的物联网应用，提高我国工业生产和公众生活等多个方面的信息化水平。

物联网的相关技术为智能电网的成功建设提供了有力支撑，如表 10-2 所示，物联网的实现将智能电网的相关设想变为可能。借助物联网，将收集到的各类数据进行整合，打破了传统物理世界和信息系统的技术限制，将数据变成可用信息，并利用物联网的强大计算能力，对能源的使用以及电力用户用电的方案进行整体部署和设计优化，实现电网系统资源的最优配置，提高电能使用效率，发挥资源最大潜能。

表 10-2　　　　　　　　　　物联网功能对智能电网的支撑

典型应用	智能电网需求	物联网的功能
物资调配与管理	RFID、短距离无线传输技术以及信息处理技术	电网资产跟踪、定位；电力物资配送；库存管理自动化
线路、设备巡检与运行管理	RFID、传感测量、无线通信技术以及数据挖掘	线路运行状态监控；巡检中设备定位及电子档案标识调用；运行数据收集
设备突发性事件与应急联动	传感器技术、通信技术、专家系统、人工智能	过负荷、变压器油温过高等突发性事件监控；设备出现意外时自动调用应急预案
状态控制与节能接入	RFID、智能调度、专家系统、分布式电源接入	临界负荷保护；控制发动机、电动机等，从而实现关闭闲置设备或收集富余电能
设备管理、人员身份识别	RFID、身份识别技术、人工智能与控制	重要设备、关键步骤专人管理，通过身份识别技术避免他人误操作或恶意操作
数据采集控制，用电信息监控	电能量采集技术，电力线通信技术，控制技术	低压居民电能量信息采集与控制处理、负荷控制、需求侧管理
关键节点电力控制	电能量采集技术，电力线通信技术，智能调度	医院、学校等关键节点电力应急供应与智能化调度
辅助决策支持	传感器测量技术、专家系统、人工智能	提供电网故障的自诊断和自愈；快速定位故障现场、规划路径等辅助决策支持

智能电网与物联网的相互促进作用毋庸置疑，但是，结合自身的实际需求和特点，智能电网在应用模式和技术实现方面对物联网仍有特殊的需求。

10.1.1　面向电网应用的物联网应用需求与应用模式

1. 概述

电网各个环节重要运行参数的在线监测，对设备状态预测、预防、调控，基于可靠监控信息建立输电线路的辅助决策和配电环节的智能决策，加强与用户间的双向互动，开拓新的增值服务等是建设智能电网的部分核心任务。而这些智能化任务的实现，必须依托于透彻的信息感知、可靠的数据传输、健全的网络架构及海量信息的智能管理和多级数据的高效处理等技术。物联网以其独特的优势能在多种场合满足智能化电网发、输、变、配、用电等重要环节上信息获取的实时性、准确性、全面性的需求。

2. 应用需求与应用模式

（1）发电环节。智能发电环节大致分为常规能源、新能源和储能技术三个重要组成部分。常规能源包括火电、水电、核电、燃气机组等。物联网技术的应用可以提高常规机组状态监测的水平，结合电网运行的情况，实现快速调节和深度调峰，提高机组灵活运行和稳定控制水平。在常规机组内部布置传感监测点，有助于深入了解机组的运行情况，包括各种技术指标和参数，并和其他主要设备之间建立有机互动，能够有效地推进电源的信息化、自动化和互动化，促进机网协调发展。

结合物联网技术，可以研究水库智能在线调度和风险分析的原理及方法，开发集实时监视、趋势预测、在线调度、风险分析为一体的水库智能调度系统。根据水库来水和蓄水情况及水电厂的运行状态，对水库未来的运行进行趋势预测，对水库异常情况下水库调度决策进行实时调整，并提供决策风险指标，规避水库运行可能存在的风险，提高水能利用率。

结合物联网技术，可以研究不同类型风电机组的稳态特性和动态特性及其对电网电压稳定性、暂态稳定性的影响；建立风能实时监测和风电功率预测系统、风电机组/风电场并网测试体系；研究变流器、变桨控制、主控及风电场综合监控技术。

物联网技术同样有助于开展钠硫电池、液流电池、锂离子电池的模块成组、智能充放电、系统集成等关键技术研究；逐步开展储能技术在智能电网安全稳定运行、削峰填谷、间歇性能源柔性接入、提高供电可靠性和电能质量、电动汽车能源供给、燃料电池以及家庭分散式储能中的应用研究和示范。

（2）输电环节。目前，国内在输电可靠性、设备检修模式以及设备状态自动诊断技术上和国际水平相比还存在一定的差距。在智能电网的输电环节中有许多应用需求亟待满足，需要结合物联网的相关技术，提高智能电网中输电环节的各方面的技术水平。

电网技术改造工作将持续开展，改造范围包括线路、杆塔和电容器等重要一次设备，保护、安稳和通信等二次设备，以及营销和信息系统等。可以结合物联网技术，提高一次设备的感知能力，并很好地结合二次设备，实现联合处理、数据传输、综合判断等功能，提高电网的技术水平和智能化程度。基于物联网的输电线路状态监测是输电环节的重要应用，主要包括雷电定位和预警、气象环境、覆冰、在线增容、导线温度与弧垂监测、风偏在线监测与预警、图像与视频监控、故障定位、绝缘子污秽、杆塔倾斜在线监测与预警等方面。

由于输电线路分布范围广、跨越距离大，为保证传感信息的有效传输，避免传感信息丢失，在传感网中采用多跳组网协议，以多跳中继通信的方式使网络具备更远的信息传输距离，实现连接传感网基站功能，确保了传感器节点与电力专用网络或公共移动通信网络网关信息互通。传感网通过网关接入电力专用网络或无线公网，骨干节点能够对传感数据进行预处理，确保传感信息有效性，实现传感信息高效接入电力专用网络或移动通信系统的功能，为信息的进一步高效传输提供保障。光纤或无线通信系统实现了传感信息的远距离传输，提供了更加灵活、高速、便捷的信息传输服务，确保了信息传输的高效畅通，为输电线路现场与中心监测系统的互通互联提供了可靠优质的传输服务。

（3）变电环节。变电环节是智能电网中一个十分重要的环节，目前已经开展了许多相关的工作，包括全面规范开展设备状态检修、全面开展资产全寿命管理工作研究、全面开展变电站综合自动化建设。

存在的问题主要有：设备装备水平和健康水平仍不能满足建设坚强电网的要求；变电站自动化技术尚不成熟；智能化变电站技术、运行和管理系统尚不完善；设备检修方式较为落后；系统化的设备状态评价工作刚刚起步。

对于变电系统的电气设备，可通过物联网对设备的环境状态信息、机械状态信息、运行状态信息进行实时监测和预警诊断，提前做好故障预判、设备检修等工作，从而提高安全运行以及管理水平。

在设备状态智能管理系统中，可获得的信息有在线的、离线预防性实验和历史数据等，通过对信息进行分析处理，提取与设备诊断相关的特征信息，从而得出对设备运行状态的可靠评定，为状态维修提供可靠决策。

智能化变电站的建设也需要全面推进。近年来，随着数字化技术的不断进步和 IEC 61850 标准在国内的推广应用，变电站综合自动化的程度越来越高。将物联网技术应用于变电站的数字化建设，可以提高环境监控、设备资产管理、设备检测、安全防护等应用水平。

综上所述，智能电网中的变电环节有多种应用和技术改进的需求。结合物联网技术，可以更好地实现各种高级应用，提高变电环节的智能化水平和可靠性程度。物联网也将在变电环节中实现具有较大规模的产业化应用。

（4）配电环节。配电自动化系统，又称配电管理系统（DMS），通过对配电的集中监测、优化运行控制与管理，达到高可靠性、高质量供电、降低损耗和提供优质服务的目标。

物联网在配电网设备状态监测、预警与检修方面的应用主要包括：对配电网关键设备的环境状态信息、机械状态信息、运行状态信息的感知与监测；配电网设备安全防护预警；对配电网设备故障的诊断评估和配电网设备定位检修等方面。

由于我国配电网的复杂性和薄弱性，配电网作业监管难度很大，常出现误操作和安全隐患。切实保障配电网现场作业安全高效是智能配电网建设一个亟需解决的问题。

物联网技术在配电网现场作业监管方面的应用主要包括：身份识别、电子标签与电子工作票、环境信息监测、远程监控等。

（5）用电环节。智能用电环节作为智能电网直接面向社会、面向用户的重要环节，是社会各界感知和体验智能电网建设成果的重要载体。

目前，我国的部分电网企业已在智能用电方面开展相关技术研究，并建立了集中抄表、智能用电等智能电网用户侧试点工程，主要包括利用智能表计、交互终端等，并且提供了水电气三表抄收、家庭安全防范、家电控制、用电监测与管理等功能。

但是目前用电环节还存在许多不足，主要有：低压用户用电信息采集建设较为滞后，覆盖率和通信可靠性都不理想；用户与电网灵活互动应用有限；分布式电源并网研究与实践经验较匮乏；用户能效监测管理还未得到真正应用。随着我国经济社会的快速发展，发展低碳经济、促进节能减排政策持续深化，电网与用户的双向互动化、供电可靠率与用电效率要求逐步提高，电能在终端能源消费中的比重不断增大，用户用能模式发生巨大转变，大量分布式电源、微网、电动汽车充放电系统、大范围应用储能设备接入电网。这些不足将成为制约我国智能电网用电环节的瓶颈，因此，迫切需要研究与之相适应的物联网关键支撑技术，以适应不断扩大的用电需求与不断转变的用电模式。

物联网技术在智能用电环节拥有广泛应用空间，主要有：智能表计及高级量测、智能插座、智能用电交互与智能用电服务；电动汽车及其充电站的管理；绿色数据中心与智能机房；能效监测与管理、电力需求侧管理等。

（6）调度环节。虽然电力调度管理信息系统经过多年的发展取得了一定的成果，但距离智能电网的要求还存在一定的差距。由于电力系统生产具有地域分散的特性，在内部多采用供电区域、专业职能条块分割的管理办法，采用数据分散管理。调度通信中心具有多个管理系统，但彼此之间孤立，无法满足创建现代化调度中心的要求。可以运用物联网技术实现数据之间的共享，解决大容量的数据存储问题。通过数据挖掘等技术向不同子系统提供相应的数据信息，运用云计算技术实现数据高效、及时、集中处理，为电网调度运行和职能管理提供及时、全面、准确、科学的信息服务，有助于全面掌控系统运行状况，提高综合管理水平和能力。

智能调度是物联网技术的又一重要应用。具体而言，智能调度包括电网自动电压控制、电力市场交易运营系统、节能发电调度系统、电力系统应急处理、电网继电保护运行管理系统等子系统。物联网技术使各子系统的连接成为可能，通过信息的共享和集成，建立综合的管理决策系统，基于网络化管理实现现有实时调度系统的全面升级。

（7）电力资产管理。电力企业是资产密集型、技术密集型企业。目前，电力企业对资产的管理以粗放式为主，这种粗放式管理存在很多问题，如资产价值管理与实物管理脱节、设备寿命短、更新换代快、技改投入大、维护成本高，每年电力企业投入大量人力物力进行资产清查，以改善账、卡不符的问题。电力企业为改善资产管理已开展大量工作，如国家电网公司正在开展的资产全寿命管理等，但由于电网规模的扩大，尤其是智能电网的建设，发、输、变、配、用电设备数量及异动量迅速增多且运行情况更加复杂，加大了集约化、精益化资产全寿命管理实施的难度，亟需有效、可靠的技术手段。利用物联网技术实现自动识别目标对象并获取数据，为实现电力资产全寿命周期管理、提高运转效率、提升管理水平提供技术支撑。

将射频识别和标识编码系统应用于电力设备，进行资产身份管理、资产状态监测、资产全寿命周期管理，能够自动识别目标对象并获取数据，为实现电力资产全寿命周期管理、提高运转效率、提升管理水平提供技术支撑。

10.1.2 面向电网应用的物联网体系架构

1. 概述

物联网应用于智能电网是信息通信技术（ICT）发展到一定阶段的必然结果，将有效整合通信基础设施资源和电力系统基础设施资源，使信息通信基础设施资源服务于电力系统运行，提高电力系统信息化水平和现有电力系统基础设施的利用效率。物联网技术应用于智能电网，将有效地为电网中发电、输电、变电、配电、用电等环节提供重要技术支撑，为国家节能减排目标做出贡献。另一方面，电网智能化是物联网的重要应用领域。目前，电网智能化目标明确，需求清晰，预期效果明显。电网智能化将成为拉动物联网产业，甚至整个信息通信产业（ICT）发展的强大驱动力，并有力影响和推动其他行业的物联网应用和部署进度，进而提高我国工业生产、行业运作和公众生活等各个方面的信息化水平。

2. 体系架构

面向智能电网应用的物联网主要包括感知层、网络层和应用层。感知层主要通过无线传感网络、RFID 等技术手段，实现对智能电网各应用环节相关信息的采集；网络层以电力光纤网为主，辅以电力线载波通信网、无线宽带网，实现感知层各类电力系统信息的广域或局部范围内的信息传输；应用层主要采用智能计算、模式识别等技术实现电网信息的综合分析和处理，实现智能化的决策、控制和服务，从而提升电网各个应用环节的智能化水平。层次架构如图 10-1 所示。

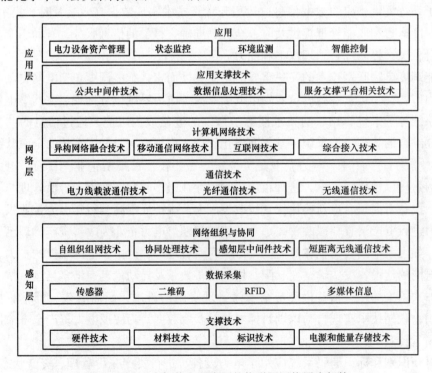

图 10-1 面向智能电网应用的物联网网络层次架构

（1）感知层。感知层是物联网的核心技术，是联系物理世界和信息世界的纽带。通过对物品信息标记，并通过传感等手段，对这些标记的信息和现实世界的物理信息进行采集，将其转化为可供处理的数字化信息。主要技术有 RFID、GPS、各种传感器等。

面向电网应用的物联网感知层解决的就是智能电网各个环节的数据获取问题，包括各类物理量、标识、音频、视频数据。感知层处于三层架构的最底层，是电力物联网发展和应用的基础，具有全面感知的核心能力。作为电力物联网的最基本一层，感知层具有十分重要的作用。

感知层一般包括数据采集和数据短距离传输两部分，即首先通过传感器、摄像头等设备采集外部物理世界的数据，通过蓝牙、红外、ZigBee、现场总线等短距离有线或无线传输技术进行协同工作或者传递数据到网关设备。也可以只有数据的短距离传输这一部分，特别是在仅传递物品识别码的情况下。实际上，感知层这两个部分有时很难明确区分。

（2）网络层。网络层的主要功能是把下层（感知层）数据接入通信网络，供上层服务使用，是实现物物互联的重要基础。主要技术有互联网以及下一代互联网、移动通信技术（3G、4G 等）、WiMAX、WiFi、ZigBee 等。

该层主要把感知层感知到的数据无障碍、高可靠、高安全地进行传送，它解决的是感知层所获得的数据在一定范围内，尤其是远距离地传输问题，实现信息的传递、路由和控制，包括接入网和核心网。

智能电网在其发、输、变、配、用电等环节都会大量使用物联网实现感知监测，但各环节的布设环境与应用需求差异较大，感知网络的设计也会因地制宜，并采用不同媒质和通信协议的接入网，因此网关的通信协议转换功能是沟通内网和外网的关键。另外，对于非完全分布式的传感网，网关还负责一定的传感网管理功能，如拓扑管理、时隙分配、时间同步与定位服务。

网络层核心网以电力骨干光纤网为主，辅以电力线载波通信网、数字微波网，接入网以电力光纤接入网、电力线载波、无线数字通信系统为主要手段，电力宽带通信网为物联网的应用提供了一个高速宽带的双向通信网络平台。

在智能电网应用中，鉴于对数据安全、传输可靠性及实时性的严格要求，物联网的信息传递、汇聚与控制主要依托电力通信网实现，在不具备条件或某些特殊条件下也可借助公众电信网。

（3）应用层。该层包括基础支撑和综合应用两个部分。基础支撑是指在高性能计算和海量存储技术的支撑下，管理服务层将大规模数据高效、可靠地组织起来，为上层行业应用提供智能的支撑平台。管理服务层主要特点就是智慧，主要技术有云计算、机器学习、数据挖掘、专家系统等。综合应用层主要是指物联网在电力行业的具体应用，如输电线路状态监测、智能变电站、智能配电、智能用电、资产管理等，呈现多样化、规模化、行业化等特点。应用层通过采用智能计算、模式识别等技术实现电网信息的综合分析和处理，实现智能化的决策、控制和服务，从而提升电网各个应用环节的智能化水平。

物联网各层之间既相互独立又紧密联系，技术的选择应以应用为导向，根据具体的需求和环境，选择合适的感知技术、网络技术和信息处理技术。

10.2 面向电网应用的物联网关键技术及其研究进展

10.2.1 感知技术

面向智能电网的实际需求，充分利用已有技术成果，在智能电网的发电、输电、变电、配电、用电环节，研制基于电力物联网的电流/电压传感器、温湿度传感器、振动传感器、噪声传感器、角度传感器、风速和风向传感器、行波传感器、绝缘子传感器等拥有自主知识产权的智能电网系列专用智能感知装备，推动物联网技术和智能感知装备的大力发展，满足我国面向智能电网的物联网应用的信息采集前端产品需求。

智能电网覆盖范围广、设备种类多，与其直接关联的环境因素也极为丰富，几乎所有种类的环境检测传感器都能在智能电网系统中发挥作用。由于篇幅限制，本节将简要介绍几类在智能电网中应用最广泛的感知技术。

1. 电流/电压/功率传感器

电流/电压/功率传感器用于获取输电线路的输电电压、电流和功率等电能参数，是电网监测系统中最重要的组成部分。在电能参数检测中，通常采用非接触式测量，即测量系统与电路传输系统相分离的方式，这种测量方式尤其适用于高压且不易改变线路拓扑的长距离输电场合。

2. 用电测量传感器

用电测量传感器主要有智能电表、智能插座和各种嵌入在电器内的耗电传感器等。智能电表在普通电表的基础上增加了区分感知电器功率、电能质量检测、用电情况统计分析等功能。通过分析每个电器开关时产生的交流电变化特性，自动判别出电器的种类及使用状态切换的时间，并且从家中或企业总电费中分析出每一个电器的耗电情况。智能电表能将上述信息储存在本地供用户查看，还可以通过光纤低压复合电力线通信、低压电力线载波通信或无线通信方式，将用电信息发送回配电中心。

3. 电力设备温度检测传感器

红外测温和光纤测温传感器是两类具有代表性的测温传感器。前者通过接收物体发出的红外辐射，将其热像显示在荧光屏上，从而准确判断物体表面温度的分布情况，具有实时、快速等优点，但是红外测温的准确性会受到物品表面发射率及环境条件的影响；光纤温度传感器有很多种，基本工作原理也有很大区别。

分布式光纤传感器网络一般用于输电线路沿线的温度检测，其工作机理是基于光纤内部光散射现象的温度特性，利用光时域反射测试技术，将较高功率窄带光脉冲送入光纤，然后记录其返回的散射光强随时间变化的情况。分布式光纤传感器网络适用于多点监控的场合。

4. 输电线路状态监测传感器

输电线路状态监测主要用于监视输电线设备积污、输电线摆幅、输电线覆冰等状态，预防污闪、风偏、放电、线路压断等线路事故，避免因此造成的大面积区域停电事故，是保证电网电力正常输送的重要技术。主要有绝缘子积污传感器、风偏传感器、倾角传感器、张力传感器、震动传感器等。

5. 变电站运行传感器

当前的电力系统中，需要在变电站多次采用升压或降压变压器来对电压进行变换，实时监测变电站内的电压和电流变化对于变电站的安全运行的影响极其重要。普通的电压和电流测量仪表无法测量高的电压和电流信号，一般使用电压和电流互感器配合相应的显示仪表来测量超高压变电站内的电流和电压瞬时值。近年来基于光电子技术和光纤传感技术实现的电力系统电压、电流测量的新型互感器，已经成为高电压条件下比较成熟、最有发展前途的测量方法之一。此外，变电站还面临局部放电监测等问题，例如特高频（UHF）传感器，测量装置通过同轴电缆与传感器连接，不仅可以用来检测局部放电，还可以通过传感器阵列的方式对大型变压器进行故障定位。

10.2.2 通信技术

1. 电力线载波通信技术

电力线载波在 380V/220V 用户配电网上的应用比较晚。我国大规模地开展用户配电网载波应用技术的研究是在 2000 年左右，目前在自动集抄等系统中采用的载波通信方式有扩频窄带调频或调相。在国外，许多与电力线载波通信相关的组织，定下了低压电力线载波通信的频率使用范围，如欧洲电工标准化委员会 CENELEC 制定的 EN 50065 规约于 1991 年底开始生效，规定低压电力线载波频率使用的范围为 3 ～ 148.5kHz；而美国联邦通信委员会（FCC）规定了电力线载波通信的频带为 100 ～ 450kHz。

就理论研究而言，低压电力线载波通信已从传统的频带传输发展到了扩频通信技术、多载波正交频分多址技术以及使用调整光纤的光波复用技术等。

2. 无源光通信（xPON）技术

无源光网络（xPON）技术是一种点到多点的光纤接入技术，不含有任何电子器件及电子电源的光接入网，它由局侧的 OLT（光线路终端）、用户侧的 ONU（光网络单元）以及 ODN（光分配网络）组成。EPON（以太网无源光网络）、GPON（吉比特无源光网络）是目前 xPON 技术的主流方式。

PON 中光网络单元（ONU）到光网络终端（OLT）的上行信号传输，多采用时分多址（TDMA）、波分多址（WDMA）或码分多址（CDMA）等先进的多址传输技术。PON 中下行信号的传输复用技术主要有：传统的时分复用技术（TDM PON），由 OLT 向 ONU 发送定时信号，保证 OLT 和 ONU 间严格的定时关系；频分复用技术（FDM PON）；波分复用技术（WDM PON），不同信号采用不同波长的光信号传输，对波长的稳定性要求极高，相应地，器件的价格也较高，这是目前正积极研究应用的复用方法。

目前 EPON 技术成熟，已经实现设备芯片级和系统级互通，组网成本大幅下降，公网已经大规模部署。GPON 虽然具有更好的 TDM 支持和电信级管理能力，但芯片和设备成本仍然较高，在国内有小范围应用。"十二五"期间，配用电通信网应以 EPON 技术为主，当 GPON 建网成本和 EPON 相当时，部分地区可以考虑采用 GPON 组网。

3. 光载无线（ROF）技术

光载无线（radio over fiber）技术是实现光纤无线融合通信的有效手段。ROF 技术是利用光纤代替大气作为传输媒质来传送宽带射频信号（基带信号、中频信号）的一种传输技术。光载无线的基本原理就是通过分布式光纤网络，实现基带池和射频部分分离，延长无线信号的传播距离，减少衰耗，扩大覆盖范围。通过采用光载无线通信技术，充分利用电力系统丰富的光缆资源，利用光纤传输低损耗、高带宽特性，代替传统的基带数据处理模块和射频发射天线模块间的射频线缆，改变传统基站中基带与射频信号集中处理的方式。远端基站仅实现简单的光电转换功能，而复杂昂贵的设备集中到中心基站，让多个远端基站共享这些设备。

光载无线通信系统由基带处理单元（BBU）、射频拉远单元（RRU）、光纤链路和用户端（UE）四个部分组成，头端（headend）进行数据交换处理并把无线信号调制到光上。通过光纤链路传输到RRU，RRU进行光电探测恢复出无线信号，再通过滤波、放大发射出去，用户端接收信号后进行变频等处理便可以获得基带信号。光载无线技术解决了无线传输中带宽限制和自由空间损耗问题，因此光载宽带无线通信系统结合了光纤通信和无线通信中各自的优点，增大了系统的覆盖范围，降低了整个系统的成本，解决了无线传输带来的电磁干扰问题。

4. 电力通信传输网技术

目前，我国电网公司通信传输网已形成以光纤通信为主，微波、载波、卫星等多种传输方式并存的局面。电力通信骨干网作为信息通信网络中的中枢神经，在完成传输媒介光纤化、业务承载网络化建设发展的同时，运行监视和管理也正逐步实现自动化和信息化。随着光纤通信技术的不断发展，各级电力光传输网络已经实现了互联互通，一级骨干通信网络形成了"三纵四横"的网架结构，华北、华东、华中、东北、西北五大区域已建成结构清晰、层次分明的骨干光纤环网，电网通信系统的传输交换能力、抵御事故能力、对业务的支撑能力、网络的安全可靠性和运行管理水平得到全面提升。为满足未来智能电网的发展需求，通信骨干网逐渐呈现出SDH、MSTP、WDM、OTN、PTN等多种传输技术体制并存的局面。

（1）同步数字体系。同步数字体系（synchronous digital hierarchy，SDH）是以复用、映射和同步方法组成的一个技术体制，为不同速率数字信号提供相应等级的信息传送格式，是信息业务承载网络中普遍采用的主要通信方式。SDH是一种将复接、线路传输及交换功能融为一体，并由统一网管系统操作的综合信息传送网络。在SDH网络中，不同传输速率的数字信号的复接和分接变得非常简单，只需利用软件即可从高速信号中一次分接出低速信号。SDH的网络接口规范统一，可以在同一网络上使用不同厂家的设备，具有很好的横向兼容性。SDH设备在帧结构中安排了丰富的、用于管理的开销比特，使网络的运行、管理和维护（OAM）能力大大加强，提高了网络的效率和可靠性。

（2）多业务传输平台。多业务传输平台（multi-service transfer platform，MSTP）是通过映射、VC虚级联、通用成帧规程（generic framing procedure，GFP）、链路容量调整机制（link capacity adjustment scheme，LCAS）以及总线技术等手段将以太网、ATM、RPR（resilient packet ring）、ESCON（enterprise systems connection）、FICON（fiber connector）、MPLS（multi-protocol label switching）等现有成熟技术进行内嵌或融合到

SDH 上，成为能支持多种业务的传输系统。

MSTP 融合了 TDM 和以太网二层交换，通过二层交换实现数据的智能控制和管理，优化数据在 SDH 通道中的传输，并有效解决 ADM/DXC 设备业务单一和带宽固定、IP 设备组网能力有限和服务质量问题。

（3）波分复用。SDH/MSTP 传输技术采用的是单波长传输技术，随着高清视频、信息数据等各类业务对带宽需求的不断增加，它的一些技术瓶颈逐渐显露，无法满足未来对通信网络大带宽、高速率的要求。因此波分复用（wavelength division multiplexing，WDM）技术通过多个波长的复用增加单根光纤中传输的信道数来提高光纤的传输容量。

WDM 是将两种或多种不同波长的光载波信号（携带各种信息）在发送端经复用器（亦称合波器，multiplexer）汇合在一起，并耦合到光线路的同一根光纤中进行传输的技术。在接收端，经解复用器（亦称分波器或称去复用器，demultiplexer）将各种波长的光载波分离，然后由光接收机做进一步处理以恢复原信号。这种在同一根光纤中同时传输两个或众多不同波长光信号的技术，称为波分复用。密集波分复用技术（DWDM）在光层进行信号的指配或调度，相较于传统上在电层的频宽调度更简单更有效率，可减少费用支出。另外在网路上光纤被切断或光信号故障时，可在光层进行信号保护切换或网路路由回复的动作。

（4）光传送网。光传送网（optical transport network，OTN），是以波分复用技术为基础，在光层组织网络的传送网，是下一代的骨干传送网。OTN 跨越了传统的电域（数字传送）和光域（模拟传送），是管理电域和光域的统一标准。

OTN 是以波分复用技术为基础，在光层组织网络的全新传送网技术，其继承并拓展了已有传送网络的众多优势特征，是能够很好适应目前面向宽带数据业务的传送技术之一，是目前光网络发展和应用的一个重要趋势。当采用 OTN 技术组建传送网骨干层时，一方面可以节省中间的 SDH 层面，降低了建设和维护成本；另一方面随着数据业务的增长，传统的 VC-12/VC-4 的颗粒已经不能满足大颗粒交叉连接的需要，而 OTN 设备具有 ODU1 这种大颗粒的交叉调度，并且 OTN 技术在提供与 WDM 同样充足带宽的前提下具备和 SDH 一样的组网能力。OTN 解决了传统 WDM 网络无波长/子波长业务调度能力和组网能力弱、保护能力弱等问题。因此，OTN 的应用受到越来越多的重视。

（5）分组传送网。分组传送网（packet transport network，PTN）是指一种光传送网络架构和具体技术：在 IP 业务和底层光传输媒质之间设置了一个层面，它针对分组业务流量的突发性和统计复用传送的要求而设计，以分组业务为核心并支持多业务提供，具有更低的总体使用成本（TCO），同时秉承光传输的传统优势，包括高可用性和可靠性、高效的带宽管理机制和流量工程、便捷的 OAM 和网管、可扩展、较高的安全性等。

PTN 支持多种基于分组交换业务的双向点对点连接通道，主要的优点有：具有适合 PTN 各种粗细颗粒业务、端到端的组网能力，提供了更加适合于 IP 业务特性的"柔性"传输管道；具备丰富的保护方式，遇到网络故障时能够实现基于 50ms 的电信级业务保护切换，实现传输级别的业务保护和恢复；继承了 SDH 技术的操作、管理和维护机制，保证网络具备保护切换、错误检测和通道监控能力；完成了与 IP/MPLS 多种方式的互连互通，无缝承载核心 IP 业务；网管系统可以控制连接信道的建立和设置，实现了业务 QoS 的区分和保证，灵活提供 SLA。

（6）自动交换光网络。自动交换光网络（automatically switched optical network，ASON）是一种基于 SDH 或 OTN 的网络，通过分布式或部分分布式控制平面自动实现配置连接管理的光网络，是以光纤为物理传输媒质，SDH 和 OTN 等光传输系统构成的智能的光传送网。相对于传统的传输网络，ASON 引入了独有的控制平面技术，用以完成传送平面呼叫控制和连接控制。控制平面节点的核心功能主要由连接控制器、路由控制器、链路资源管理器、流量策略、呼叫控制器、协议控制器、发现代理及终端适配器等 8 类组件构成。

ASON 采用先进的基于 IP 的光路由和控制算法，使光路的配置、选路和恢复成为可能，具有智能决策和动态调节能力的智能光交换设备，可以使传统上复杂而耗时的操作自动化，并且还能为构建一种具有高度弹性和伸缩性的网络基础设施打下基础。ASON 为静态的光传送网引入智能，使之变为动态的光网络。将 IP 的灵活和效率、SDH 的保护能力、DWDM 的容量，通过创新的分布式网管系统有机地结合在一起，形成以软件为核心的能感知网络和用户服务要求，并能按需直接从光层提供服务的新一代光网络。

10.2.3 信息处理技术

物联网技术应用于智能电网将提高电网的实时感知、控制等能力，而这一能力的基础是建立在部署于各类电力设施上面的海量的传感装置。为提高检测的可靠性和准确性，不可避免地将产生海量的数据信息，为电网智能控制以及设施维护等应用提供支撑。如果不对数据加以处理，而直接进行传输利用，将会存在以下两个方面的问题：① 部署在相邻区域的传感装置产生相关性强的数据，重复处理意义不大；② 海量的数据传输给通信网络带来了巨大的压力，为提高服务质量，只能加强通信网络的建设，从而加大成本。

所以，面向智能电网的物联网不仅仅要实现各类状态数据的感知、采集和传输，还应该将海量的、可能是杂乱的、难以理解的原始数据进行有效地融合，删除冗余信息，提取和推导对特定业务具有实际使用价值的数据，这样可以提高后台处理的效率，提高服务响应能力，同时有效释放通信网络的传输压力。

数据融合处理与智能电网的应用模式密切相关，涉及多种数据处理功能。针对不同信息获取需求，选择不同的数据融合功能，从而满足特定应用场景的需求。按照操作对象的特点，数据融合分为数据级、特征级、融合级和表示级。

（1）数据级。数据级处理包括数据存储和数据备份等。数据存储的具体方式对各业务系统的数据处理过程有直接的影响，根据不同存储的需求，存在着分布式的存储（如云存储就是分布式存储的一种）和集中式的存储方式，不同存储方式的选择主要要考虑到节点容量限制、数据收集和分发模式、冗余备份和能耗最小化等问题。另外，要考虑到电网的特殊性，很多监测需要较高的实时性要求，超过一定时限的数据处理意义不大。所以，数据处理要考虑到数据的实时性，以便对特殊的、紧急的信息进行实时地传输，保证管理人员第一时间获取信息，并据此采取行动。重要的数据还需要进行数据备份，以免后期查询，并可以作为知识库对发展趋势预测等提供可靠数据参考。

（2）特征级。特征级处理包括特征提取、数据分类、数据排序、数据筛选等。特征提取是指对来自不同区域的感知数据的不同数据特征进行数据处理。同一个模拟信息源有不同的特征提取方法，根据不同的应用场景选择需要提取的特征。数据分类是指可以根据不同的数据特征进行数据分析，将采集的数据根据不同的应用需求进行分类，提高数据获取效率。分类的属性包括数据包长度、数据内容等，可以自定义分类的规则，分类规则与更高层的融合策略有关。数据排序一般需要数据库支持，通过对数据项的特征排序，可以使数据按不同的优先级进行处理，使数据处理更有序，防止交叉获取数据对数据库造成一定的风险，提高了传输有序性，同时也优化了用户所获得的信息结果。数据筛选则完成了采集数据与智能电网一体化管理平台信息需求之间的匹配、总结和转换功能。一方面，管理平台所需要进行处理的数据并不是所有底层设备采集的信息。另一方面，对单个数据项，用户所要获取的信息可能只是部分数据，因此需要针对性地通过筛选将有用信息提取出来传输，屏蔽无关数据。

（3）融合级。融合级处理包括数据关联、数据变换、数据合并、数据加密等。关联分析的目的是提高分析的准确性，避免单一数据的局限性，根据不同物体的表征数据，进行综合的分析、多维度的数据管理、多时刻的数据关联、多种类型的数据关联等，数据关联的预期目标主要取决于关联规则的可信程度和合理程度。数据变换是指根据不同设备的处理机制，对某些数据进行数据变换，包括数据格式的变换、数据分辨率的转换等，进行数据变换后方便后续处理，进行数据变换的目的是提高处理效率，适应多种处理平台。数据合并可以处理数据项之间的关系，合并相同的数据项，或按照关联规则进行数据项的合并，可减少数据量，减少冗余，降低网络的传输开销和能耗。数据加密则考虑到智能电网的安全性问题，以加密格式存储和传输敏感数据，以防恶意侵入，对电网的稳定性造成破坏。

（4）表示级。表示级处理包括数据重构、数据表示、压缩编码等。数据重构是由于最终数据的呈现方式可能与网络内部传输数据的数据结构不同，需要先提取网内的数据结构描述，根据需求，通过相应的映射函数对数据结构进行转换。数据表示是对不同的应用，以不同表现方法呈现相同的数据。例如对于标量数据，数据表现形式可以分为单点数值表示和多点数值表示。单点数值表示特定时间的信息，还可以根据多点的变化趋势情况表现数据在一段时间内的总体情况。非标量数据、二维或多维的数据可以反映数据的本质特征。压缩编码按照特定的编码机制用比较少的数据位元（或者其他信息相关的单位）表示信息，从压缩结果来看可以分为有损压缩和无损压缩，由于底层终端采集的一般是模拟信息，所以主要采用有损压缩算法。针对不同的数据特征又可以采用标量数据压缩算法或矢量数据压缩算法，根据不同的数据类别可以选择对应的数据压缩算法。

10.2.4 接入控制及中间件技术

中间件包括的范围十分广泛，针对不同的应用需求涌现出多种各具特色的中间件产品。但至今中间件还没有一个比较精确的定义。因此，从不同的角度或不同的层次上，中间件的分类也会有所不同。不同的应用背景对传感器网络的要求还是有所不同的，而其硬件平台也多种多样。

电力物联网的基本感知能力包括感知数据的收集和事件的检测通知，可以映射到数据服务中间件、事件检测和通知中间件。时间信息和地理位置信息又是感知数据的基本属性，时钟同步和定位技术被认为是电力物联网的支撑技术，它们可以映射为节点自定位中间件、移动目标定位和跟踪中间件、时钟同步中间件。考虑到电力物联网应用的多样性和复杂性，动态任务部署和网络调整是不可或缺的环节，这些功能可以映射到部署和管理中间件。具体来说，核心中间件包括：

（1）时钟同步中间件。时钟同步中间件为电力物联网提供时钟同步服务，是支撑电力物联网应用的重要技术之一。电力物联网的数据采集、网内处理和数据传输通常都具有时序性，这要求网络中的节点拥有相同的时间。为保证电力物联网应用稳定工作，需要对网络中的节点进行时钟同步。时钟同步中间件屏蔽了电力物联网的异构性，以简单而统一的方法为用户提供时钟同步服务，用户无需了解同步过程的细节。时钟同步中间件支持电力物联网规模的可伸缩性，它能满足用户多样化 QoS 约束的时钟同步需求。

（2）节点自定位中间件。节点自定位中间件通过使用节点上的测量硬件与其他节点协作，为电力物联网应用提供满足不同需求的节点自定位服务。它处于操作系统之上、应用层之下，既面临多种硬件和操作系统环境，又要满足不同应用程序的需求（精度、类型、时间、能耗等），兼容多种测距硬件平台和非测距硬件平台。

（3）移动目标定位和跟踪中间件。移动目标定位和跟踪中间件负责检测电力物联网中入侵的目标，辨识目标的种类，并将目标的类型及位置信息不断汇报给感兴趣的用户。通过移动目标定位和跟踪中间件提供的服务，用户可以直接获取远端监控区域内感兴趣目标的实时运动轨迹信息，并基于此轨迹信息执行相应的反馈操作。用户可指定待查区域及感兴趣目标类，移动目标定位和跟踪中间件检测到目标进入网络或指定区域，将该目标、目标的分类及运动轨迹信息报告给用户。移动目标定位和跟踪中间件通过与事件检测和通知中间件相互交互，将目标定位和跟踪结果提供给事件检测和通知中间件，以便支持更复杂的目标定位和跟踪需求。

（4）网内数据服务中间件。电力物联网网内数据服务中间件组织和管理其监测区域内的被监测信息，向应用程序提供数据收集、存储、聚合/融合、查询、管理等服务。由于电力物联网自身的诸多特点，电力物联网网内数据服务中间件虽然与传统的分布式数据库管理系统有类似之处，但也存在着很大的差别，如需要考虑节点随时可能失效、节点间通信会不可靠、节点产生的数据有可能有误差、节点产生的是无限的数据流等。网内数据服务中间件向上层应用程序提供数据访问的抽象，提供对数据的历史查询、快照查询，提供连续查询，以监测电力物联网内某一连续时间内的数据变化，利用网内数据服务中间件，可避免在不同平台上重复实现数据访问功能，能够节省节点能量、保证数据高可用性、提高查询准确性。

（5）事件检测和通知中间件。事件检测和通知中间件负责在电力物联网中检测用户感兴趣的事件，并将检测到的事件传送给所有对之感兴趣的用户，事件检测和通知中间件在信息的发布者和订阅者之间建立了松耦合的信息分发渠道。事件检测和通知中间件采用基于内容的模式，订阅者通过指定事件内容的约束条件来表达他们的兴趣，订阅与事件的匹配过程由订阅者提交的订阅消息和事件的内容来决定。基于内容的模式在订阅上具有一定的灵活性，考虑到电力物联网通信与计算的代价比例，采用基于内容的模式有利于减少传输事件的信息量，节省节点的电源能量。

（6）部署和管理中间件。部署和管理中间件可以实现应用任务的初次部署、再部署，从而让电力物联网应用开始工作并运行在最佳工作状态。部署和管理中间件还提供对节点和应用的管理功能，可以检测节点状态，并进行参数配置、远程控制等，可以激活、停用、迁移和卸载节点上的应用。部署和管理中间件通过对应用程序代码进行预处理来减少网络通信负担，通过层次化的联合分发策略实现了在大规模异构电力物联网中的快速应用程序部署，通过提取应用程序运行状态实现了应用程序迁移前后的连续运行，形成了面向包含多种类型节点的异构电力物联网的动态可控、可伸缩的应用部署和管理机制。

现在电力物联网的中间件面临的挑战如下：

1）抽象性：隐藏单个节点的硬件差异，从而能提供对网络整体上的统一视图。并以数据为中心，同时能够支持较宽范围内的应用程序和硬件平台。

2）有效性：应该是能量有效的，并且达到较好的资源利用率，且能利用交叉层的作用达到优化的目的。

3）可编程性：提供对配置和重配置的支持，并且可以创建和分配任务。

4）可调整性：提供具有可调整性特征的算法及反应式的调整算法。

5）可伸缩性：对节点数目、用户个数变化方面都能作出灵活的反应。

6）灵活性：可以优化并调整网络的拓扑配置。

7）安全性：关注在数据处理中、通信过程和设备的干预下，保证数据本身的安全性。

8）QoS 保证：时限、可获取性和容错性等方面的要求。

为减轻程序设计者在设计过程中的负担，结合电力物联网的各种特性，中间件需要提供一个在中间层相对统一的运行环境，在此环境上可以运行多个应用程序，还需要为这些不同类型的应用程序提供一些标准的系统服务。此外为提高整个网络的资源利用率，中间件还需要提供一些机制，完成网络资源与应用程序的不同 QoS 之间或者多个应用程序的 QoS 之间的调整、平衡和最后的折中运算。

10.2.5 信息安全技术

随着面向智能电网的物联网应用建设的加快，物联网的安全问题必然成为制约电力物联网全面发展的重要因素。在物联网发展的高级阶段，由于面向智能电网的物联网应用场景中的实体均具有一定的感知、计算和执行能力，广泛存在的这些感知设备将会对智能电网发、输、变、配、用及调度各环节的信息安全构成新的威胁。一方面，物联网具有网络技术种类上的兼容和业务范围上无限扩展的特点，因此当大到智能电网生产控制区域中和电力生产有关的核心数据，小到智能电表中用户的用电信息，都接到看似无边界的物联网时，将可能导致更多的敏感信息在任何时候、任何地方被非法获取；另一方面，随着坚强智能电网的快速发展，越来越多的智能电网业务都将依赖于物联网和感知业务，从而会造成这些信息将可能被窃取。所有的这些问题使物联网安全上升到国家层面，成为影响国家发展和社会稳定的重要因素。

面向智能电网的物联网和传统的物联网一样，相较于传统网络，其感知节点大都部署在无人监控的环境，具有能力脆弱、资源受限等特点。并且由于物联网是在现有的网络基础上扩展了感知网络和应用平台，传统网络安全措施不足以提供可靠的安全保障，使物联网的安全问题具有特殊性。所以在解决物联网安全问题时，必须根据物联网本身的特点设计相关的安全机制。

考虑到面向智能电网的物联网安全的总体需求就是物理安全、数据采集安全、数据传输安全和数据处理安全的综合，安全的最终目标是确保智能电网发、输、变、配及用等环节中各种业务数据信息的机密性、完整性、真实性和网络的容错性，因此结合面向智能电网的物联网特征，面向智能电网的物联网安全体系如图 10 - 2 所示。

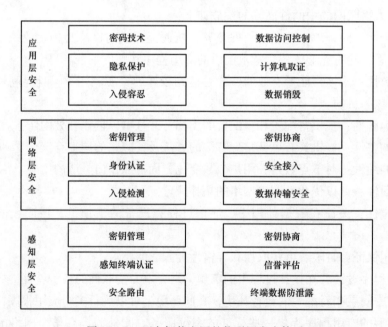

图 10 - 2　面向智能电网的物联网安全体系

下面分别从感知层、网络层和应用层三层来分析整个面向智能电网的物联网安全体系。

（1）感知层安全。面向智能电网的物联网感知层，采用密钥管理和密钥协商等机制来保证各类业务数据采集的机密性；采用感知终端认证技术来确保接入终端的合法性；采用信誉评估技术来对被入侵终端的行为进行评估监控；采用安全路由保障路由信息的可用性、机密性、完整性、安全认证、不可抵赖性；采用终端数据防泄露确保各类感知终端上产生、使用的电力业务数据的安全保密。

（2）网络层安全。面向智能电网的物联网网络层，采用密钥管理、密钥协商机制及数据传输安全机制来保证数据传输过程中的机密性和完整性；采用身份认证技术保证网络、数据及接入感知终端的合法性；采用安全接入技术保证终端接入的安全；采用入侵检测技术来保证各类网络攻击的实时检测和防范。

（3）应用层安全。面向智能电网的物联网应用层，采用密码技术和数据访问控制保证面向智能电网的物联网应用的机密性、完整性和可靠性；采用隐私保护机制来保证应用层各类业务和用户的隐私信息；采用计算机取证技术来保证在发生恶意攻击后，搜集各类恶意攻击行为的证据，为进一步采取相应措施提供依据；采用入侵容忍机制保证应用层业务在发生攻击时，不影响其正常业务功能的提供；采用数据销毁机制保证各类电力业务系统在运作过程中产生的一些中间变量和数据类型不被外泄。

10.3 物联网在电力系统的应用与实践

10.3.1 现场作业管理

1. 概述

随着国民经济的发展，国内电力事业有了前所未有的发展，电力资源需求迅速增长，随之而来的是电网设施不断增多、覆盖范围不断增大。随着电网规模的扩大，输、变、配电设备数量及异动量迅速增多且运行情况更加复杂，对巡检工作提出了更多、更高的要求。而目前的巡检工作主要还是依靠人力或电子设备，面对更艰巨的巡检任务，针对巡检人员的监督机制成为了生产管理的薄弱环节，需要更加完善的方案监督巡检人员确实到达巡检现场并按预定路线进行巡检。同时，由于电网规划、管理、分析、维护系统的高度集成，迫切需要一种更加信息化、智能化的辅助手段进一步提升巡检工作的效率。建立一个基于物联网技术的输变配巡检系统，不仅有利于提高巡检人员的巡检效率，加强对巡检人员的监督，还可以作为物联网建设的基础，为后期物联网的建设提供宝贵的技术支持和经验支撑。

将物联网技术应用于现场作业管理，将有效监督巡检人员巡检工作，提高巡检质量，提高早期诊断并预测设备故障发生的准确性，为电力企业安全生产运行提供保障，减少企业内耗，实现有效监管，促进经济发展。

2. 需求分析

由于电力系统的复杂性，电力现场作业管理难度大，常会出现误操作、误进入等安全隐患。在新的智能电网技术中，利用物联网技术可以进行身份识别、电子工作票管理、环境信息监测、远程监控等，实现调度指挥中心与现场作业人员的实时互动，进而消除安全隐患。在运行操作管理方面，通过 RFID 识别及防误闭锁技术，对现场设备进行防误闭锁。在现场作业时，按照智能手持 PDA 许可的安全操作内容及安全操作顺序来进行正确、快速的设备操作，可以有效地实现"五防"，提高现场作业的安全性和可靠性。

在电力巡检管理方面，通过射频识别、全球定位系统、地理信息系统以及无线通信网，监控设备运行环境，掌握运行状态信息；通过识别标签辅助设备定位，实现人员的到位监督，指导巡检人员按照标准化和规范化的工作流程，进行辅助状态检修和标准化作业等。

综上所述，需建立现代化、信息代、自动化、智能化的输、变、配电设备巡检系统，为电力企业生产管理和监管提供支持。系统具有自动化程度高、传输信息及时、技术先进、运行可靠的特点：实现以 RFID 标签监督巡检人员确实到达现场并按预定路线巡视功能；实现基于 GIS 技术的数据图形化显示、图形化操作功能；采用 GPS 技术，实现自动定位巡检人员位置，自动探测巡检设备功能；基于物联网的传感器网络技术，精确监测设备工作环境与状态，实现精确采集电力设备的运行信息功能；通过网络实现巡检作业数据及时传送至生产管理中心的功能；采用内嵌作业指导书，确保正确、安全、高效地进行现场巡检作业功能；依靠现有人力资源管理系统，实现对巡检人员调度、管理；通过巡检任务制定、巡检任务下发、现场巡检作业监督、巡检数据回填流程实现 Web 发布，并和现有工作管理系统互联；多种终端的可选性，可以满足各个不同部门对巡检设备管理的需求，提供可选的信息交互功能。

3. 系统方案设计

在现有巡检工作的基础上，在巡检路线上增加感知 RFID 标签、无源 RFID 标签，利用手持智能终端的 RFID 读卡功能和 GPS 定位功能，及无线传感器网络技术、射频技术等无线通信技术，提高输、变、配电环节巡检智能化水平。基于物联网技术的输、变、配电巡检系统如图 10 - 3 所示。

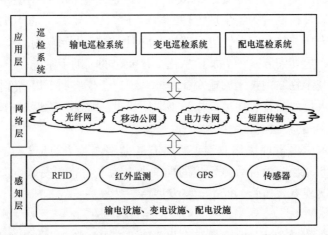

图 10 - 3　基于物联网技术的输、变、配电巡检系统组成框图

（1）感知层。感知层主要利用射频识别（RFID）技术、红外监测技术、GPS 定位技术以及传感装置等。巡检人员利用 RFID 技术，通过手持终端可以读取巡检路线、接收临时巡检任务，并进行巡检信息的上报等；利用红外监测技术可以对人眼不易观察的区域进行监测，根据不同光谱反馈情况进行工作状态判断；利用 GPS 技术和 GIS 系统可以及时准确的定位巡检方位，提高巡检效率；利用传感装置可以更直观、实时地监测状态信息，有利于后台及时告知巡检人员具体的巡检对象和位置。

（2）网络层。网络层主要是实现巡检人员和巡检后台的信息交互，巡检人员可以通过巡检终端实时接收后台的巡检指令，进而进行科学合理的巡检工作。巡检人员也可以通过该网络实现巡检位置的上报、巡检信息的上报、巡检结果的上报等，有利于后台及时了解现场的工作状况，根据实际需要及时增添相关工作人员，及时处理故障。主要通信网络包括电力专用光纤网络、国内运营商提供的公共服务网络、电力专用宽带无线系统以及用于传感装置之间通信的短距离无线通信技术。

（3）应用层。应用层的主要作用是实现信息的整理、挖掘和分析。集成已有的 GIS 等系统，结合巡检人员上报的现场信息，并结合状态监测信息，进行综合分析，给出巡检人员最优的巡检路线，提高巡检效率，提高巡检质量。另外，管理人员可以根据后台反馈的信息，及时了解巡检人员的到位情况，规范巡检行为，保证巡检全面覆盖，还可以进行巡检任务制定、巡检任务下发、现场巡检作业监督、巡检数据回填流程实现 Web 发布，并和现有工作管理系统互联。

（4）应用模式。

1）在输电领域的巡检应用。巡检人员容易到达的地区，采用 GPS 定位或 RFID 监督巡检人员确实到达现场并按预定路线巡视。对巡检人员无法到达的高山、湖泊等区域，采用无人直升机等方式利用红外等技术实现对关键区域、关键设施的巡检，监测到的数据通过宽带无线技术或无线加有线的通信技术传输到后台处理中心，后台处理中心经过数据处理后，及时判断和预测相关输电设施（如线路、绝缘子、杆塔等）的健康程度，进而发送指令给巡检人员进行检修和维护。这种方式提高了巡检的效率，降低了人力成本，实现了更全面的巡检。

另外，巡检人员在巡检过程中，还可以通过巡检终端及时获取临时巡检任务等，保证方便、正确、高效地完成巡视作业，完备记录设备运行状态。通过数据同步，及时进行任务数据回填、设备运行状况上报，帮助进行早期诊断并预测设备故障的发生，确保设备长期高效稳定运行。

利用物联网技术，从作业方式上实现完全无纸化。采用基于智能移动设备的 GIS 展示模块，将现有输电生产管理信息系统中的地图和电网设备信息加载并显示，提供基本 GIS 操作如对各种电网设备信息和主要的地理基础信息（道路、主要地物）的查询定位等。从管理方式上实现基于 GIS 定位功能，允许操作人员在距离巡检目标设备一定距离内（由用户设置）完成巡检工作，并记录巡检时准确的 GPS 位置等相关信息。在此距离外时，系统锁定巡检功能，限制巡检工作发生。对于无法收集 GPS 信号的位置，系统提供人工直接巡检方式，对巡检时操作人员的位置和巡检功能不做限制，但在巡检结果中需明确标明采用了手动巡检模式。

2）在变电领域的巡检应用。变电站作为电力网络中电能传输的枢纽节点，其站内设备长期处于持续运行状态，设备运行状况的好坏直接决定了电网可靠供电的能力。因此，日常巡检工作就成为供电企业变电运行工作中不可或缺的一项重要内容。

变电领域的巡检工作与输电领域及配电领域的工作相比，具有覆盖范围有限等特点，大大降低了巡检的工作量，而且巡检的条件较为便利，不需要特殊的工具和设施。但变电环节同样是电力系统中的重要环节，变电站内变电设施较多、巡检的对象较多，所以对变电设施进行巡检同样重要。在变电站内不同的设备上部署 RFID 标签，可以规范巡检人员的巡检路线，同时规范巡检人员的巡检行为，提高巡检的科学性和合理性，保证巡检质量。

3）在配电领域的巡检应用。为进一步提高电力巡检工作的信息化程度和工作的准确性，加强电网巡检工作的效率和管理，提高城市电网运行水平，充分利用现有数据，整合现有资源，通过利用计算机技术、RFID 技术、GPS 位置服务技术等来提高巡检工作的科学性和正确性。配电网络覆盖面大、设备较多、线路复杂，提高巡检效率对保证配电自动化具有十分重要的意义。通过配网巡检系统和配网 GIS 系统的紧密结合，使在制订巡视计划时，可以根据巡视的地理范围选取合理的巡检路线，提高工作效率，同时管理人员也可以通过后台系统对巡检人员的巡检情况、巡检结果、处理结果等进行查询。

4. 应用效果

基于物联网技术的现场作业管理，将整合电力设施的状态监测、运行维护、工程建设、用户需求等信息，对电力设施进行全面、精确、及时地监控与管理。可以实现现场作业管理中的防止电气误操作，能够有效防止工作人员出现误操作事故，保证现场操作的正确性和安全性。利用物联网技术，可以有效地掌握设备的各种状态，防止"过维修"和"欠维修"，降低设备故障发生率，大大降低设备维护费用，对现场设备的状态信息进行定期或不定期地巡检，收集、记录现场运行设备的状态信息，为电力设备状态监测提供有效的支撑。

电网现场作业管理系统将无线传感器网络、GPS、GIS 及 RFID 等技术应用于电网现场作业管理中，实现了基于无线传感器网络的现场作业管理，完善了现场作业的规范化管理，达到了在任何时间、地点随时获得工作所需信息的目的。特别是通过无线传感器网络，实现了对各种现场电网设备运行环境和运行状态信息的实时获取，使现场作业人员可以及时准确掌握现场设备巡检项目信息，提高了巡视与缺陷管理工作的准确性和及时性，为有效分析设备运行状况、预测事故设备提供了数据保障，很大程度上减少了设备故障的发生，系统可降低管理成本并显著提高现场作业效率和准确性。同时，通过物联网技术，可对运行维护部门能否按周期巡视、现场试验、检修以及维护人员是否巡视到位起到监督管理的作用，避免了以往由于现场作业不到位造成的管理人员无法准确掌握现场设备健康状态的情况。

物联网技术应用于作业管理，改变了电力设备日常监控中监测粒度较大和信息采集手段落后的局面，为电网生产提供及时准确的基础信息，降低故障的发生率，缩短故障发生的处置时间，提高电力系统的可靠性并降低线损，具有较强的实用性和技术先进性，为电网公司带来巨大的经济效益。

10.3.2　电网设备状态监测

1. 概述

随着电网资产规模的扩大、设备数量的增加、技术水平的提高以及运行标准要求的日趋严格，管理好、维护好、运行好各级电网，提高设备的健康水平，延长设备的使用寿命，降低电网运行维护成本，对保证电网安全、改善电能质量、提高供电可靠性和资产运营效率，都具有重要的作用。其中状态监测是智能电网建设中的关键一环。

近年来，状态监测在电力系统中越来越多地受到有关管理、科研、运营和工程技术人员的重视。主要有以下三方面的原因：① 电力设备的故障，不仅会造成供电系统意外停电而导致电力公司经济效益降低，还可能造成用户的重大经济损失和抱怨，因此迫切需要做到有计划的维护和停电；② 电力部门希望尽量延长电力设备的维护间隔、缩短维护时间，从而缩短停电时间，减少因停电维护而造成的影响，增加经济效益；③ 尽可能延长电力设备的使用寿命，以增加经济效益。这些因素促使电力系统采用状态监测技术。广泛采用状态监测技术是电力系统发展的必然趋势。

2. 需求分析

输电、变电和配电环节包括多种电塔和输电线路、配电网设备等，具有设备量多、分布广泛、系统复杂的特点。目前我国仍存在输配电网网架薄弱、供电能力不足、线路设备功能分散且可靠性较差、通信范围难以覆盖等问题。应用物联网技术有助于全面提升电网设备、线路、杆塔及其他资产的智能化作业和巡检水平，全面提升电网的感知能力，为电网的安全、高效、经济运行和优化调度提供支撑。

（1）输电设施监测。目前，输电线路主要以人工监控为主，无法满足大范围、多设施的输电设施的实时监控需求。基于物联网技术的输电设施智能在线监测系统，通过在输电线路和杆塔上安装传感器，来监测输电线运行状况、杆塔及环境等参量，并将所得参量传输到后台，以便向维护人员提供安全可靠的维护手段。

（2）变电设施监测。智能变电站是坚强智能电网的重要基础和支撑，具有信息化、自动化、互动化的特征，由先进、可靠、节能、环保、集成的设备组合而成，以高速网络通信平台传输信息，自动完成信息采集、测量、控制、保护、计量和监测等基本功能，并可根据需要支持电网实时自动控制、智能调节、在线分析决策、协同互动等高级应用功能。

对就地化（就近安装在一次设备旁边）的二次设备进行温度、湿度、电磁辐射等参数进行实时监测，实时观测设备运行状态变化，保证二次设备正常运行。

（3）配电设施监测。配电线路传输距离远、支线多、大部分是架空线和电缆线，环境和气候条件恶劣，设备故障和雷电等自然灾害导致故障率较高。故障停电，首先给用电用户、企业单位等正常生活、生产经营带来了很大的干扰；其次给供电公司造成了较大损失；再者配电线路距离较大、分支较多、呈网状结构，使故障查找非常困难，浪费了大量的人力、物力。

利用物联网技术，实时监测线路的正常运行情况和故障发生过程，帮助运维人员实时了解线路的状态变化信息，及时排查、排除故障，提高工作效率，降低电网损失。

3. 方案设计

电网设备状态监测系统的总体架构如图10-4所示，包括输电线路状态监测、变电站状态监测与巡检管理与配网数据采集系统三个系统，涵盖输、变、配等环节的电力设施，涉及感知层、网络通信层和应用层三个层次相关设备、软件系统的设计和开发。

（1）感知层。输电环节的感知层设备包括可见光图像传感器和导线测温传感器两类传感设备。其中，可见光图像传感器实时采集输电线路运行状态的视频信息，为应用

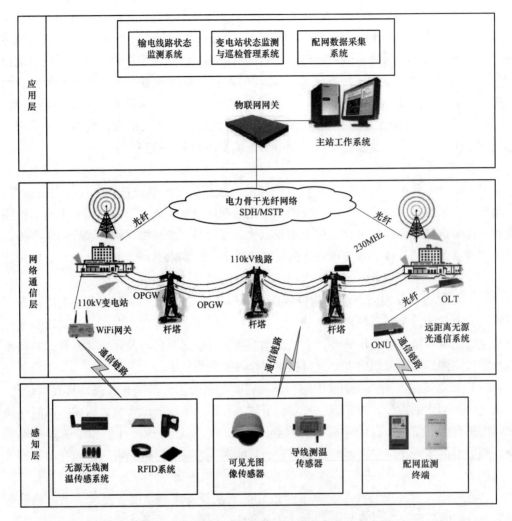

图 10-4 电网设备状态监测系统的总体架构示意图

层基于视频监测的输电线状态判断功能提供决策信息；导线测温传感器采集架空线电缆的温度信息，为在线增容提供辅助决策信息。

变电环节的感知层设备包括温度传感系统和 RFID 系统。其中，温度传感系统实时采集变电设备的温度信息，为应用层系统判断变电设备的运行状态、评估故障风险提供辅助信息；RFID 系统为移动巡检管理系统提供底层支持。

配电环节的感知层设备包括智能电表等配网监测终端，实时采集配网设备的状态信息，为应用层配网设备综合感知与告警系统提供数据信息和技术支撑。

（2）网络通信层。

1）在输电环节，网络通信层的建设内容包括有线光纤和光载无线宽带通信系统两部分。其中，有线光纤主要依靠现有的 OPGW 线路，将感知层的设备接入光纤网络。为了扩展有线专网的覆盖范围，可以采用光载无线宽带通信系统，实现无线接入环节的专网专用。

2）在变电环节，建设内容包括变电设备和有线光纤之间的无线中继通信系统，实现变电设备状态监测模块的"最后一公里"接入。

3）在配电环节，针对设备距离变电站较远的特点，设计和开发光线路终端单元和光网络单元，增加无源光通信的距离，实现光纤通信的远距离覆盖，确保配网监测终端有效接入。

（3）应用层。

1）输电环节。基于视频监测的输电线状态监测系统，利用图像识别技术对输电线的舞动、弧垂、倾斜状态进行监测。同时，基于时间序列分析技术，统计和分析导线温度信息，为输电线动态在线增容提供辅助决策信息。

2）变电环节。该环节包括变电设备状态监测和移动巡检管理两个子系统。其中，变电设备状态监测系统对变电设备的温度信息进行实时三维瞬态分析与显示，有效提高设备故障预测和定位的实时性和精确度。移动巡检管理系统基于中间件技术收集和交互RFID标签信息，实现巡检工单和设备信息的查询与主动发布、巡检记录自动登记和上传等功能。

3）配电环节。建设配网设备状态综合感知与探测系统，实时统计、分析和处理配网设备的电压、开关状态等信息，综合感知配网设备的运行状态，将与配网设备运行状态相关的数据有效整合，在减少人工值守人员的数量和劳动强度的同时，减少故障误报率，提高设备故障预警的精确性和处理效率。

（4）输电环节应用模式。

1）输电线路覆冰在线监测。输电线路覆冰在线监测系统实时监测导线覆冰情况，依托后台诊断分析系统对监测数据进行分析，实现对线路冰害事故的提前预测，并及时向运行管理人员发送报警信息，有效地减少了线路冰闪、舞动、断线、倒塔等事故的发生。

2）输电线路导线微风振动监测。微风振动是造成高压架空输电线路疲劳断股的主要原因。微风振动对架空线路造成的破坏是长期积累的，具有较强的隐蔽性，因此对其进行测量既能消除微风振动产生的隐患，又能为防振设计提供科学的依据。通过加速度传感器检测导线振动情况，分析记录导线的振动频率、振幅，并结合线路周围的风速、风向、气温、湿度等气象环境参数与导线本身的力学性能参数，在线分析判断线路微风振动的水平和导线的疲劳寿命。

3）输电线路导线舞动监测。导线舞动会严重损害线路，造成金具断裂、导线落地、塔材和螺钉变形与折断等，导致大面积停电。输电线路导线舞动监测通过导线中多点安装的加速度传感器来采集三轴加速度信息，依据对监测点加速度的计算分析及线路的基本信息来分析舞动线路的纵向、横向舞动半波数及计算导线运行的轨迹相关参数，判断线路是否发生舞动危害，并及时发出报警信号，避免相间放电、倒塔等事故的发生。

4）输电线路杆塔倾斜监测。山区等输电杆塔建设的区域在重力、应力、自然力的扰动下，易引发地面裂缝、岩体错位、崩塌、滑坡、地面塌陷等地质灾害，导致采空区杆塔倾斜、地基变形的情况发生，严重威胁输电线路的安全运行。在杆塔上安装倾斜传感器可以对杆塔的倾斜进行监测，从而实现对杆塔倾斜情况的实时监控和预警。

5）输电线路导线温度监测与动态增容。输电线路的载流能力除与导线自身的物理参数直接相关外，还与外部环境参数密切相关。这些外部参数主要有导线运行温度、环境温湿度、风速、日照等。另外，为了保证安全运行，导线的弧垂、风偏、风摆等参数也影响导线的输送能力。导线状态监测网络实时监测导线的运行温度、环境温湿度、风速、日照、弧垂、风偏、摆幅等信息，综合管理系统的动态增容专家系统利用这些数据，给出动态增容运行策略，为电网安全动态增容提供数据支持。

（5）变电环节应用模式。

1）变压器综合安全监测。通过对变压器油中故障溶解气体、变压器油中微水、变压器套管、变压器局部放电的连续监测，对变压器绝缘状况进行综合的监测和诊断，实现变压器绝缘安全预警。

2）变电站容性设备监测。反应容性设备绝缘的主要参量就是这些设备的介质损耗角以及等效电容。系统拟针对上述参量，连续不断地对容性设备绝缘状况进行评估，实现容性设备绝缘性能测量与安全预警。

3）变电站避雷器监测。系统拟采集避雷器泄漏电流的阻性分量，实时判断避雷器的绝缘裂化情况，及时预警。

4）变电站 SF_6 气体监测。通过对空气中 SF_6 以及 O_2 的含量情况，判断有限空间内的 SF_6 气体浓度是否满足相关标准，同时可以判定该高压设备的绝缘状况。

5）环境监测预警。环境监测预警系统可以实时监测某些重要场所和设备的工作环境（如温度、人员非法进入、电缆沟进水、烟雾、明火、空调工作状况等）。当工作环境出现异常时，可及时显示、报警，并通过通信网络将数据上传。

6）无线高压测温。无线高压测温系统采用先进成熟的传感技术和独特先进的无线通信技术进行高压隔离和信号传输，利用其固有的绝缘性和抗电磁场干扰性能，从根本上解决了高压开关柜内触点运行温度不易监测的难题。系统可以安装到每台高压开关柜触头和刀闸上，数据可以以无线方式传输至集中器，实现远程预警功能。

7）电缆温度监测。电缆温度监测预警系统基于通信技术、微处理器技术，选用国外的新式传感器，采取接触式测量原理，实时监测电缆的运行温度。系统可以通过数值、曲线、棒图、模拟图等形式显示温度的测量值及变化趋势。

8）蓄电池电压监测。对蓄电池组的输出电压和充电电压进行实时监测，解决了无人值班工作站，特别是通信机房电源消失时，因电源故障得不到及时排除，而最终造成蓄电池损坏，通信网络中断，危及工作站安全运行的安全隐患，为工作站系统的安全运行提供了有效保障。

（6）配电环节应用模式。

1）配电系统运行监控：实现配电系统及公共用电设施的遥信、遥测、遥控等，实现运行监控信息的图形化管理和状态自动报警功能。

2）故障快速定位：当线路出现异常时，通过对比线路上多个智能传感器的异常数据，快速、准确地确定故障位置。

3）故障隔离：判定故障点后，可通过受控设备按处理预案迅速将故障区域切离电网。

4）故障原因分析：通过对故障时间段内数据的模拟和分析，总结出故障的原因和规律。

5）故障预警：当线路某处出现的短暂异常符合某些规律时，系统会提前预警、提前排除，以免造成严重事故。

6）无功补偿控制：实时监测低压侧电网运行状况，进行低压侧配电变压器无功补偿控制，提高供电电能质量。

7）视频监控：在配电室（站）等重要区域安装视频监控设备，实现在线监测。

4. 效果分析

电力系统的状态监测是近年来迅速发展，并受到电力系统有关运营、管理、科研等部门工程技术人员日益关注的一个新的研究领域，是目前国际上的一个研究热点。它的发展和采用，对电力系统的安全运行具有重要意义，具有明显的经济效益和社会效益。随着传感器技术、计算机技术、通信技术、智能技术等相关领域技术的发展以及状态监测技术本身的发展，越来越多的新技术将在状态监测中得到应用。

电力设备状态监测系统是实现电力设备状态运行检修管理、提升电力专业生产运行管理精益化水平的重要技术手段。系统通过各种传感器技术、广域通信技术和信息处理技术实现各类电力设备运行状态的实时感知、监视预警、分析诊断和评估预测，其建设和推广工作对提升电网智能化水平、实现输变电设备状态运行管理具有积极而深远的意义。

系统针对电力设备安全运行的关键需要，通过部署在电力设备上的各类传感器构成传感器簇，实现对影响电力设备正常运行的各种相关状态量的在线监测，并实现各种状态数据的统一接入和统一管理。在后台通过对各有效参数的监测及数据挖掘，研究并建立设备状态专家评估模型，实现状态监测评价、故障诊断及状态分析预测，并为运维人员的状态检修决策提供必要的依据。结合各种新兴的数据可视化技术方法，为运维人员提供具备电力行业特征的新型业务数据可视化展现。

10.3.3 电力设施防护及安全保电

1. 概述

由于电力设施点多面广，且长期暴露在野外，经常发生被盗和被破坏事件，严重影响了电网的安全运行。电力设施是国家重要基础设施和社会公用设施，社会各界共同维护公共安全的防范意识不强。随着电力设施的产权转移归属电力企业，群众护线、保电积极性不高，向公安机关、电力企业举报、揭发盗窃破坏电力设施案件线索较少。电力设施的安全是电网企业安全运行的基础，当智能电网成为国家战略和全球热点的时候，我们的电网设施却不断的遭受着人为破坏，这样的破坏不仅给电网的正常运行带来了很大影响，同时也造成了巨大的社会影响。按照电网统计部门的数据，近几年电力设施被窃案件不断增多，甚至已严重影响到电网企业的正常运行，同时也增加了电网的安全隐患。尽管电力安监部门采取了多种技术、管理手段进行防范，但因电力设施分布广、种类多，对保护防范工作造成了很大的困难。

大量的相关数据表明，仅仅依靠电力系统现有的人力和手段，无法有效遏制和从根本上扭转这种局面。因此，利用高科技手段，及时有效发现和震慑故意及非主观破坏活动，把因为人为破坏对各级电网造成的损失和影响降到最低，已经成为各级电力部门、社会公共安全部门共同关心和急待解决的问题。

2. 需求分析

基于物联网技术的电力设施防护及安全保电系统将是实施电力户外设施综合防盗的重要手段，研究基于物联网技术的电力设施防护及安全保电系统，运用多种传感器组成协同感知网络，并结合信息通信等技术，在户外线路、杆塔、变压器等设备上部署、安装振动、位移、电压变化、红外线等传感器，采集、处理现场异常信息，实现自动报警功能与电网运行状态管理，为电网全方位监测、预警提供信息支持，为减少电力设施破坏、被盗事件发生提供技术支撑。

（1）输电设施防护。输电线路特别是高压线路一般分布在偏远的地区，高压输电线路由于其高电压等级，发生的偷盗现象较少，但由于输电配套设施（杆塔等）在野外的环境下受不可控因素较多，例如在山体建设的杆塔可能因为山体滑坡而出现倒塔，或者水中杆塔由于地质疏松造成倾斜等，这些都对电力的传输造成了一定的风险。对这些设施进行防护，提前做好预防，是保障可靠输电的重要手段。而输电设施分布广泛且出现风险具有不确定性，依靠人力进行巡检防护，费时费力，效率低下，所以需要依靠可靠的感知、通信技术，及时了解设施状态，进而采取相关措施。

（2）变电设施防护。有人值守的变电站的变电设施有专人看守，发生偷盗的可能性较小，而现阶段无人值守变电站的建设给变电设施的防护增加了难度，是对变电站安防系统的一个挑战。另外，城市区域内也存在着大量的变压器，对此进行保护将直接关系到电力用户的安全可靠用电，但由于其分布范围广，需要采用智能化的手段进行防护。

（3）配电设施防护。配电设施分布于用电区域的各个地方，对配电设施进行防护一方面是保护设施不被偷盗，以免造成停电等事故，另一方面是防止外破等行为，以免野蛮施工等因素造成的配电设施受到损坏。配电设施具有分布范围广的特点，依靠人力防护仅能起很小的作用，需要依靠先进的技术来对配电设施进行防护。

3. 方案设计

基于物联网技术的电力设施防护及安全保电系统，以多种传感器组成协同感知的网络，实现全新的目标识别、多点融合和协同感知能力，可实现对输电设施、变电设施以及配电设施进行防护，保证供电安全，提高可靠供电服务。基于物联网的电力设施防护系统架构如图 10-5 所示。

（1）感知层。感知层主要实现电力设施的状态信息采集，为设施的安全防护提供原始数据。感知层的主要装置包括地埋震动传感器、倾斜传感器节点、杆塔震动传感器节点、防盗传感器节点、红外传感器节点、摄像头等。全面的感知是进行综合分析的基础，也是准确科学分析的保证。

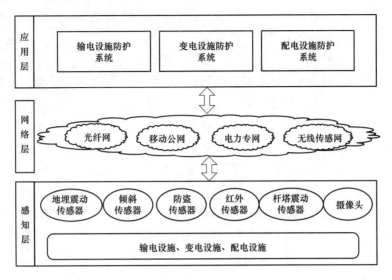

図 10 - 5　基于物联网的电力设施防护系统架构图

（2）网络层。网络层主要负责感知层的数据传输，需要满足实时、高速、可靠、安全等性能的需求。由于不同区域的通信网络建设程度不同，以及不同通信技术具有不同的通信范围，所以该层会存在多种网络技术，需要根据具体的应用需求以及技术特点进行选择，另外，多种网络技术的融合也是网络层的建设重点。具体的通信技术包括短距离无线技术（ZigBee）、接入网技术光载无线（ROF）、骨干网技术（SDH）等。不同的技术有不同的技术特点，适用范围也不同，需要根据实际工程的需要，综合考虑建设复杂度、建设成本等因素，选取合适的通信技术。

（3）应用层。应用层是实现电力设施防护的应用平台，对底层感知的防护信息进行综合分析和处理，对目标的多个信息进行融合处理，滤除错误信息和冗余信息，实现低虚警的告警信号处理，快速发现目标被盗，及时发出告警信号。这样管理人员可以在后台管理中心直观地了解到分布在不同区域的各类电力设施的防护情况，将过去的被动报告变为现在的主动预防，提高了电力设施的防护水平，保证了安全供电，提高了服务质量。还可以与其他系统联动，将报警信息发送给相关的公安联动单位等，联合社会力量共同治理电网盗窃行为。

（4）应用模式。

1）输电设施安全防护。该防护将震动传感装置、杆塔倾斜传感装置、视频监控设备等安装于输电杆塔、线路等实体上，依托无线传感器网络进行感知信息的采集和汇聚，汇聚后的信息通过就近接入杆塔上部署的通信终端，再通过无线公网或电力专网的方式将数据传输到后台，及时发现输电设施的状态情况，实现输电设施的常态监测防护，在未发生重大事故前，及时消除隐患。

2）变电设施图像监测及安全警卫。针对常规变电站安全监视系统配置的不足，组建多类型探测器节点协同感知的网络，实现全新的目标识别、多点融合和协同感知。具有以下特征：多种探测原理的前端探测手段协同综合工作、智能识别；对变电站围界进行全天动态智能感知，具备很强的环境适应性和智能性；探测分析、阻挡延缓、复核响应多手段融合，可依据具体情况按需、按时布防和撤防。

当入侵行为触发报警时，系统立即与智能视频分系统联动，相关摄像机自动凝视侵入目标，该视频图像自动弹出在监视器的最顶层，值班人员可迅速直观地看到现场的实际情况。与此同时，变电站控制主机会发送音频信号至现场的音频设备，向现场进行声音告警，值班人员亦可通过麦克风设备向现场通话告警，警告可疑人员。

3）配网防盗及安全防护。在相关配电设施上分别安装相应的传感器节点，通过短距离无线通信技术及广域通信技术，实现监测数据的可靠传输。后台根据传输的数据进行智能化处理，分析来自同一目标的多个传感器信息和多个目标的同类传感器信息，对目标的多个信息进行融合处理，滤除错误信息和冗余信息，实现低虚警的告警信号处理，快速发现目标被盗，及时监测配网设施的状态信息和安防信息，并据此采取下一步行动，以免对电网的稳定运行造成影响。

4. 效益分析

物联网技术实现了人类社会与物理系统的整合，通过自动、实时地对设备进行识别、定位、追踪、监控并触发相应事件，实现了对设备的实时管理和控制。利用物联网的技术手段，构建传感网监测网络，在电力设施相应部分部署传感装置，通过视频监测、无线红外等方式实现了对电力设施安全防护。

利用物联网技术，可以大大减少人为监测的工作量，显著提高防护效率。依据全面的状态感知、可靠的数据传输以及智能的信息处理，可以实现重要电力设施的设施安全防护，及时发现电力设施发展趋势，排除故障、解决故障，防止人员等对电力设施进行破坏，进而影响供电可靠性。所以基于物联网技术的电力设施防护将对实现安全保电等方面起到十分重要的作用。

10.3.4　智能用电与用电信息采集

1. 概述

面对日渐凸显的全球资源环境问题、剧烈波动的能源价格、愈加严厉的监管政策、快速攀升的用电负荷，以及更高的用户服务质量要求，全球电力行业面临前所未有的挑战。为了应对这些挑战，全球电力行业都在积极研究，并提出了电力行业未来的发展方向，而建设智能电网已经成为全球电力行业应对各自挑战，实现可持续发展的共同选择。

为保障我国能源可持续发展，满足经济社会快速发展的用电需求，促进节能减排、发展低碳经济、提高服务水平，国家电网公司积极转变电网发展方式，确立了建设统一坚强智能电网的发展战略，涉及发电、输电、变电、配电、用电、调度各环节和信息通信平台。

智能用电小区作为智能电网的重要组成部分，是实现智能电网可靠、安全、经济、高效、环境友好和使用安全等目标的重要保障之一。具体来看，研究智能用电小区的技术和应用，将在以下几个方面发挥重大作用：

（1）变被动为主动的用电模式。智能用电小区将使用户的需求完全变成另一种可管理的资源，有助于平衡供求关系，确保系统的可靠性。从用户的角度来看，电力消费是一种经济的选择，通过参与电网的运行和管理，修正其使用和购买电力的方式，从而获得实实在在的好处。电网亦可实时通知用户其电力消费的成本、实时电价、电网目前的状况、计划停电信息以及其他的一些服务信息，同时用户也可以根据这些信息制定自己的电力使用方案。

（2）提高电网抵御攻击的能力。电网的安全性要求一个能降低对电网物理攻击和网络攻击的脆弱性，并能快速从供电中断中恢复的全系统的解决方案。智能用电小区在建设过程中，将探讨对来自电网本身和通信网的攻击行为进行隔离。通过在智能用电小区新增或者升级相应的隔离和中继设施，来避免各种影响电网安全运行行为的无序扩大。

（3）提供用户了解电能质量的途径。在传统电网情况下，用户不了解自己所使用电能质量的具体情况，对社会经济发展带来了损失。智能用电小区提供的统一通信解决方案，使用户与电网的互动轻而易举，并可以随时监测用能质量。

（4）分布式能源并网。智能用电小区努力探索安全、无缝地容许各种不同类型的发电和储能系统接入系统，简化联网的过程，实现分布式能源的"即插即用"。分布式电源的接入一方面减少对外来能源的依赖，另一方面提高供电可靠性和电能质量，特别是对应对战争和恐怖袭击具有重要的意义。

（5）智能电网实现自愈能力的基础。通过智能用电小区提供的可靠数据传输通路，整个智能电网才能实现连续不断的在线自我评估以预测电网可能出现的问题，发现已经存在的或正在发展的问题，并立即采取措施加以控制或纠正。因此，在智能电网建设中，必须加快研究智能小区相关技术的研究和相关装置的研发。

2. 需求分析

随着智能用电的发展，传统的管理方式和技术手段已不能很好满足现状需求，新形势下存在新的需求，主要归纳为以下几点：

（1）新能源和可再生能源的利用，推动了分布式能源发电在用户侧的使用，分布式能源发电存在不稳定性，所以需要实时分析预测分布式电源发电情况，自动发布分布式电源运行状态信息，实现对分布式电源的灵活接入、实时监测和控制，增强对分布式电源的掌控能力。

（2）能够响应用户自由用电需求，实现与用户侧的信息高效互动。用户可根据实时电价信息，选择最佳用能方案，自由做出用电需求响应，减少电费开支，降低电网高峰负荷，提高发输电设备运营效率。

（3）提供互动多样的用电服务，能够充分考虑用户个性化、差异化服务需求，实现能量流、信息流和业务流的双向交互，为用户提供灵活定制、多种选择。

（4）实现水、电、气抄表集中自动采集，用电分时计价，监测用电负荷，监视异常用电、预防故障和及时复电等功能。

（5）实现有序用电方案的辅助自动编制及优化，有序用电指标和指令的自动下达，有序用电措施的自动通知、执行、报警、反馈。实现分区、分片、分线、分客户的分级分层实时监控的有序用电执行，实现有序用电效果自动统计评价，确保有序用电措施迅速执行到位，保障电网安全稳定运行。

（6）通过远程传输手段，对重点耗能用户主要用电设备的用电数据进行实时监测，并将采集的数据与设定的阀值或是同类用户数据进行比对，分析用户能耗情况，通过能效智能诊断，自动编制能效诊断报告，为用户节能改造提供参考和建议。

（7）实时在线管理重要用户安全用电情况，自动判别用户重要程度分级，依据用户供电方式、自备应急电源配备等信息，自动分析检测重要用户供用电安全隐患，生成供用电安全隐患治理建议方案，在线跟踪、监督隐患整改情况。利用状态监测等技术手段，为用户提供设备状态信息，及时告知潜在风险。

（8）采取智能电表、智能终端、数字化计量设备等智能量测装置，运用智能量测、通信和控制技术，满足各类用户（包括分布式电源、储能装置、电动汽车等）计量计费、信息交互、实时监测、智能控制的要求。智能化检定检测设备满足自动化检定和量值传递的需要。

3. 方案设计

（1）智能用电服务系统。智能用电服务系统建设要依托坚强电网和现代化管理的理念，利用高级量测、高效控制、高速通信、快速储能等技术，实现电网与用户能量流、信息流、业务流实时互动，构建用户广泛参与、市场响应迅速、服务方式灵活、资源配置优化、管理高效集约、多方合作共赢的新型供用电模式，不断提升供电质量和服务品质，提升智能化、互动化服务能力，逐步提高终端用电效率和电能所占终端能源消费的比重。逐步实现"双向互动服务、分布式电源、电动汽车、储能元件及营销业务决策智能管理"的智能用电服务目标。其体系架构如图 10 - 6 所示。

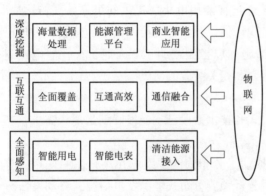

图 10 - 6　智能用电体系架构

物联网解决了智能电网的信息来源问题，依靠物联网可为智能用电各项功能奠定数据基础。物联网通过传感器网络和通信网络将任意物品纳入互联网，遵守标准的、可互操作的通信协议，构成动态的、具有自配置能力的基础网络架构。物联网是智能电网末端信息全面感知的最基础环节，将全方位提升智能用电的智能家居、用电信息采集、分布式能源接入与控制、电动汽车及储能装置充放电管理、用户交互服务等应用中信息感知的深度和广度。同时，物联网将不仅是用户和电网之间传输信息的工具，还将对各级节点信息进行融合处理，通过模式识别、数据挖掘等智能计算技术进行智能分析和处理，实现智能化的决策和控制。

将物联网技术应用于智能用电服务中，综合利用高级量测、实时通信、负荷协调控制和需求侧响应等技术，构建电网与用户电力流、信息流、业务流实时互动的新型供用电关系。采集从供电端到用户端的各种相关数据，通过信息交互网络，上传至智能用电分析与控制中心，对其中的信息进行整合分析和数据挖掘，指导用户调整用电方式，达到提高供电可靠性和终端设备能源利用效率、降低用户用电成本的目的。

1）感知层。在智能电网用户端存在大量的用电设备，如各种家用电器、各种工业用设备、电动汽车、储能装置、分布式电源等。用户与电网之间、用户与设备之间以及设备与设备之间要进行信息交换，需要利用高级量测技术和物联网技术随时随地感知、测量、收集各类信息（如设备状态、用电信息等），通过互联互通的通信网络传输给智能电网控制中心。全面感知智能电网的各种数据是实现电网智能化、自动化和互动化的基础。

2）网络层。建立互联互通的高速实时通信系统是实现智能电网的基础支撑条件，因为智能电网的数据获取、保护和控制都需要这样的通信系统进行支持。同时，通信系统和电网一样要深入到用户内部，覆盖所有的用户和设备。支撑智能电网的通信技术有无线和有线两种：有线通信方式首推光纤通信，无源光网络 xPON 技术已经在智能电网建设中得到普遍应用，电力线载波通信（PLC）技术是具有电力特色的通信方式，近年来发展迅速，已经在用电信息采集和末端宽带通信中得到广泛应用。4G 无线 TD – LTE 技术、WiMax 无线宽带等技术在智能电网中也开始进行尝试性的应用。

特别是近两年研制的电力光纤技术（OPLC）解决了低成本"最后一公里"接入问题，实现了在提供电能的同时，互联网、广播电视网和电信网的同网传输，极大地降低了"三网融合"实施成本，提高了网络的综合运营效率。

3）应用层。对大量终端设备进行感知，将产生海量感知数据，现有的数据处理模式已难以满足海量数据的存储和处理要求。基于云计算技术的海量数据处理平台能有效解决上述问题。利用商业智能技术对海量智能用电数据进行分析和深度挖掘，为用户提供用能指导和建议，为电网提供决策依据。以用电数据为基础建立能效管理平台，对提高终端能源利用效率、提高电网"削峰填谷"能力、促进低碳电网的发展有重要意义。

4）应用模式。① 分布式电源的智能化管理。通过物联网技术，实现分布式电源的"即插即用"、远程监视控制、双向计量和结算。实现实时分析预测分布式电源发电情况，自动发布分布式电源运行状态信息。优化控制分布式电源接入系统，最大限度平抑间歇性发电对配电网的扰动。② 电动汽车及储能的智能化管理。优化制订充放电策略，合理控制充放电时间，实现快速充放电、整组电池更换以及双向计量、计费等功能，同时可考虑电池检测、电池维护等扩展功能，接收来自电力企业的电价等信息，自动避开高峰时间充电。③ 智能用能服务和能效诊断。实现小区、楼宇、家居用电信息管理、能效管理、实时负荷和异常用电分析、自动抄表、智能家电控制和社区增值服务。通过远程传输手段，对重点耗能用户主要用电设备的用电数据进行实时监测，分析用户能耗情况，通过能效智能诊断，自动编制能效诊断报告，为用户节能改造提供参考和建议。④ 智能双向互动服务。用户可根据各自需求，通过多种方式，灵活选择定制供用电状况、电价电费、能效分析等信息套餐，由电网通过短信、网络、电话、邮件、传真、智能设备等方式，实时向用户提供定制信息；根据供电服务的要求，及时向用户提供电网供需、停复电、用电价格等基础信息。适应分布式电源、充放电站的需要，在双向计量的基础上，实现不同时段用户与电力供应商之间互供电量、电费自动结算，并自动生成账单信息实时传输供用双方。⑤智能量测及控制。实现计量装置自动化检定和检验、精益需求预测、现代仓储和物流配送、状态运行管理、数字化校验、计量故障自动管理、寿命评估、动态轮换、优化派工、装接移动作业等高级计量应用。⑥智能营销业务管理与决策。自动进行市场细分和电力销售信息的归类整合，自动完成购、售电市场分析与预测信息处理，辅助完成市场分析预测报告和市场营销策略建议，为电力电量平衡、电网规划与建设、市场培育与开发提供重要依据。

对电力营销及用电服务质量实施全过程在线监测，对业务处理、流程执行、工作时限、工作效果进行实时评价、分析，自动生成稽查报告，并对历史稽查情况和整改记录实施动态跟踪。

（2）用电信息采集系统。电力用户用电信息采集系统远程信道建设是电力用户用电信息采集系统中三大重要组成部分之一，是用电信息采集系统主站和采集系统终端之间信息传递、远程控制及与用户双向互动的信息大动脉。用电信息采集系统远程信道建设的成败直接关系到用电信息采集系统的成败，同时也将影响到坚强智能电网的建设成果。

用电信息采集系统能够有效提高电能质量、自动抄表、预付费等营销业务处理的自动化程度，提高营销管理的整体水平，能够为"SG186"业务应用提供及时、完整、准确的数据支撑，满足国家电网公司系统各层面、各专业对用户用电信息的迫切需求，推动国家电网公司现代化水平的提高。建设电力用户电能信息采集系统能够适应阶梯电价的全面实行，为可靠供电、安全用电提供技术手段，对进一步提升服务能力、树立优质服务品牌具有重要作用。

用电信息采集系统从物理上可根据部署位置分为主站、通信信道、采集设备3部分，如图10-7所示。

1）主站层。主站系统由省公司一级主站系统和分公司二级主站组成，第一层主站是整个系统的管理中心，负责整个系统的信息采集、用电管理、数据管理以及数据应用等，并统一与其他系统的数据集成和交换。

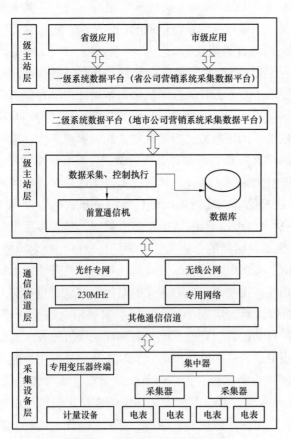

图10-7 用电信息采集系统架构

216

2）通信层。通信层是连接主站层和设备层的中间层，通信支持与终端间不同的通信。用电信息采集系统通信架构分为两个层次：第一个层次是主站系统和集中器之间的通信，称之为远程通信；第二个层次是集中器和表计之间的通信，称之为本地通信。目前可用于用电信息采集系统的远程通信网络主要以光纤专网、无线专网和 GPRS/CDMA 无线公网等通信技术为主，以 PSTN 中压载波等通信技术为辅。常用的本地信道方式主要为以太网、低压宽带/窄带电力线载波、RS485 通信、微功率无线通信等。其中为保证主站层系统和数据库的安全，对于 GPRS/CDMA 公网通信方式，通过部署防火墙和虚拟专网下的认证机制，阻挡非法用户入侵。

3）设备层。设备层主要是指采集终端、集中器、电能表等现场电能信息采集和监控设备，这些设备分布在各供电公司的区域中。采集终端将电能表的相关信息采集上来后通过无线或 RS485 送至集中器，再由集中器将所需信息通过通信层送至主站。

4）采集模式。① 大型专用变压器用户采集模式。大型专用变压器用户安装基于负荷管理功能的专用变压器采集终端。该终端通过与电表间的实时抄表通信，实时采集电表输出脉冲，获取并存储电表的计量数据和信息；通过对用户用电开关的直接监控，实现电量控制和负荷控制功能；通过远程通信与系统主站建立直接数据通信，向系统主站传送现场采集的用户用电信息。② 中小型专用变压器用户采集模式。中小型专用变压器用户安装专用变压器采集终端，工作方式同大型专用变压器用户采集模式。③ 低压单相和三相工商业用户采集模式。实现对计量电表的远程抄表，系统强化对其用电信息、计量信息的实时采集和异常分析。在系统主站的监控下，通过对电表的直接控制实现预付费管理功能。④ 居民用户和公用配电变压器计量点采集模式。居民集中抄表以公用配电变压器台区为采集单位，先由集中器对该配电变压器台区的全部居民电表（还包括该配电变压器台区的单相和三相工商业用户电表）通过本地抄表通信，集中采集各电表的计量数据。同时，同一个集中抄表终端亦完成对该配电变压器台区总表的电能信息采集，实现自动抄表。集中抄表终端通过远程数据通信，上传抄表数据等配电变压器台区所管辖的用户用电信息给系统主站，接受主站的管理指令，并在系统主站的监管下通过电表实现预付费管理功能。

4. 效益分析

将物联网用于智能用电和用电信息采集中，利用全面的感知技术、可靠的通信技术以及智能的处理技术，实现电网与用户电力流、信息流、业务流实时互动，构建电力用户广泛参与、市场反应迅速、服务方式灵活、资源配置优化、管理高效集约、多方合作共赢的新型供用电模式，不断提升供电质量和服务品质。

电力用户用电信息采集系统建成后，通过应用先进的采集、传输和存储技术，可以实现对用户用电数据（各时段用电量，电费，用电负荷等）的实时采集展示和对用电量的多维度监测分析，以帮助用户合理规划用电行为，实现与电力用户双向互动，指导科学合理用电，提高终端用户能源利用效率和电网运行效率。采集系统建成后对接入系统的表计进行全自动数据采集，实现抄表人工零参与，为电力企业节省了人力成本支出。采集系统建成后具备电能量的在线监测功能，通过远程抄表实现电量日统计、线损日分析功能，可实施在线监测、实地稽查，及时发现非正常用电情况，为发现窃电行为提供了强有力的手段，减少了窃电损失。

10.3.5 电动汽车管理

1. 概述

在当今气候环境急剧恶化、资源日益紧张的情况下，低碳经济是大势所趋。低碳经济的核心是新能源技术与节能减排技术的应用，电动汽车能够较好地解决机动车排放污染与能源短缺问题。电动汽车使用清洁能源，绿色环保，符合低碳经济的发展要求，是我国战略性新兴产业。

国家电网公司下属各分公司与当地政府都签订了电动汽车发展战略合作协议，得到了各地政府的政策支持，为电动汽车充/换电站、充电桩及配套设施的建设做好了准备。与电动汽车配套的充/换电站（桩），是电动汽车的能源补给中心。国内很多城市的电动汽车充换电站建设已经展开，国家电网公司也正在大力推进电动汽车充电站的建设工作，2010年年底前在27个城市试点建设了75个充电站和6209个充电桩。目前，电动汽车充换电站正处于全面建设阶段，但还没有完善的信息采集、通信手段予以支撑，电动汽车信息采集系统、充换电站运营管理和监控管理系统、充电营销信息系统等营销核心业务运行的信息网络和通信网络，也没有达到实用化要求。面向用户侧的服务资源匮乏使实现电网与用户之间的互动比较困难，无法向电动汽车产业提供优质、高效的服务。因此，具有高度自动化和互动化的电动汽车充/换电站对信息交互、通信系统提出了更高的要求。

发展电动汽车符合我国的可持续发展战略。目前，我国的电动汽车产业化面临着良好的机遇，国内汽车生产企业对能够实现节能与减排目标的电动汽车的研发已经投入了空前的热情。电动汽车智能充换电服务设施是推动电动汽车发展的基础和前提，为推动我国电动汽车产业的发展，国家正在加大对充换电基础设施的研发和投入。

通过对物联网、电动汽车运营管理等方面关键技术的深入研究，围绕物联网在电动汽车运营管理中充换电服务、智能交互、综合监控、资产管理等核心环节应用，实现电动汽车行业应用信息采集、数据通信的技术突破。基于无线传感、感知标签、全球定位技术（GPS）、无线宽带通信技术等整合应用，通过在充换电网络、电动汽车、电池上的物联网装置的部署，实现对电动汽车、电池、充换电站的智能感知、联动及高度互动，实现对广域内电动汽车、电池、充换电站、人员及设备安全的在线监控、一体化集中管控、资源的优化配置以及设备的全寿命管理，使充换电站和电动汽车用户充分了解和感知可用的资源以及资源的使用状况，实现资源的统一配置和高效优质服务。

2. 需求分析

目前，电动汽车运营管理中还存在许多制约电动汽车发展和应用的问题，主要包括：电动汽车充电接口、充换电设施、电池等缺乏统一的数据采集、接口交互、安全防护、编码等规范标准，各厂家之间不兼容，无法做到互联、互通及互换。我国已建成的电动汽车充换电设施规模较小，管理相对松散独立，缺乏支持电动汽车跨城际、大规模应用的充换电一体化服务管理与技术平台，无法实现面向电动汽车智能充换电大规模应用的电网资源优化配置；电动汽车、电池、充换电设施与电网相互之间缺乏有效的、双向互动的技术支撑，智能化手段缺乏，不能为电动汽车用户提供有序、快捷的充换电服务和高效移动信息服务；另外，在电动汽车运营中，保障车主个人隐私、电网安全、计量计费、资金支付等信息安全问题是电动汽车商业化运营的必要前提。安全问题不容忽视。提供统一的、大规模智能充换电服务是电动汽车运营和发展应用的基本前提。因此，应尽快开展支撑电动汽车运营的关键技术研究，如智能感知技术、信息融合处理技术等，建设具有标准化、网络化、智能化、互动化基本特征的广域电动汽车充换电服务网络应用示范，为面向全国推广应用奠定坚实的基础。

3. 方案设计

从电动汽车智能充换电服务的业务和技术需求出发，深入开展物联网技术应用研究，提出基于物联网的电动汽车运营管理总体架构，如图 10-8 所示，为我国电动汽车充换电服务网络电池配送、有序充电、设备运行监控、自动导引、资源一体化管控和综合管理等提供先进技术支撑。

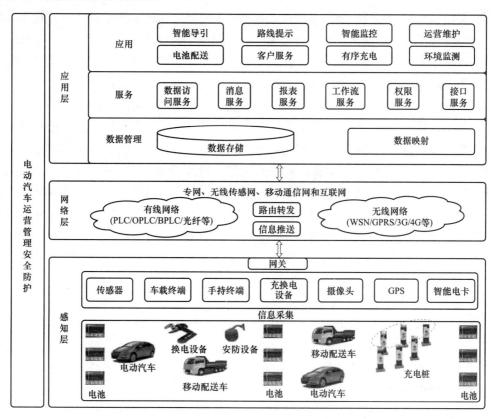

图 10-8　基于物联网的电动汽车运营管理总体架构图

（1）感知层。利用网络中广泛部署的传感器节点、车载终端、手持终端、摄像头等采集设备，基于 RFID、传感器等各类感知技术，完成各类应用场景下电池的状态信息和身份信息、电动汽车状态信息和位置信息，智能电卡身份信息、充换电设施信息等各类信息的感知与采集，并通过网关传输到网络层。

（2）网络层。采用有线通信（光纤通信等）和无线通信（WSN/GPRS/3G/4G 等）多种通信技术，完成充换电服务网络各组成部分之间（如电池、电动汽车、车载终端、充换电设施、手持终端、运营管理系统）的信息通信。在网络层，需要着重对数据的路由转发机制和主动信息推送机制给予关注。

（3）应用层。对于从网络层获得的各类感知数据，进行分析处理，最终实现高效的广域电动汽车智能充换电服务。应用服务层可细分为三个层次：最下层为数据管理层，接收到的感知信息，需要一定的规则和形式，来实现信息存储与数据映射。中间层为服务层，通过对服务网络的各种功能进行抽象与分类，将其归结于不同的服务类别，并为具体应用提供服务接口。最上层为应用层，完成服务网络的各类具体业务应用。

安全防护技术应用于网络的各个层次，为终端的信息感知、网络数据传输以及具体应用业务提供安全保护功能。

（4）应用模式。

1）物联网技术在电动汽车状态监测中的应用。通过物联网技术，可以提供对电池工作状态的多种信息监测、显示与交互，显示剩余电量，预告续航里程，提示最近的充电站或电池更换站，还能提前预订一个充电位，提供车辆行驶路径规划导航，而且最佳路线也把剩余电量和最近的充电站/交换站考虑在内了，提供了地理信息查询等功能。电动汽车车辆监控系统对车辆的运行过程进行实时追踪显示，处理智能车载终端发来的车辆运行信息，结合 GPRS、GPS 和 GIS 技术，实现车辆的现代化管理，包括：行车安全监控管理、运营管理、服务质量管理、智能调度管理等，实现车辆运行轨迹的回放功能，并结合天气路况信息提供最佳路线服务、最近充/换电站智能提示等增值服务功能。

2）物联网在电动汽车智能营业厅中的应用。智能营业厅建设在电动汽车充电站、电池更换站、服务网点等处，包含射频接收系统、运营管理系统、站内向导系统等。智能营业厅利用射频识别装置、红外感应器等装置结合运营管理系统，实现对驶入充电站、电池更换站的电动汽车的身份自动识别，自动获取用户计费模型，充/换电完毕后，自动按用户计费模型收费。同时，根据身份识别获取车辆、电池信息，在站内屏幕显示车辆充/换电通道信息，实现车辆智能引导。

4. 总结

电动汽车物联网技术将电动汽车、电池等移动终端纳入智能电网的整体信息系统，为电动汽车充电设施与智能电网的运行和管理架起了一座实时便捷的信息桥梁，从根本上实现了电动汽车充电服务与电网运行的无缝对接和一体化结合，满足了当前电动汽车充换电站建设管理的需要，极大地支持了国家新能源汽车发展战略。

通过在电动汽车、电池、充换电设施上安装传感器和识别系统，利用物联网相关技术，可以实时感知电动汽车运行状态、电池使用状态、充电设施及当前网内能源供给状态，实现电动汽车及充电设施综合监测分析。通过物联网射频识别技术，实现电池、电动汽车、充换电网络管理的智能标识和身份识别，可现场采集电动汽车、电池、充换电网络的信息，充换电站将部署红外传感网、视频识别网络以及基于射频的自动身份识别网络等。对于进入充换电站指定区域范围内的电动汽车和电池装置，系统将自动识别并为其提供服务，实现电动汽车资产管理集约化、仓储管理简易化、物流调度智能化、充电计费多样化、运营服务互动化，保证电动汽车、电池及充电设施稳定、经济、高效地运行。

电动汽车智能充换电服务网络运营管理系统，实现了智能充换电服务网络与物联网技术的融合，保障了充电服务网络运行高效、安全，实现电动汽车有序充电，为电动汽车提供智能、方便、快捷的充换电服务，最终实现充换电服务的智能化、网络化、标准化。

10.3.6 电力资产管理

1. 概述

当企业迅速发展，拥有相当数量的固定资产时，改进管理方式，提高管理水平，降低管理和运营成本，改善服务质量等已经逐渐成为企业资产管理的重要部分。固定资产实物是构成企业资产的重要物质基础，是完成企业运转的物质保障，同时对企业财务状况起着重大的作用。电网企业是国民经济的重要组成部分，关系国民经济命脉，必须义不容辞地承担起国有资产保值增值的责任，承担起为社会经济发展和人民生活提供安全可靠供电服务的使命。固定资产作为电网企业中的重要经济资源，其管理价值和重要意义将愈来愈受到管理层的重视，而电网企业集约化、精细化管理也将延伸到日常管理的方方面面。虽然目前对固定资产的管理手段和管理方式还不能满足企业价值最大化管理的需要，但随着对固定资产管理意识的转变和技术手段的日益提高，固定资产的效益将进一步发挥出来。所以研究资产管理问题、改变资产管理方式、提高资产利用效率、发挥资产最大潜能等对电网企业有重要的现实意义。

2. 需求分析

电力资产管理的现状：

（1）固定资产管理的财务管理部门与实物管理部门之间存在管理脱节，财务管理部门不能得到实时的资产状态，导致账面信息无法反映资产实物的现实情况，对领导的决策造成了偏差。

（2）资产盘点效率低下，每次资产盘点都需要大量的人力、物力、财力资源，而且一般的统计方式都是手写，容易出现遗漏、记录差错、统计差错等问题，盘点效果不好。

（3）对资产的全寿命周期管理不佳，没有资产的历史记录，会出现资产流失、资产损坏无人负责、资产闲置、资产重复购置等情况，没有和资产实物状态一一对应的状态日志。

（4）资产台账大多采用纸质卡片，保存期限短，而且不利于统计工作；资产信息录入欠规范，转移、报废数据查询困难。

（5）日常巡检阶段，出现巡检不到位、漏检、不及时等问题，而且管理人员难以及时、准确、全面地了解线路状况，难以制订最佳的保养和维修方案。

以上问题只是现阶段资产管理问题的一部分，但对资产管理有重要的影响，解决以上问题是解决资产管理问题的重要步骤。

鉴于以上资产管理的现状以及智能电网发展的要求，新的资产管理存在以下需求：

（1）固定资产管理的财务管理部门与实物管理部门之间能够实时共享信息，财务账面信息能够反映资产的存在，减少各类资产信息统计口径存在差异的情况，为管理者的决策提供支持，减少盲目投资，提高设备使用率。

（2）实现更迅速、更准确的资产盘点等工作，资产盘点结果保存期限长，不会因天气等因素而遭到破坏，减少人工统计出现的问题，拥有智能化的信息收集、管理、统计工具，保证统计质量，提高盘点效率。

（3）电网资产设备更新速度快，数量增加快，需要及时对管理信息进行更新维护，实现账卡物一致。

（4）在资产转移报废阶段能够对设备进行跟踪管理，提高资产使用效率，防止资产无意流失。

（5）优化巡检方式，提高巡检效率，对巡检人员的行为进行检查，保证责任落实到位，防止工作人员巡检不到位、敷衍等情况出现。

鉴于以上的需求分析，需要借助现代科技的手段来提高资产管理的水平，改变资产管理的方式，实现资产全寿命周期管理。

3. 方案设计

基于物联网技术的电力资产管理系统架构图，如图 10-9 所示。

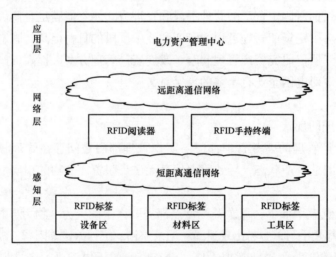

图 10-9 基于物联网技术的电力资产管理系统架构图

（1）感知层。感知层主要利用 RFID 标签实现资产的管理，标签中包含资产的编码、类型等信息，根据管理的需求，粘附于各类电力资产上，实现标签与实物的一一对应。另外固定式和移动式阅读器也是感知层的重要设备，能够灵活读取各类资产信息，实时轮询信息采集及监控。

（2）网络层。网络层主要负责将采集到的资产信息可靠地发送到后台处理中心，为资产管理提供可靠的支撑手段，阅读器和标签间的通信是网络层的第一个层次，主要是短距离的通信，固定式或移动式的阅读器通过标签获取到资产信息后，通过 GPRS/

CDMA 以及光纤等方式将信息传输到后台的处理中心。

（3）应用层。应用层主要实现远程的监控和管理，可以实现智能化的资产管理，能够实现资产监控、查询以及及时优化调配给需要的检修班组人员，并与其他管理系统（如检修系统等）相结合，提高数据共享能力，优化管理流程，实现电力资产的全寿命周期管理。实现对资产全生命周期（新增、调拨、闲置、报废、维修等）的智能化动态实时跟踪及集中监控管理，减少了人为干预，避免各种因素造成的资产流失，提高了企业管理效率。

（4）应用模式。电力公司存在大量放置在用户侧的固定资产，目前采用人工方式实现固定资产的盘点、追踪、折旧等。但是由于条件的限制，人工方式无法实时、准确掌握设备的整体信息，手工统计容易出现错误等问题，存在设备闲置及固定资产流失的风险，而且对那些处于高压环境中或者具有一定危险的设备盘点时，单纯靠人工完成是比较困难的，而且可能会对人身造成不安全事故等问题。

在资产新增阶段，管理部门入账时加装电子标签，标签内写入资产的相关信息，每次进行资产管理操作时，读写器或者手持终端就可以自动读取设备电子标签获取相关信息，同时把信息发送给远端服务器进行管理。在发卡程序内填写需管理设备的有关信息（场所名称、资产条形码、资产重要等级、型号、名称等），将该条记录保存到数据库中，资产信息可以根据管理部门的需要随时更改，而且无需新的标签，对资产的整个生命周期过程都可以进行跟踪。对于那些资产信息需要锁定处理，不希望任何人改动的资产，可以对标签进行锁定处理，接着生成相应的 RFID 标签，并以贴附或者悬挂等方式附着在固定资产设备上，当标签受到变动时会自动损坏并且发送信息（对有源标签来说）。利用 RFID 标签非接触读写的特性，在机房或设备集中布放的区域放置 RFID 读写器，定期对区域内的固定资产进行盘点，在设备的设计、建设、购置阶段就可以查询设备的使用情况，明确需求设备的数量、功能等要求，有针对地进行库存补充。

在设备的正常运营（包括维护、检修、改造）阶段可以利用 RFID 技术及传感技术，对设备的一些属性信息实时进行采集，通过无线网络传输到统一的监控中心系统平台就可以对设备的情况进行详细地了解，对设备出现的问题及时进行预警、及时通知设备管理人员对出现问题的设备进行处理，延长设备运行的寿命。管理人员可以随时通过浏览器对资产数据进行统计、按条件进行查询，明确资产使用情况，为下一步决策提供参考。

在处置（退役、转移、报废）阶段可以通过 RFID 技术及时反馈设备的折旧情况，对那些已经超过使用寿命存在风险的设备及时进行退役处理，或者对不能在当前情景中使用而在其他情景模式下还可以继续使用的设备进行转移，以求资产价值的最大化，同时降低设备因为老化运行可能产生的风险，同时保证资产情况的实时更新，防止不同部门间出现工作差异。在转移仓库里的资产过程中，给授权人员和资产的 RFID 卡同时进行授权，这样就可以在出现情况后有据可查，明确责任人。如果未经授权转移资产或者人和物的信息不一致时，资产会在离开仓库大门时经过读写器的读取发出报警信息，提醒工作人员注意。当资产进入新的区域后，系统自动定位资产区域并更新标签信息。

在日常巡检阶段，维护人员通过手持设备就可以进行日常巡检，在现场从管理平台下载工作任务，并通过 RFID 标签逐项对任务相关物体进行确认，根据实际情况的需要选取有源或者无源标签。有源标签成本高，但通信距离长，在特殊场景下的应用可以保护巡检人员的安全；无源标签成本低，适合于短距离且相对没有危险的场景。对于高压变电站等场合，可以采用有源标签，标签的选择同样要考虑多种因素，如抗电磁干扰能力要强、耐水耐高温等。维护人员可以在不接触设备的情况下读取设备信息，这样可以防止意外发生，保障维护人员的人身安全。同时，为维护人员配置 RFID 身份标签，在其进入区域进行维护操作时，记录操作行为，保证维护人员的真实性，以及到位情况。

RFID 技术还可以用于设备追踪和防盗，对于一些固定且价值重大的资产，采用固定读写器读取标签的工作模式，可以实现防盗。具体操作时，在每个需要保护的设备上放置一个有源 RFID 标签，标签每隔一定时间向读写器发送数据，读写器读取数据后通过一定的通信技术把信息发送给后台管理中心。后台管理中心也可以采取主动的形式，向读写器发送指令来读取标签信息，这样，如果资产被移动，它就会向读写器发送报警信息，读写器发送信息给后台告知报警信息，同时联动设备周围的报警装置，如声光报警器等，对不法分子起到一种威慑作用。如果是移动设备到另一个区域，另一个区域的读写器通过周期性的读取指令，可以读取到新进设备信息并更新相应信息，实现设备的追逐。该方案的缺点就是投资较大，而且操作具有一定的难度。

设备全寿命周期管理的三个阶段相辅相成，互相影响，每一阶段的状况都为下一阶段提供决策依据，通过 RFID 技术可以把这三个阶段统一起来，在一个新的层面对设备进行管理，通过该方式的管理能够有效地节约设备资产、提高设备完好率、资产价值最大化、提高整体管理水平。

4. 效益分析及总结

随着电力体制改革的不断深入，电网企业的性质已不容置疑。作为企业，经济效益是基础，努力提高企业经济效益是确保电网企业健康持续快速发展，满足国民经济和人民生活需要日益提高的根本途径。在电力设备管理中引入物联网技术，必然会给资产管理带来重大的变革，带来可观的经济效益和社会效益，具体的表现如下：

（1）提高管理效率，减少投资成本。通过在设备全寿命周期管理中引用 RFID 技术，可以为资产的购买、补充库存阶段提供决策依据，减少重复投资。在设备运营阶段通过相关信息采集，可以及时对出现问题的设备进行处理：① 对设备及时处理，延长设备使用寿命，提高了设备的使用效率；② 及时处理故障以免对电力用户的用电产生不必要的损失，在设备处置阶段及时淘汰不能使用的设备，以免带来不必要的安全隐患，或者根据使用情景模式的变化进行设备使用场地转移，发挥设备的最大使用效能。这样，就会使电力投资资源价值最大化，资源配置最优化，节省国有资产投资。

（2）减少人力成本，提高安全系数。以前的资产统计工作需要大量的人力物力资源，而且统计容易出现差错，效果有限，不能很好地反映设备的实际情况，例行巡检耗费时间长。有实用案例表明使用 RFID 技术处理时间比人工处理时间要缩短 10% 以上，这样就可以把大量需要人力才能完成的工作使用设备来完成，释放人力资源，为企业减少大量的人力成本。由于电力设备的特殊性，有些设备在统计的过程中可能会对人身安全造成一定的伤害，每年都有人员伤亡事故，为死者家庭带来了巨大负担，而且需要赔偿。而使用 RFID 技术，通过手持设备在较远的地方就能处理，保障了人身安全。RFID 应用模式如图 10-10 所示。

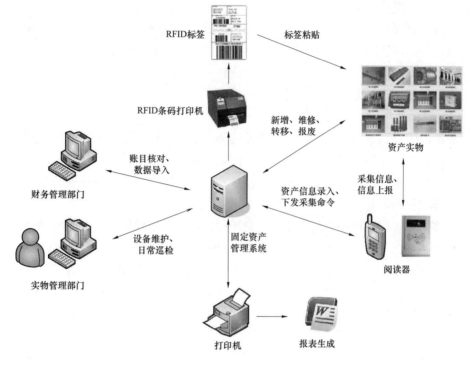

图 10-10　RFID 应用模式图

（3）带动产业发展，增加就业机会。该技术的应用必然会给物联网产业带来巨大的推动作用，刺激产业发展，提高技术水平，带来更大的经济效益，提高国民经济发展。同时会提供大量的就业机会，为国家就业工作减轻负担，提高人民的生活水平，提高企业服务的质量，带来更大的社会效益。

将物联网技术应用于电力资产管理，通过在相关电力设施上部署存储有资产信息的 RFID 电子标签，以射频通信数据通信并借助 GPRS/CDMA、光纤等远程通信传输，实现对检修资产的实时同步管理。远端监控中心实现对检修资产日常操作流程中涉及的任务、地点、检修资产实物、交接时间等信息进行记录。检修班组从库中领取调配检修资产，出库后的电子标签信息缺失经射频识别传输反映于远端监控管理中心，实现调配资产自动核查。归还后的检修资产电子标签信息重新反映于远端监控管理中心，可再次调配给其他检修任务实用。由此可见，基于物联网技术的电力资产管理，可实现实物信息与系统信息的实时同步优化调配管理，提高检修资产调配的效率和目的性。

10.3.7　绿色机房管理

1. 概述

机房是企业网络及数据的核心，机房建设工程涉及面极广，而且逐渐庞大的数据中心与环保节能对机房提出了更高的要求。机房每年都要耗掉大量的电力资源，而且有明确资料表明，运行和冷却数据机房要消耗掉的资源和能源占到了全球信息和通信产业的四分之一，机房的能源耗损需求增长速度远远高于其他领域，且有愈演愈烈的趋势。节能问题已成为企业内人士关注的重点，建立消耗能源低且工作效率高的绿色节能机房，成为目前节能环境的重中之重。

绿色机房是现代机房发展到一定阶段的必然要求，它涉及机房整体的系统问题，包括整体建筑、机房装修、空调、UPS、服务器等 IT 设备、应用系统和数据管理效率等全方位的问题。降低能耗是绿色机房建设的基础，机房的节能不仅包括机房主设备的节能，更重要的还涉及电源、空调、机房空间等多个方面。

2. 需求分析

按现阶段的发展趋势，能耗成持续增长趋势，随着应用的不断丰富和用户服务质量要求的不断提高，能耗呈逐步上升趋势，与国家节能减排的要求差距较远。目前，机房设备和空调是机房能耗的核心，需要利用新技术降低能耗，减少电费支出，及时评估能耗情况，采取相关措施，降低能耗指标。

环境数据的收集和管理手段不完善。空调制冷系统效率较低，消耗能源过多，无法符合"绿色机房"指标，还可能造成机房环境的局部失控，带来机房事故的隐患，如设备过热而死机。机房动力环境参数的获取方式相对简单，需要靠人工定期巡视读取，数据的准确性、实时性不能得到有效保证，因此可能无法及时发现机房运行中存在的问题。以现代传感器网络为基础，通过广泛采集每一个用电设备的功耗、能量计量，同时进行区域功耗分析，为智能制冷提供技术支撑。通过广泛布设环境温湿度、门禁、水浸、视频、震动等传感器，实现对环境细节的感知能力。现阶段的机房管理还存在以下不足：

（1）对机房内的各种运行设备监控不足。不能监控和记录每台设备的实时能耗，颗粒度较大，不能实现精细化管理。

（2）机房资产管理水平不高。目前，机房内资产管理主要针对通信设备开展研究工作。除了实现对所有在线运行设备、板卡的实时管理，更重要的是提高对备品备件等非在线运行设备的管理能力。

（3）能源管理和系统管理脱节。缺乏集成的能源监测和系统管理，虽然有温度、湿度等监控系统，但各系统分开运行，无法将数据共享，实现各系统能耗监测和其他系统监控的集成管理。

因此，为实现对绿色机房的信息化、自动化和互动化管理，需要通过相关技术来搭建能耗管理系统，实现以下目标：

（1）通过系统提供实时监控画面，对各机房的能耗状态进行实时监测，及时消除故障隐患。

（2）全面准确地定义各项能源管理数据和指标，实现对基站、机房的精细化管理。

（3）通过强大的数据分析功能，比对分析各基站、通信设备、机房等用能情况，为节能技术改造和新建机房节能减排设计提供数据依据。

（4）实现对能耗设备精细化管理。通过能耗分析，对老旧设备进行评估，对性能低、能耗大的设备进行退网处理，以达到优化网络架构、提高设备利用率、实现机房精细化管理的目标。

（5）建立机房能耗模型，为优化运行环境和节能减排提供数据基础。

综合以上分析，结合现有技术特点得出，物联网技术是实现机房绿色化管理的有效手段，将有利支撑绿色机房的建设和管理，实现节能减排的目标。

3. 方案设计

按物联网的三层体系结构，物联网应用于绿色机房的体系架构也分为感知层、网络层和应用层三层结构，如图 10－11 所示。

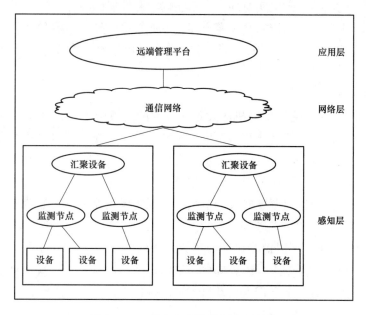

图 10 – 11　绿色机房物联网应用结构

（1）感知层。由于监控系统中要测量的电量和非电量种类繁多，相应的传感器也各种各样，但根据它们转换后的输出信号性质，可分为模拟和数字两种。主要传感装置有：离子感烟探测器、红外探测器、玻璃破碎传感器、水淹传感器、门磁开关等。主要监测感知对象包括：① 温湿度监测：监测机房环境的温度和相对湿度，将温湿度传感器安装在机房顶部和地板下面，并连至监控系统，当机房温湿度偏离预设值时，系统发出报警信号；② 漏水监测：监测机房地板下特定区域是否泄漏，漏水感应绳铺设在机房四周地面，当机房漏水时，系统发出报警信号；③ 消防监测：检测消防控制器报警输出信号，消防控制器安装在机房相应部位，当机房发生火警或温度过高时，系统报警；④ UPS 监测：主要监测 UPS 的输入、输出变量和运行状态；⑤ 视频监控：拍摄与记录室内的状况；⑥ 门禁系统：具有远程控制门状态的功能，并可作考勤系统使用；⑦ 设备通信状态监测：监测主机是否与各个设备通信正常；⑧ 空调监控：监控每个空调机运行状态，如果某个空调机在室温没达到预设温度时停机，监控系统将对该空调重启。

（2）网络层。网络层主要负责感知信息的可靠传输，分三个层次。首先是机房内部的数据传输并就地处理，主要采用短距离无线通信技术以及 RS485 总线等技术，主要用于传输距离不长、通信速率要求不高的场合。其次是接入网层次，负责将有关数据通过 EPON、WiMax、GPRS 等技术传输到汇聚层，这一层次的通信网络主要是将不同区域的监测数据进行汇合并进行处理，满足分散接入的需求。最后是骨干传输层，将信息通过 SDH/WDM 等骨干网络传输到省公司等平台进行处理和分析，这一层次的通信网络具有通信距离长、传输速率高、安全性高等特点。

（3）应用层。应用层可以根据实时收集的各机房状态信息，通过数据处理、分析和挖掘等技术，全面掌握机房实时的状态信息内容和发展趋势，能够根据现场信息反映的情况，智能地采取相应的控制和预警方案，完成数据收集、传输和报警等功能，构建起面向机房环境监测的实际应用，如机房环境的实时监测、趋势预测、预警及应急联动等。

（4）应用模式。

1）机房环境监测。为了保障机房设备在正常的环境中工作，为能耗监测提供最原始数据，监控中心需要了解现场相应温度、湿度的情况。为机房内的监测设备配备温湿度数据采集模块，将现场温湿度的模拟量转变为数字信号实时传输，现场及远程控制中心将随时了解到当前机房环境的温湿度，记录的数据将保存在数据库中并进行统计、分析。根据需要，系统设置温湿度的波动范围，当现场环境处于设定范围之外时，通过设备电源控制开关启动空调系统进行相应的温湿度处理，使设备处于良好环境之中。

2）机房设备监测。实时监测机房内相关设备的能耗情况和运行情况，一方面有利于管理人员分析机房能耗的主要组成部分，进而根据分析结果，选取新型设备或采取改进措施等；另一方面有利于管理人员及时了解设备状态，进而保障设备正常运行。

3）UPS 监测。实时监测机房内的 UPS 运行状态，包括输入线电压、输出线电压、旁路输入线电压、输入线电流、输出线电流、输出尖峰电流、电池电压、电池电流、输出频率、系统负载等，实时显示并保存各 UPS 通信协议所提供的远程监测的运行参数和各部件状态。

4）消防联动。通过连接烟雾探测器可对机房室内环境随时监控。当探测到有火警时，报警主机联动电源控制开关，自动切断重要设备的电源，同时向监控中心联动报警，监控中心可及时判断报警信息的正确性，以便了解现场情况，并向有关部门求助。

5）能耗分析。借助能耗计算标准，综合应用物联网技术，利用智能插座或者在设备内集成计量装置，实现对配电、IT、空调、UPS 等设备的实时能耗监测，将监测数据通过传感网络传输给处理中心，实现能耗的计算和后台人员的设备控制功能。

6）IT 资源池监视与调度系统。利用物联网技术为下一代数据中心资源整合提供支撑，通过实时监视掌握资源池使用状态，实现与主流虚拟化管理系统的联动，实现存储、技术资源的智能化调度与调配，提高资源利用效率，降低不必要的能源损耗。

7）综合监控。采用三维虚拟现实技术，以机房监控为主线，利用摄像头、红外测温等感知手段，实现机房电力、环境、安防、制冷的可视化监视，为管理人员提供直观的综合监控，并能够提供设备自动和手动控制操作功能。

8）智能化设备维护感知。通过全面部署感知装置，依靠可靠的传输网络，以及智能化的数据处理，全方位感知网络、运维服务、信息安全、桌面终端的物理状态、运行参数、入侵检测，发现隐患并进行告警，及时排除异常情况。

4. 效果分析

将物联网技术引入到绿色机房的建设工作中，不仅可以通过遵循统一信息模型、通信规约，部署传感器、摄像头，采集设备运行数据、环境数据，实现能耗管理以及环境状态监测，还可以对环境监测信息进行收集、处理加工和传递，强化机房管理功能。充分利用物联网的分层技术对能耗感知和检测，进而得到科学可信的基础数据。采集的数据通过光纤、GPRS/CDMA、WiFi 等网络传输方式，由数据导入服务传送到能耗监测管理平台，实现对全系统的管理，以及能耗数据的储存、加工、查询、分析等高级能源管理功能，极大地提高了能源管理与节能运行水平，满足了"集中管理、集中监控、集中维护"及相关要求。

通过 RFID 电子标签等产品共同构建了一套集信息采集、监视、控制等为一体的可视监控平台，即一体化监控平台。用信息化手段提高了监管效率，通过开发一体化的监控平台，能够以三维立体可视化方式呈现机柜中的设备，显示的粒度可以精细到单个设备并能够实时查询，实时地在管理系统中查询设备的工作状态。

利用物联网技术实现对机房物理环境、设备运行状况、设备电源等的实时监控，在参数异常时发出报警信息，辅助管理机房设备并确保其在理想环境参数下运行。管理平台将根据分析采集的传感器数据实时调整制冷设备等，达到减少能源消耗的目的。

建设一个绿色机房是一项系统性和前瞻性的工程，除要使用很多绿色材料、绿色设备外，还要践行"绿色"理念，实行"绿色"管理，真正打造绿色机房。

10.3.8 防灾减灾、应急指挥管理

1. 概述

电网由于其行业特点，运行过程中会遭受到多种自然灾害的袭击，主要有：风灾、雷害、污染、水灾、地质灾害、火灾等。通过建立电网综合防灾减灾管理，可以为电力企业提供及时、准确和可靠的灾害信息，使防灾、减灾有更充分的科学依据，建立完善的风险评级体系及相应的灾害预警措施，提高电力企业的风险管理水平，帮助电力企业减少损失，保障电网稳定运行，提高电网服务质量。

电网应急指挥系统集数据传输、语音传输、视频传输及辅助决策于一体，具有值守应急、信息汇总、事态跟踪、指挥协调、专家研判和视频会商等功能，是一个安全性高、实时性好的应急指挥、信息发布、接收的综合应用平台。应急指挥系统应实现与电网公司相关系统的集成，实时接入所属电网信息、管理信息、灾害信息，为评估、指导、协调全面的应急处置工作服务。

2. 需求分析

电网综合防灾减灾系统以数据中心为基础，对电力企业各专业系统进行集约化整

合，同时集成与电力系统相关的各种外部信息，如气象、地质、水利、火情等。系统能实现电网状况查询、环境监测、灾害预测、应急抢修、专题分析、决策指挥等应用，为电网防灾减灾及应急指挥提供面向决策的可视化管理平台。电网综合防灾减灾系统能对现有及今后的电网运行环境监测平台进行统一管理，起到信息及时交流、充分挖掘信息的作用。

电力应急体系的基本要求是信息畅通、指挥统一、反应快捷、资源共享。从应急系统的建设方案可以看出，应急体系的正常启动和运转必须依赖于日常生产经营的管理流程和业务信息，应急系统必须与日常生产经营紧密结合，才能保证应急体系的时效性。应急的基础在日常，应急体系的最终目标是防范为主、准备在先，平时与战时结合，使电网应急工作日常化。

3. 方案设计

系统总体架构如图 10-12 所示。电网运行环境监测信息数据由数据中心统一采集，并按照系统的需求对数据进行处理，提交有效的信息给防灾减灾系统作为应用的数据源。系统结合电网基础信息及空间地理信息对这些信息进行深加工，用灾害信息分析处理平台进行综合分析，实现防灾减灾的各种高级应用。基于此，电网运行管理工作方式、电网灾害预防工作方式得以革新，摆脱了传统的作业模式，增强了电网系统的灾害预警、灾害预防、灾害处理能力，提高了电网运行工作效率和安全运行水平。

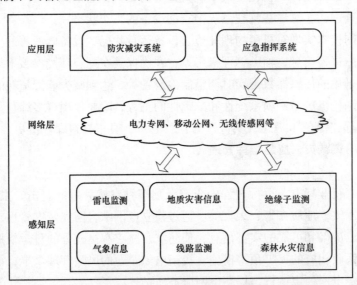

图 10-12 电力防灾减灾、应急指挥管理系统物联网应用结构

（1）感知层。对现有的信息源进行感知，主要包括：电网内部的雷电实时监测信息、保护系统线路故障监测信息、小水电监测系统信息等。其他如地质灾害信息、气象信息等，需要从相关政府部门获取。这些信息的时效性不一样，可采用多种方法采集。① 对于可直接获取的实时信息，采用实时网络通信技术。在监测系统和防灾减灾平台间建立数据即时通信链路，进行实时传递。实时传递的信息到达延时较低，能确保及时收到信息。如雷电信息、保护故障信息、现场信息等。② 对于不可直接获取的实时信

息，采用定时自动刷新方法。在监测系统和防灾减灾平台间建立数据中转服务，利用 Internet 或者 GPRS/CDMA 等数据链路传送到平台，如外部的地质灾害信息、气象信息等。③ 对于非实时数据，采用数据中转处理技术。在监测系统和防灾减灾平台间建立数据中转服务，通过 Intranet/Internet/GPRS/CDMA 等数据链路，接收平台请求，采集非实时数据返回给平台使用，如按时间段定时采集的监测信息、历史数据查询、动态数据更新等。

（2）网络层。信息的传输主要依托于有线加无线的传输方式，在采集感知的末端，为了施工、建设和部署的便利，一般采用无线传感网技术，采集到的原始数据经过汇聚后再通过电力专网的光纤网络传输到处理后台。在光纤资源没有覆盖的地区，也可以采用无线公网或无线专网的方式进行信息传输，考虑到无线通信的特殊性，采用无线通信传输时需要进行安全接入处理。

（3）应用层。基于数学模型，根据电网信息、环境信息、地理信息等参数，对自然灾害的发展以及对电网的影响进行预测，并通过系统发布预测的结果。对于灾害、灾情的现状及趋势，在屏幕上采用地图叠加灾害信息（雷电信息点、气象点、火灾点、台风路径等）、电网数据的方式，以图形化的形式直观、实时地展现给用户，并对一段时间内的灾害信息作分析，提供多种曲线、走势、统计图表来展现。结合这些图表信息，采用人工干预加计算机辅助的方式进行灾情等级评估，发布不同等级灾情预警信号，并采用相应的预警方案。当电网灾害发生时，根据灾情信息，进行科学决策，依据相关规章制度和流程，指挥调度相关部门、人员，合理配置物资，投入抢险救灾，提高救灾效率，减少损失。

抢险救灾指挥中心根据电网灾情势态，通过统一的行动方式和社会相关部门及时联动，实现快速的行动响应。作业人员可以利用智能终端设备和 GPS 信息，利用 GIS 图形功能，迅速确定灾害发生或可能发生的地点，迅速确定救灾路线和位置，第一时间到达现场施救。

（4）应用模式。

1）在防灾减灾和应急指挥中的应用。电力设施尤其是输电设施，大部分部署在荒郊野外，所处环境比较复杂，面临台风、风雪、地震、泥石流等突发性自然灾害的袭击，对自然环境的感知能够帮助管理人员及时了解环境信息，并采取相关措施降低灾害成本，快速抢修故障，提高工作效率。物联网的技术特点使其非常适合于防灾减灾中的应用，物联网感知层的传感器能够实时监测电网设施的环境信息，并将危险信号及时通过电力专网或无线公网等网络传递至监控中心，监控中心通过数据挖掘等手段及时发出预警，为避险赢得宝贵时间，同时为后续抢险救灾工作提供强有力的实时信息和技术保障。基于物联网的地质灾害监测预警系统，通过有线、无线网络结合传感器网络，对气象、水文和国土等信息进行远程监测，进行灾前预警、救灾中的安全保障和灾后的研究分析。

2008 年，福建电网建立了中国首个拥有完全自主知识产权的"福建电网综合防灾减灾与应急指挥信息系统"（简称 GDPRS），是一个集灾害监测、预测、预警、查询分析、资源调配、指挥决策于一体的可视化综合管理系统，采用中国完全自主知识产权的

GIS 基础平台 GeoSurf5.0 开发，实现了全省矢量、影像、混合和三维地理信息平台应用，具有很强的发展能力。

该系统通过对各种资源的共享（电网、气象、地理、后勤等），提高各种信息的查询速度。GDPRS 不但具有高级信息管理功能和防灾减灾全过程管理功能，还能指导电网综合整治各种灾害因素，使电网防灾减灾工作摆脱传统模式，显著增强电网的灾害监测、灾害预警、灾害预防、灾害应对和灾害整治能力，整体提高电网安全运行水平。

2）在雷电定位监测中的应用。雷电定位监测系统（LLS）基于当代雷电物理研究成果，采用卫星同步对时技术（GPS）、地理信息系统（GIS）和雷电遥测、波形传播延时处理以及超量程计算技术，结合"时间到达＋定向"综合定位模型，实时计算显示云对地雷击的发生时间、位置、雷电流幅值和极性、回击次数、每次回击的参数，并以雷击点的分时彩色图清晰地显示雷暴的运动轨迹。LLS 是一套全自动、大面积、高精度、雷电实时监测系统，是当代雷电探测和雷电预警领域的高新技术。

将物联网技术应用于雷电监测中，将促进雷电监测定位系统的建设。通过感知层探测雷电，依靠特定的电磁场天线测定云对地放电的电磁辐射波的特征量，如雷电达到时间、方向、相对强度等。网络层是雷电监测系统的重要部分，将直接影响数据的正确性和实时性，进而影响系统的应用效果。应用层同时接受和处理多路探测站送到的信号，将处理结果送中心站分析主机定位计算。另外，LLS 中心站还具有监控系统运行状态的作用，中心站将定位计算的结果发给用户工作站和网络服务器。

建设的雷电监测定位系统提供了雷电活动趋势，可帮助调度人员进行决策，指导输电线路运行部门快速查找雷击故障点，降低线路运行管理人员的劳动强度、减少输电线路的停电时间等，所带来的经济效益和社会效益是显著的。

4. 效益分析

基于物联网技术、空地一体的混合组网技术以及智能分析技术建立的智能电网防灾减灾、雷电监测定位及应急指挥系统，可以有效地实现电网灾前监测预警、灾中统计分析、指挥决策及抢险救灾、灾后评估及综合治理、雷电分布及监测，提高生产和管理的决策水平和应变能力，增强电网系统的灾害预警、预防和处理能力，提高电网运行工作效率和安全运行水平。

电网综合防灾减灾系统，包括气象、雷电、水文、地质灾害等信息，能结合电网基础信息，有效地监测电网运行环境，辅助生成灾害预警、灾害评估。系统共享各部门、各种电网灾害监测信息资源，科学防治电网灾害，优化各部门的资源配置，提高管理工作水平，保障电网安全运行。电网综合防灾减灾系统满足了当前的电网运行灾害监测信息集成化的要求，能及时更新电网数据，并根据业务需要，不断将新的灾害监测及其他应用功能集成进来，形成具有可扩充和可集成的新的统一应用平台。该系统综合现有的电网灾害监测数据，并结合全省电网运行基础数据，通过 GIS 平台，灵活展示、预测和分析统计，对电网灾害实现提前自动预警，形成灾害防治方案，指导电网灾后抢修。该系统能充分满足对灾害的监测监控、预测预警、防灾准备、灾情响应及灾后恢复、评估、分析的要求，达到保障电网安全生产的目的。

参 考 文 献

[1] Arch Rock Corporation, Arch Rock IP/6LoWPAN Overview: An IPv6 Network Stack for Wireless Sensor Networks. http://www.cs.berkeley.edu/~jwhui/6lowpan/Arch_Rock_Whitepaper_IP6LoWPAN_Overview.pdf.

[2] Birman K P, Ganesh L, Renesse R V. Running smart grid control software on cloud computing architectures. In Proceedings of Workshop on Computational Needs for the Next Generation Electric Grid, 2011: 1 –28.

[3] Brynjolfsson E, Hofmann P, Jordan J. Cloud computing and electricity: beyond the utility model. Communications of the ACM, 2010, 53 (5): 32 –34.

[4] Chang F, Dean J, Ghemawat S, et al. Bigtable: A Distributed Storage System for Structured Data. ACM Transactions on Computer Systems, 2006, 26 (2): 1 –26.

[5] Cloud Security Alliance, Security Guidance for Critical Areas of Focus in Cloud Computing V2.1. http://www.cloudsecurityalliance.org/csaguide.pdf.

[6] Cloud Security Alliance, Top Threats to Cloud Computing V1.0. https://cloudsecurityalliance.org/topthreats/csathreats.v1.0.pdf.

[7] Codd E F. A Relational Model of Data for Large Shared Data Banks. Communications of the ACM, 1970, 13 (6): 377 –387.

[8] Dean J, Ghemawat S. MapReduce: Simplified Data Processing on Large Clusters. Communications of the ACM, 2008, 51 (1): 107 –113.

[9] Duan Q, Yan Y, Vasilakos A V. A Survey on Service-Oriented Network Virtualization Toward Convergence of Networking and Cloud Computing. IEEE Transactions on Network and Service Management, 2012, 9 (4): 373 –392.

[10] Ghemawat S, Gobioff H, Leung S-T. The Google File System. In Proceedings of 19th ACM Symposium on Operating Systems Principles, 2003: 29 –43.

[11] Guan L, Ke X, Song M, et al. A Survey of Research on Mobile Cloud Computing. In Proceedings of 2011 IEEE/ACIS 10th International Conference on Computer and Information Science (ICIS), 2011: 387 –392.

[12] Han J, Kamber M. Data Mining: Concepts and Techniques. San Francisco: Morgan Kaufmann Publishers, 2006.

[13] Huang W, Yang J. New network security based on cloud computing. In Proceedings of the Second International Workshop on Education Technology and Computer Science, 2010: 604 –609.

[14] Jain P, Rane D, Patidar S. A survey and analysis of cloud model-based security for computing secure cloud bursting and aggregation in renal environment. In Proceedings of 2011 World Congress on Information and Communication Technologies (WICT), 2011: 456 –461.

[15] Jensen M, Schwenk J, Gruschka N, et al. On technical security issues in cloud computing. In Proceedings of 2009 IEEE International Conference on Cloud Computing, 2009: 109 –116.

[16] Laverty D M, Morrow D J, Best R, et al. Telecommunications for smart grid: Backhaul solutions for the

distribution network. In Proceedings of 2010 IEEE Power and Energy Society General Meeting, 2010:
1 – 6.

[17] Mell P, Grance T. Effectively and Securely Using the Cloud Computing Paradigm, http://www.govinfosecurity. com/agency-releases/nist-effectively-securely-using-cloud-computing-paradigm-r – 1457

[18] Metke A R, Ekl R L. Security technology for smart grid networks. IEEE Transactions on Smart Grid, 2010, 1 (1): 99 – 107.

[19] Moghe U, Lakkadwala P, Mishra D K. Cloud computing: Survey of different utilization techniques. In Proceedings of 2012 CSI Sixth International Conference on Software Engineering (CONSEG), 2012: 1 – 4.

[20] Mohsenian-Rad A, Leon-Garcia A. Coordination of cloud computing and smart power grids. In Proceedings of 2010 First IEEE International Conference on Smart Grid Communications (Smart Grid Comm), 2010: 368 – 372.

[21] Page L, Brin S, Rajeev M, et al. The Pagerank Citation Ranking: Bringing Order to the Web. Stanford InfoLab, 1998.

[22] Rimal B P, Choi E, Lumb I. A Taxonomy and Survey of Cloud Computing Systems. In Proceedings of Fifth International Joint Conference on INC, IMS and IDC, 2009: 44 – 51.

[23] Rusitschka S, Eger K, Gerdes C. Smart grid data cloud: A model for utilizing cloud computing in the smart grid domain. In Proceedings of 2010 First IEEE International Conference on Smart Grid Communications (SmartGridComm), 2010: 483 – 488.

[24] Silberschatz A, Korth H F, Database System Concepts. Boston: McGraw-Hill Higher Education, 2010.

[25] Simmhan Y, Kumbhare A G, Cao B, et al. An analysis of security and privacy issues in smart grid software architectures on clouds. In Proceedings of 2011 IEEE International Conference on Cloud Computing (CLOUD), 2011: 582 – 589.

[26] Simmhan Y, Aman S, Cao B, et al. An informatics approach to demand response optimization in smart grids. NATURAL GAS, 2011, 31: 60.

[27] Xiong N, Han W, vandenBerg A, Green cloud computing schemes based on networks: a survey. IET Communications, 2012, 6 (18): 3294 – 3300.

[28] Zheng L, Hu Y, Yang C. Design and research on private cloud computing architecture to Support Smart Grid. In Proceedings of 2011 International Conference on Intelligent Human-Machine Systems and Cybernetics (IHMSC), 2011: 159 – 161.

[29] Zheng L, Chen S, Hu Y, et al. Applications of cloud computing in the smart grid. In Proceedings of 2011 2nd International Conference on Artificial Intelligence. Management Science and Electronic Commerce (AIMSEC), 2011: 203 – 206.

[30] Lawrence A Klein. 多传感器数据融合理论及应用. 戴亚平等, 译. 北京: 北京理工大学出版社, 2004.

[31] 标准化事业发展"十二五"规划, http://www. sac. gov. cn/zhywglb/zxtz_823/201112/P020111228 595033692584. pdf.

[32] 蔡永顺, 雷葆华. 云计算标准化现状概览. 电信网技术, 2012, (2): 22 – 26.

[33] 陈康, 郑纬民. 云计算: 系统实例与研究现状. 软件学报, 2009, 20 (5): 1337 – 1348.

[34] 陈礼建. 通信机房动力及环境集中监控系统浅析. 通信与信息技术, 2011, (6): 71 – 74.

[35] 陈林星. 无线传感器网络技术与应用. 北京: 电子工业出版社, 2009.

[36] 陈鹏云, 詹帆, 文习山, 等. 电力系统雷害分析及技术评估. 国家综合防灾减灾与可持续发展论

坛．2010，北京．

[37] 陈琦，李小兵，曹敏，等．电力用户用电信息采集系统建设的研究与探讨．陕西电力，2011，39
（6）：66－68．

[38] 陈志华．基于物联网的计算机机房环境监测系统设计．数字技术与应用，2011，（8）：98－
99，104．

[39] 崔晓军．浅析如何加强电力设施的管理与防护．商情，2011，（14）：47．

[40] 邓维，刘方明，金海，等．云计算数据中心的新能源应用：研究现状与趋势．计算机学报，2013，
36（3）：582－598．

[41] 丁杰，奚后玮，韩海韵，等．面向智能电网的数据密集型云存储策略．电力系统自动化，2012，36
（12）：66－70．

[42] 付超，朱凌，王慧，等．风电场并网在线预警系统研究．电力系统保护与控制，2011，39（17）：
64－69．

[43] 盖玲．基于云计算的安全服务研究．电信科学，2011，27（6）：97－100．

[44] 胡全根．探讨如何提高电网防灾和故障抢修．科技与生活，2010，（21）：132－132．

[45] 蒋佩汪，钟经伟，文艺清．基于RFID技术的电力资产管理系统设计与实现．现代电子技术，
2010，33（20）：178－181．

[46] 孔德洁．防灾减灾中的物联网技术．中国减灾，2011，（6）：53－54．

[47] 赖征田，刘金长，杨成月，等．基于无线传感器网络的电网现场作业管理系统的设计与应用．电
力信息化，2010，8（5）：56－59．

[48] 郎为民．物联网标准化进展．通信管理与技术，2010，（5）：26－28．

[49] 李兵，付新玥，高翔，等．基于蚁群算法的云计算并行机资源调度研究．华中科技大学学报（自
然科学版），2012，40（S1）：225－229．

[50] 李伯中．应急指挥通信系统的功能及业务实现．电力系统通信，2010，31（3）：8－10．

[51] 李立新，谢巧云，袁荣昌，等．电网调度云灾备系统优化分析与设计．电力系统自动化，2012，36
（23）：82－86．

[52] 李善仓，张克旺．无线传感器网络原理与应用．北京：机械工业出版社，2008．

[53] 李晓明，闫宏飞，王继民．搜索引擎—原理、技术与系统．北京：科学出版社，2010．

[54] 林伟俊．物联网标准发展现状概述．福建电脑，2010，（5）：40－48．

[55] 刘海涛．物联网技术应用．北京：机械工业出版社，2011．

[56] 刘化君，刘传清．物联网技术．北京：电子工业出版社，2010．

[57] 刘述钢，刘宏立，詹杰，等．无线传感网络中能耗均衡的混合通信算法研究．通信学报，2009，30
（1）：12－17．

[58] 刘水，吴田，李金喜．电网现场标准化作业管理系统的信息化设计．电子设计工程，2010，18
（11）：15－18．

[59] 刘云浩．物联网导论．北京：科学出版社，2010．

[60] 刘正伟，文中领，张海涛．云计算和云数据管理技术．计算机研究与发展，2012，49（S1）：
26－31．

[61] 陆佳政，徐勋建，张红先，等．强化防灾减灾技术攻关与应用显著提升电网安全运行水平．湖南
电力，2011，31（z1）：20－24．

[62] 陆佳政，张红先，方针，等．湖南电力系统冰灾监测结果及其分析．电力系统保护与控制，2009，
37（12）：99－105．

[63] 罗军舟，金嘉晖，宋爱波，等．云计算：体系架构与关键技术．通信学报，2011, 32（7）：3-21.

[64] 马飞，刘峰，李竹伊．云计算环境下虚拟机快速实时迁移方法．北京邮电大学学报，2012, 35（1）：103-106.

[65] 毛文波．我亦云云-也谈云计算．http://blog.csdn.net/wenbomao/article/details/3952761.

[66] 沈杰，邢涛．传感网标准化分析．电信技术，2010,（1）：13-15.

[67] 宋荣．浅谈山西电力用户用电信息采集系统建设．科学之友，2011,（14）：155-157.

[68] 宋文绪，扬帆．传感器与检测技术．北京：高等教育出版社，2004.

[69] 汤滟，金明，顾斌，等．基于无线传感网的配电监测系统设计．低压电器，2011,（15）：33-36, 55.

[70] 王德文，宋亚奇，朱永利．基于云计算的智能电网信息平台．电力系统自动化，2010, 34（22）：7-12.

[71] 王德文．基于云计算的电力数据中心基础架构及其关键技术．电力系统自动化，2012, 36（11）：67-71.

[72] 王立军，任亚磊．战略性新兴产业的技术标准竞争-以云计算产业为例．科技广场，2012,（5）：123-127.

[73] 王鹏，孟丹，詹剑锋，等．数据密集型计算编程模型研究进展．计算机研究与发展，2010, 47（11）：1993-2002.

[74] 王仕安，罗琦．基于GIS的电网综合防灾减灾管理系统．电力信息化，2010, 8（12）：69-72.

[75] 王向辉，张国印，谢晓芹．多级能量异构传感器网络的负载均衡成簇算法．计算机研究与发展，2008, 45（3）：392-399.

[76] 温怀玉，罗光春．基于链路状态认知的无线Mesh网路由协议．计算机应用，2010, 30（10）：2636-2640.

[77] 吴吉义，沈千里，章剑林，等．云计算：从云安全到可信云．计算机研究与发展，2011, 48（S1）：229-233.

[78] 吴文传，张伯明，曹福成，等．电网应急指挥技术支持系统设计与关键技术．电力系统自动化，2008, 32（15）：1-6, 25.

[79] 滕召胜．智能检测系统与数据融合．北京：机械出版社，2000.

[80] 谢伟，杨斌．基于物联网的机房节能测控系统设计．技术与市场，2011, 1（7）：30-32.

[81] 熊聪聪，冯龙，陈丽仙，等．云计算中基于遗传算法的任务调度算法研究．华中科技大学学报（自然科学版），2012, 40（S1）：1-4.

[82] 徐达宇，杨善林，罗贺．云计算环境下多源信息资源管理方法．计算机集成制造系统，2012, 18（9）：2028-2039.

[83] 徐航．浅论节能环保的信息中心绿色机房建设．计算机光盘软件与应用，2011,（6）：47-49.

[84] 徐建兵，常诚，史济宇等．电力设施技术防护管理系统的应用研究．供用电，2008, 25（6）：9-12.

[85] 颜斌．云计算安全相关标准研究现状初探．信息安全与通信保密，2012,（11）：66-68.

[86] 杨健，汪海航，王剑，等．云计算安全问题研究综述．小型微型计算机系统，2012, 33（3）：472-479.

[87] 杨万海．多传感器数据融合理论及其应用．西安：西安电子科技大学出版社，2004.

[88] 杨震．物联网发展研究．南京邮电大学学报（社会科学版），2010, 12（2）：1-10.

[89] 尹国定，卫红．云计算-实现概念计算的方法．东南大学学报（自然科学版），2003, 33（4）：

502 – 506.

[90] 余尔汶，林雨场．基于 FlashGIS 的电网应急管理系统的设计与研究．电力安全技术，2011，13
（12）：37 – 42.

[91] 袁文成，朱怡安，陆伟．面向虚拟资源的云计算资源管理机制．西北工业大学学报，2010，28
（5）：704 – 708.

[92] 曾常安，谷昕，陈媛．EPON 和 McWiLL 在用电信息采集系统中的应用．电力系统通信，2011．32
（8）：22 – 27.

[93] 曾文英，赵跃龙，尚敏．云计算及云存储生态系统研究．计算机研究与发展，2011，48（S1）：
234 – 239.

[94] 张浩，和敬涵，尹航，等．电网孤岛重构的云计算策略．中国电机工程学报，2011，31（34）：
77 – 84.

[95] 张建勋，古志民，郑超．云计算研究进展综述．计算机应用研究，2010，27（2）：429 – 433.

[96] 张军华，臧胜涛，单联瑜，等．高性能计算的发展现状及趋势．石油地球物理勘探，2010，45
（6）：918 – 925.

[97] 张月明．物联网在机房环境集中监控中的应用．统计与咨询，2011，（6）：38 – 39.

[98] 赵俊华，文福拴，薛禹胜，等．云计算：构建未来电力系统的核心计算平台．电力系统自动化，
2010，34（15）：1 – 8.

[99] 中国电信 3G．http：//www. chinatelecom. com. cn/tech/hot/3g.

[100] 中国电子技术标准化研究院．云计算标准化白皮书，http：//www. cesi. cn/cesi/guanwanglanmu/
biaozhun/bzrd.

[101] 中国电子学会云计算专家委员会．云计算白皮书，http：//www. ciecloud. org/2012/index. html.

[102] 中国联通 3G．http：//www. chinaunicom. com. cn/about/ltjs/txjs/index. html.

[103] 中国信息技术服务标准工作组．国际标准化及云计算领域工作思考，http：//www. itss. cn/tsbg/
2617. html.

[104] 中国移动 3G．http：//10086. cn/focus/3g.

[105] 中华人民共和国住房和城乡建设部，中华人民共和国国家质量监督检验检疫总局．电子信息系
统机房设计规范．北京：中国计划出版社，2009.

[106] 周鸿喜，焦阳，魏伟，等．应急指挥通信系统的功能与特点．电力系统通信，2011，32（4）：1 – 5.

[107] 周志华．机器学习与数据挖掘．中国计算机学会通信，2007，3（12）：35 – 44.

[108] 诸谨文．物联网技术及其标准．中兴通讯技术，2011，（2）：27 – 31.